全国高等职业教育规划教材

机械制造技术教程

邓发云　　魏静姿　主编

中央广播电视大学出版社

北　京

图书在版编目（CIP）数据

机械制造技术教程 / 邓发云，魏静姿主编. —北京：
中央广播电视大学出版社，2011.11
全国高等职业教育规划教材
ISBN 978-7-304-05299-7

Ⅰ. ①机… Ⅱ. ①邓… ②魏… Ⅲ. ①机械制造工艺
—高等职业教育—教材 Ⅳ. ①TH16

中国版本图书馆 CIP 数据核字（2011）第 224202 号

全国高等职业教育规划教材
机械制造技术教程
邓发云　魏静姿　主编

出版·发行：中央广播电视大学出版社
电话：营销中心：010-58840200　　总编室：010-68182524
网址：http://www.crtvup.com.cn
地址：北京市海淀区西四环中路 45 号
邮编：100039
经销：新华书店北京发行所

策划编辑：苏　醒　　　　　　**责任编辑：**吕　剑
印刷：北京博图彩色印刷有限公司　**印数：**0001～3000
版本：2011 年 11 月第 1 版　　2011 年 11 月第 1 次印刷
开本：787×1092　1/16　　**印张：**22.25　**字数：**349 千字

书号：ISBN 978-7-304-05299-7
定价：40.00 元

编写人员

主　编：邓发云　　魏静姿

编　委：（以姓氏笔画为序）

左　琪　付金艳　吕　红　刘　洋

刘志东　杨　华　杨　阳　陈玉芳

张晓爱　郝碧涛　苟集群　徐晓东

黄　璟　路　绯

前　言

本书是在认真总结和汲取教育教学改革、教材整合与改革成功经验基础上，根据教育部制定的《高职高专教育机械类专业人才培养目标及规格》编写而成。

教材以原机械类专业的"金属切削原理与刀具"、"机械制造工艺学"、"机床夹具设计"等课程的理论为主体，按照专业教育规格对理论知识内容的要求和特点，根据企业生产一线对应用性高等技术人才在机械制造技术方面的能力要求，结合机械制造技术的发展趋势，以零件的精度构成及实现为主线，介绍了各种加工方法的合理综合应用并阐明机械加工工艺的设计原则和方法。本书在内容上更新了相关教学内容，以求尽量反映技术发展的新成果。

全书共分为上、下2篇，共14章。上篇为机械制造基本知识部分，包括绪论，机械制造过程，机床专用夹具设计基础，金属切削加工，磨削加工，钻削、铰削和镗削加工，拉削加工，其他加工方法，精密加工和特种加工，典型表面加工等10章内容；下篇为机械制造工艺部分，包括机械制造工艺规程设计、典型零件加工工艺、机械加工精度和机械加工表面质量等4章内容。

本书在编写过程中提炼了机械制造理论知识，加大了技能知识比重以突出高职高专机械类教程特色。比如在上篇"机械制造基本知识"部分，结合实践经验选入了大量实用案例，将理论与生产实践有力衔接，强调对学生分析与解决问题能力的培养。较之同类机械制造技术教材，本书将零件加工过程中的"机床专用夹具设计"提入其中，使学生整体把握机械制造过程，便于对下一环节机械方法的深入学习。在下篇机械制造工艺中，作为对本篇知识的进一步完善，引入了典型零件加工工艺的内容。

本书由邓发云、魏静姿主编。

本教材适用于应用型高校、高职高专机械类和机电类各专业使用，也可供相关技术人员参考。由于时间仓促，加之编者水平有限，编写过程中难免出现纰漏。书中如有不妥之处，恳请师生、同行批评指正并及时提出宝贵意见。

编　者

目　录

绪 论

1. 机械制造技术课程的研究对象及主要内容

"机械制造技术"是高职高专机械设计制造类专业的主干专业课和机电设备类专业的主干专业基础课,是培养高职高专人才掌握机械制造技术基本技能所必需的技术理论教学内容。

广义的机械制造技术,包括进行机械制造活动涉及的一切理论和实践、硬件和软件。就本课程和本书而言,机械制造技术是以与机械制造过程相关的全部技术理论与装备为主要研究对象的应用性技术学科,具体可归结为两个方面,一是工艺方法学,一是工艺设计方法学。

工艺方法学研究从各种常规的工艺方法(车、铣、刨、钻、磨等),到各种精密加工、微细加工和特种加工工艺方法的机理、技术经济特征、工艺系统的组成及其静、动态特性等。工艺设计方法学是研究工艺设计的规律和方法,研究工艺设计如何统筹产品的技术特征、企业的经济特征和社会的某些特定需求,从一定的科学技术现状和企业具体条件出发,研究设计出合理的工艺,包括工艺方法的选择、工艺路线的拟定、工艺方案的优化、工装选择与设计,到工艺参数和工艺定额的制定等。

机械制造过程是一个复杂的系统工程,就一个生产制造企业来讲,其制造(或生产)过程应该是该企业的相互关联的企业活动全部过程。一种性价比合理、受用户欢迎、有市场竞争力的新产品问世,往往要做大量极其繁杂细致的工作。一般要经过调查决策、研究设计、样品试制和正式产品投产等阶段。这又可以分为设计和制造两大阶段,就机械制造技术课程内容而言,主要是指涉及机械制造过程中(不含设计阶段)的各种技术活动,包括材料成形技术(如金属材料的铸造、焊接、锻造、冲压以及热处理技术,高分子材料的注塑,复合材料的制作加工等);机械冷加工技术和装配技术(此两项目前仍是机械制造技术的主体,也是大多数机械产品最终加工的关键手段);还涉及特种加工技术(如电火花加工、电解加工、超声波加工、激光加工、电子束加工等)。目前材料成形技术,大都在《机械制造基础》课程(金属热加工工艺)中重点讲授,特种加工技术大都有专门书籍,亦属独立选修课程。

本书所阐述的主要内容有:机械制造过程、机械加工工艺设计等系统的基本知识,零件加工精度及表面质量、机械制造的各种主要加工方法及设备。

2. 我国机械制造技术的发展现状及趋势

制造技术是当代科学技术发展最为重要的领域之一,是产品更新、生产发展、市场竞争的重要手段。各发达国家纷纷把先进制造技术列为国家的高新关键技术和优先发展项目。近年来,我国的制造业不断采用先进制造技术,但与机械工业发达国家相比,仍然存在如下阶段性的差距。

（1）从管理上看，发达国家广泛采用计算机管理，重视组织管理体制和生产模式的更新发展，推出了准时生产（JIT）、敏捷制造（AM）、精益生产（LP）、并行工程（CE）等新的管理思想和生产模式。而我国只有少数大型企业局部采用了计算机辅助管理，多数小型企业仍处于经验管理阶段。

（2）从设计上看，发达国家不断更新设计数据和准则，采用新的设计方法，广泛采用计算机辅助设计技术（CAD/CAM），大型企业开始无图纸的设计和生产。而我国采用CAD/CAM技术的比例较低。

（3）从制造工艺上看，发达国家较广泛地采用高精密加工、精细加工、微细加工、微型机械和微米/纳米技术、激光加工技术、电磁加工技术、超塑加工技术以及复合加工技术等新型加工方法。而我国上述制造工艺的普及率不高，尚在开发中。

（4）从自动化技术上看，发达国家普遍采用数控机床、加工中心及柔性制造单元（FMC）、柔性制造系统（FMS）、计算机集成制造系统（CIMS），实现了柔性自动化、知识智能化、集成化。而我国尚处在单机自动化、刚性自动化阶段，仅有少数企业使用柔性制造单元和系统。

传统的机械制造过程是一个离散的生产过程，是以制造技术为核心的一个狭义的制造过程。科学技术的革命打破了学科界限，各学科技术方法互相影响促进、渗透融合，传统的机械制造技术与计算机技术、数控技术、微电子技术和传感器技术等结合，形成了以系统性、设计与工艺一体化、精密加工技术、产品生产全过程的制造，和以人、组织、技术三结合为特点的先进制造技术。涉及到与新技术、新工艺、新材料和新设备有关的单项制造技术，与生产类型有关的综合自动化技术等多个领域。

其发展现状如下：

（1）制造系统的自动化。机械制造自动化的发展经历了单机自动化、自动线、数控机床、加工中、柔性制造系统、计算机集成制造和并行工程等阶段，并且进一步向柔性化、集成化和智能化发展。CAD / CAPP / CAM / CAE（计算机辅助设计 / 计算机辅助工艺规程 / 计算机辅助制造 / 计算机辅助工程分析）等技术进一步完善并集成化，为保证产品质量、提高生产率、改善劳动条件、实现快速响应奠定了必要的技术基础。

（2）精密工程与微型机械。精密和超精密加工技术、微细加工和超微细加工技术、纳米技术等都属于精密工程。在超精密加工设备、金刚石砂轮超精密磨削、先进超精密研磨抛光加工，以及去除、附着、变形加工等分子、原子级的纳米加工和微型机械的制造等领域取得了进展。

（3）特种加工。特种加工是指利用声、光、电、磁、原子等能量实现的物理和化学的加工方法。对于精密加工和一些新型材料、难加工材料的加工，摆脱了传统加工技术方法的困扰。如超声波加工、电火花加工、激光加工、电子束加工、电解加工和离子加工等。

（4）表面工程技术。表面工程技术也称表面功能覆层技术，是通过附着（电镀、涂层、氧化）、注入（渗氮、离子溅射、多元共渗）、热处理（激光表面处理）等手段，使工件表面具有耐磨、耐蚀、耐疲劳、耐热等功能。

（5）快速成形制造。快速成形制造（RPM）的加工原理是利用离散、堆积、层集成形的概念，将三维实体零件分解为若干个二维实体制造出来，再经堆积而构成三维实体零件。

可与计算机辅助三维实体造型技术和 CAM 技术相结合，通过数控激光机和光敏树脂等介质实现零件的快速成形。

（6）智能制造技术。将专家系统、模糊理论、人工神经网络等技术应用于制造中，可解决多种复杂的诊断与决策问题，以提高制造系统的实用性和技术水平，这种加工方法就是智能制造技术。

（7）先进生产模式。先进制造技术体现在敏捷制造、虚拟制造、精良生产和清洁生产等以现代管理理论为基础的先进生产模式和方法的提出和应用。

3．机械制造技术的学习任务及要求

本课程是学生的专业知识结构中机械技术知识的重要组成部分。通过本课程的学习，学生能够掌握机械制造的基本加工技术和理论并结合工程实训掌握基本操作技能，为将来胜任在不同职业、不同岗位上的专业技术工作，掌握先进制造技术手段应用，具备突出的工程实践能力奠定良好的基础。

学习本课程的基本要求：

（1）掌握机械制造过程中工艺系统的基本知识、表面成形的基本理论、切削加工的基本理论。

（2）掌握机械加工工艺设计、工艺装备的选用与夹具设计、能够具备分析产品质量和解决机械制造过程中的工艺技术问题。

（3）掌握常用加工方法及其工艺装备的基本知识。

（4）掌握常用加工方法的综合应用、机械加工工艺、装配工艺设计的方法，初步掌握工艺装备选用和夹具设计的方法。

（5）理解现代制造技术的知识、应用及发展。

结合解决生产中的具体问题，在实践中积聚经验，加深对课程内容的理解，提高分析问题和解决问题的能力，使其源于生产实践．服务于生产实践。

上　篇

机　械　制　造　基　本　知　识

第一章　机械制造过程

　　本章主要介绍机械制造过程、零件及其表面的成形以及制造过程的基本概念。要求学生掌握有关新名词概念，运用书中简例理解并掌握机械制造过程及其组成、机械制造生产组织与特点。

第一节　机械制造过程概论

一、生产过程

　　机械产品的复杂程度和科技含量大都较高，一种符合市场需求的合格机械产品问世，要经过从市场调查研究、产品功能定位、结构设计、制造、销售服务到信息反馈、改进提高的复杂过程。这个过程包含了企业的全部活动。由这些活动形成的一个闭环系统称为生产系统。

　　现今人类生产的产品数不胜数，其生产过程也就不会完全相同。一种产品的特殊性往往表现在，无论是产品本身还是其零部件，功能用途、结构尺寸与复杂程度等，都有着相当大的区别；然而，这些千差万别的产品，其生产过程也有着共性的一面，大都包括毛坯制造过程、零件的机械加工过程和部件或产品装配过程等一系列相关劳动。广义地讲，产品的生产过程是根据设计信息将原材料（毛坯或半成品）转变为成品的相关劳动过程的总和。归结起来，生产过程的内容大都包括：原材料的采购运输和保管储存、生产前的各种准备、毛坯的制造过程、零件的制造过程、部件和产品的装配过程、质量检验和喷漆包装等工作过程环节。图 1-1 所示为产品的生产过程基本构成及其各环节之间的相互关系。

　　工艺过程是生产过程的主要部分，是指生产过程中逐步改变生产对象的形状、尺寸、相对位置和性能等，使其成为成品或半成品的过程。它包括毛坯制造工艺过程、热处理工艺过程、机械加工工艺过程、装配工艺过程等。机械制造工艺就是各种机械制造方法和过程的总称。本章主要讨论机械加工工艺过程。

　　机械加工工艺过程是指利用机械加工方法，逐步改变毛坯的形状、尺寸、表面质量和材料性能，使之成为合格成品的全部过程。部件和产品的装配是采用各种装配工艺方法，把组成产品的全部零部件按设计要求正确地结合在一起、形成产品的过程，这一过程是机械装配工艺过程。

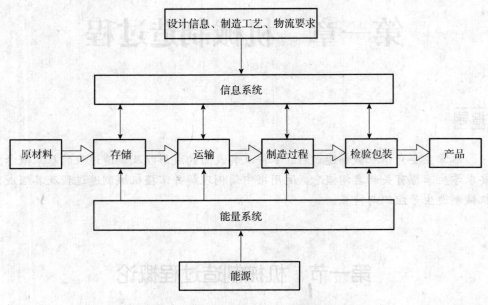

图 1-1　产品生产过程的基本流程

二、机械制造过程

1. 概述

同一个零件或产品，其机械加工工艺过程或装配工艺过程可以是多样的，但在确定的条件下，应该有一个相对最合理的工艺过程。在企业生产中，把工艺过程的各项内容用表格的形式规定下来，并用于指导和组织生产的工艺文件就是工艺规程。工艺文件目前还没有统一的格式，主要是根据零件的复杂程度、加工要求以及生产类型自行确定。根据工艺内容的不同，工艺规程有机械加工工艺规程、机械装配工艺规程等。

机器由零件、部件组成的，机器的制造过程也就包含了从零、部件加工装配到整机装配的全部过程，如图 1-2 所示。组成机器的每一个零件要经过相应的工艺过程由毛坯转变成为合格零件。在这一过程中，要根据零件的设计信息，制订每一个零件的加工工艺规程，根据工艺规程的安排，在相应的加工工艺系统中完成不同的加工内容。加工工艺系统由机床、刀具、夹具以及其他工艺装备和被加工零件构成。根据被加工零件和加工内容的不同，相应的加工工艺系统也不相同。加工工艺系统的特性及工艺过程参数的选择对零件的加工质量起决定性的作用。

零件是机器制造的最小单元，如一个螺母、一根轴；部件是两个及两个以上零件结合成的机器的一部分。将若干零件结合成部件的过程称为部件装配；将若干零件、部件结合成一台完整的机器（产品）的过程，称为总装配。部件是个统称，可划分若干层次（如合件、组件）。作为装配单元，直接进入产品总装的部件称为组件；直接进入组件装配的部件称为第一级分组件；直接进入第一级分组件装配的部件称为第二级分组件，依此类推。

最后，在一个基准零（部）件上，把各个部件、组件和零件装配成完整的机器，这一过程称为总装。总装过程是依据总装工艺文件进行的。在产品总装后，还要经过检验、试车、喷漆、包装等一系列辅助过程才能成为合格的产品。

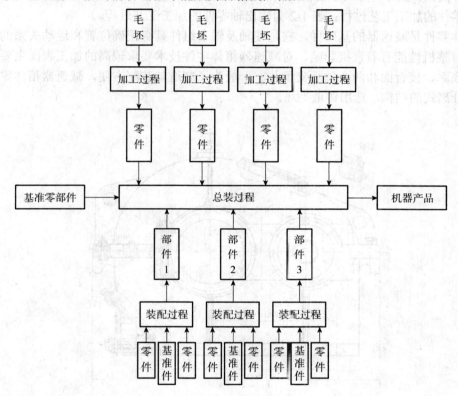

图 1-2 机器制造过程流程

2. 机械制造过程示例

一件新产品的设计开发要经过诸多复杂过程才能试制并投入生产。一般是先完成总装配图设计，并区分标准件、非标准件，再逐个拆画完成非标准件的零件工作图。生产制造过程与设计过程顺序相反，即先要将各个零件合格地加工完毕，再根据机器的结构和技术要求，把这些零件装配、组合成合格产品。

前面我们已经学过《机械设计》课程，并进行了课程设计。减速器是具有代表性的机械产品，它不仅包含了机械设计的主要知识点，也具有实际应用价值，比如在冶金、矿山、起重机械中都被广泛使用。

下面就以小批量生产某减速器的制造过程为例，对机械制造过程加以简单阐述。

减速器包括几十种、近百个零件，其中，除了标准件等外协、外购件，所有非标准件都需要完成零件工作图，并且逐个按图加工制造。在此，我们仅以箱体（底座、机盖）和输出轴的加工过程为例，来阐述、分析机械制造过程。

如前所述，机械制造过程的主要内容是：毛坯制造（略）、零件加工、产品装配。

下面我们就结合产品和零件简图、加工过程工序简图、零件的加工工艺过程表等，简单介绍和讨论减速器底座和机盖零件、输出轴零件的加工工艺过程和产品装配。（图 1-3 为减速器的装配图简图；图 1-4 为减速器底座零件简图；图 1-5 为机盖零件简图；图 1-6 为输出轴零件简图；图 1-7 为减速器输出轴的加工过程工序简图。表 1-1 为减速器箱体（底座和机盖）零件的加工工艺过程；表 1-2 为输出轴零件的加工工艺过程。）

箱体零件是减速器的基础件，它是使轴及轴上组件具有正确位置和运动关系的基准，其质量对整机性能有着直接影响。对减速器箱体零件技术要求较高的加工表面主要有安装基面的底面、接合面和两个轴承支承孔。一般为了制造与装配方便，减速器箱体零件大都设计成分离式的结构，选用铸造毛坯。

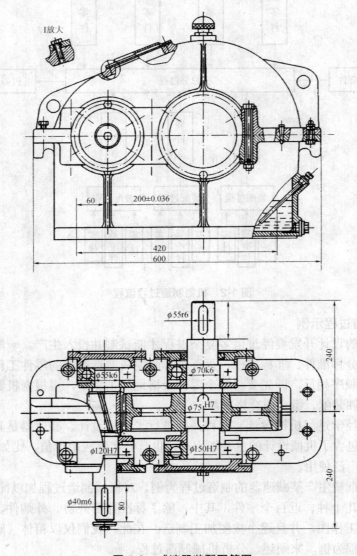

图 1-3　减速器装配图简图

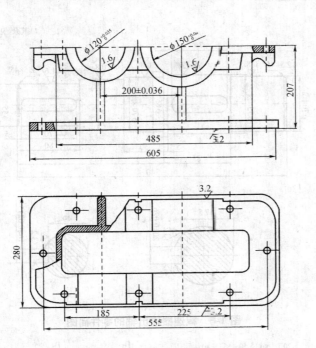

图 1-4　减速器底座的零件简图

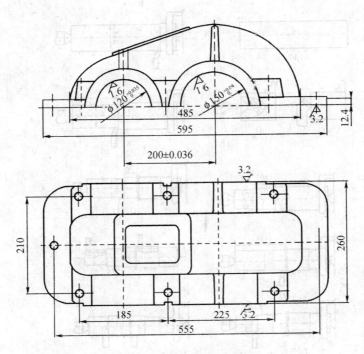

图 1-5　减速器箱盖的零件简图

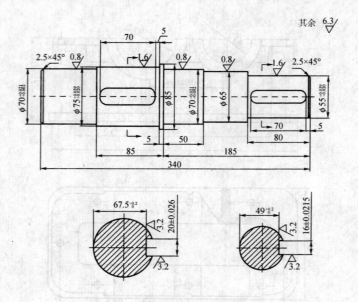

图 1-6 减速器输出轴的零件简图

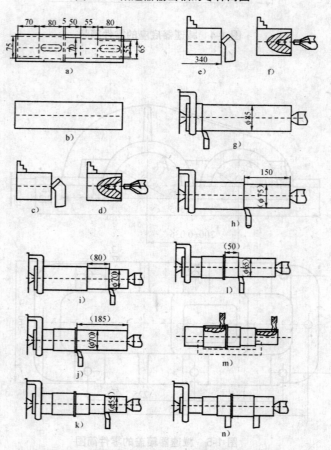

图 1-7 减速器输出轴的加工过程工序简图

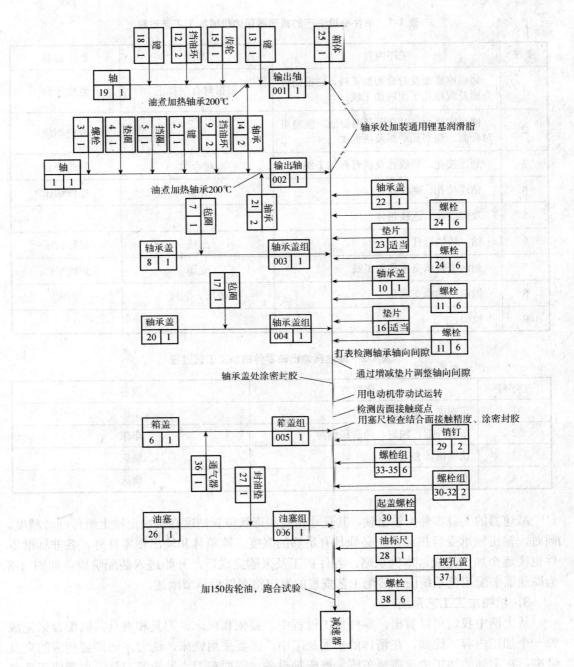

图 1-8 减速器装配工艺系统图

表 1-1　单件小批生产的减速器箱体机械加工工艺过程

工序	工序内容	基准	加工设备
1	划底座底面及对合面加工线，划箱盖对合面及观察孔平面的加工线	根据对合面找正	划线平台
2	刨底座底面、对合面及两侧面，刨箱盖对合面、观察孔平面及两侧面	划线	龙门刨床
3	划连接孔、螺纹孔及销钉孔加工线	对合面	划线平台
4	钻连接孔、螺纹底孔	划线	摇臂钻床
5	攻螺纹孔、连接箱体		
6	钻、铰销钉孔	划线	摇臂钻床
7	划两个轴承支承孔加工线	底面	划线平台
8	镗两个轴承支承孔	底面、划线	镗床
9	检验		

表 1-2　减速器输出轴零件的加工工艺过程

工序号	工序内容	设备
1	车端面、钻中心孔	车床
2	车各外圆、轴肩、端面和倒角	车床
3	铣键槽、去毛刺	铣床
4	磨外圆	磨床

　　减速器的关键零件为输出轴，其尺寸精度和形状位置精度直接决定轴上组件回转精度。同时，输出轴承受弯扭载荷，必须具有足够的强度。除箱体和输出轴零件外，各非标准零件也需逐个加工完成，本例从略。各件加工及采购完成后，开始进入装配阶段。如图 1-8 为减速器装配工艺系统图，装配工艺规程的制定将在以后章节阐述。

　　3. 机械加工工艺系统

　　从上例中我们可以看出，零件加工过程中，要依靠机床、刀具和夹具共同配合来完成每一个加工内容。比如，在箱体的平面加工中，需要采用铣床、铣刀，还需要相应的夹具装夹；在主轴的加工中，需要车床、磨床等设备，需要车刀、砂轮等刀具，也需要三爪卡盘等夹具。每一个加工内容都有相应的机床、刀具和夹具，与被加工工件共同构成了具有特定功能的有机整体，它们相互作用、相互依赖，形成一个闭环系统，通常被称为机械加工工艺系统。对应于每种加工方法都有其机械加工工艺系统，如车削工艺系统、铣削工艺系统、磨削工艺系统等。对于同一个被加工零件可以有不同的加工工艺过程，因而也可以有不同的工艺系统组成。加工工艺系统的组成及其特性对加工过程中各工序的加工质量、加工效率、加工成本有直接的影响，研究工艺系统的特性及其在不同情况下的合理组成与应用，是机械制造技术的重要内容之一。

4.工艺过程分析及意义

人们经过长期的实践和理论总结，发明、发现和掌握了各种零件的加工制造技术，即零件表面形成的工艺方法。在机械加工过程中，每种方法都是以完成一定的零件成形表面为目的。零件的表面类型不同，采用的加工方法大都不同；零件表面类型相同，但结构尺寸、精度要求和表面质量要求不同，对应的加工方法和加工方法的组合也会不同。被加工表面的形状及其成形方法决定了加工方法及组合、工艺系统中刀具和工件的运动方式、数量。总之，整个零件加工都是围绕零件表面的形成过程，只有科学地进行工艺过程分析，才能保证产品质量、生产率、成本等有机合理地协调统一起来，设计出最佳工艺路线和工艺规程。

三、工艺过程

要完成一个零件的工艺过程，需要采用多种不同的加工方法和设备，并通过一系列加工工序。每个工序又可分为若干个工步、走刀、安装和工位，毛坯依次通过这些工序转变为成品。

一个（或一组）工人在一个工作地点对一个（或一台机床上）对同一个零件（或一组零件）所连续完成的那一部分加工过程，称为工序。如上述示例中，每一个工序号所对应的加工内容都是在同一台机床上连续完成的，因而是一个工序，工序是生产组织和工时定额计算的基础依据。

（1）工步。在加工表面（或装配时的连接表面）、切削用量中的进给量和切削速度不变的情况下，所连续完成的那一部分工序称为工步。以上因素中任一因素改变后，即为新的工步。一个工序可以只包括一个工步，也可以包括几个工步。

（2）走刀。在一个工步内，如果被加工表面需切去的金属层很厚，一次切削无法完成，则应分几次切削，每次切去一层金属的过程就是一次走刀。一个工步可以包括一次或几次走刀。

（3）安装。将工件在机床上或夹具中定位、夹紧的过程，称为装夹。如果一个工序中加工内容较多，要对工件几个方位的表面加工，需要工件处于不同的位置下才能完成，就需要相应地改变工件相对机床或夹具的位置，卸下再次装夹。采用传统的加工设备，有时需要对工件多次进行装夹。安装是指工件（或装配单元）经一次装夹后所完成的那一部分工序。每次装夹下所完成的工序内容称为一次安装。

正确的安装是保证工件加工精度的重要条件，在一个工序中，工件可能装夹一次，也可能需要装夹几次。比如，输出轴的加工过程中，车完一端面、钻完中心孔后，就要调头进行装夹，加工另一端面及中心孔，这就是两次安装。卸下再装往往都会影响重复定位的精度，所以要考虑减少安装次数和提高定位精度问题。若采用数控设备加工，通过工作台的转位可以改变刀具与工件的相对位置，使所需要的安装次数减少。五面体数控加工中心几乎可以通过一次安装，完成工件上除安装面以外的所有其他表面上的加工任务，减少了安装次数,并有效地保证了零件的尺寸精度和形状位置精度。定位是指工件在机床或夹具中相对于刀具占据正确位置。工件定位后,为使其在加工过程中保持定位不变,必须将它夹住或压紧,称为夹紧。

(4)工位。工件一次装夹后在机床上所占据的每一个待加工位置,称为工位。为了减少装夹次数,常采用回转夹具、回转工作台或其他移位夹具,使工件在一次装夹中先后处于几个不同的位置进行加工。采用这种多工位加工的方法,可以提高加工精度和生产率。

第二节　机械制造过程的生产组织

机械产品的制造过程是需要经过一系列的机械加工工艺和装配工艺才能完成的复杂过程。工艺过程要求优质、高效、低耗才能取得最佳的经济效益。不同的产品其制造工艺过程各不相同,即使是同一产品,在不同的情况下其制造工艺过程也不相同。

产品制造工艺过程的确定不仅取决于产品自身的结构、功能特性、精度要求以及企业的设备技术条件和水平,更取决于市场对该产品的种类及产量的要求。由于产量决定着工艺过程和生产系统的构成,产生了不同的生产过程,同时这些不同的综合反映速成了企业生产组织类型的不同。

一、生产纲领

生产纲领是企业根据市场的需求和自身的生产能力决定的、在计划生产期内应当生产的产品的产量和进度计划。计划期为一年的生产纲领称为年生产纲领。

零件的年生产纲领的计算公式:

$$N = Q_n(1 + \alpha + \beta)$$

式中:N——零件的年生产纲领,件/年;Q——产品的年产量,台/年;n——每台产品中该零件的件数,件/台;α——该零件的备品率;β——该零件的废品率。

设计制定工艺规程的最重要依据就是年生产纲领,根据生产纲领并考虑资金周转速度、零件加工成本、装配、销售、储备量等因素,以确定该产品一次投入生产的批量和每年投入生产的批次,即生产批量。市场经济时期与计划经济时期的生产纲领大不相同,市场决定生产的作用越来越突出。产品的生产批量首先取决于市场对该产品的容量、企业在市场上占有的份额,该产品在市场上的销售和寿命周期等。

二、生产组织类型

工厂的生产过程和生产组织是由生产纲领决定的,它包括确定各工作地点的专业化程度、加工方法、加工工艺、设备和工装等。如机床生产与汽车生产的工艺特点和专业化程度就不同。产品相同,生产纲领不同,也会有完全不同的生产过程和专业化程度,即生产组织类型不同。

以生产专业化程度不同来划分，生产组织类型分为 3 种：单件生产、成批生产、大量生产。成批生产又可以分为大批生产、中批生产和小批生产。表 1-3 是各种生产组织类型的划分。从工艺特点上看，单件生产与小批生产相近，大批生产和大量生产相近。因此，在生产中一般按单件小批、中批、大批大量生产来划分生产类型，并按这 3 种类型归纳其工艺特点（见表 1-4）。

表 1-3　各种生产组织类型划分

生产类型	零件年生产纲领（件／年）		
	重型机械	中型机械	轻型机械
单件生产	≤5	≤20	≤100
小批生产	>5～100	>20～200	>100～500
中批生产	>100～300	>200～500	>500～5 000
大批生产	>300～1 000	>500～5 000	>5 000～50 000
大量生产	>1 000	>5 000	>50 000

表 1-4　各种生产组织类型的特点

类型　　　　特点　项目	单件小批生产	中批生产	大批大量生产
加工对象	经常变换	周期性变换	固定不变
毛坯及加工余量	模样手工造型，自由锻。加工余量大	部分用金属模或模锻。加工余量中等	广泛用金属模机器造型、压铸、精铸、模锻。加工余量小
机床设备及其布置形式	通用机床，按类别和规格大小，采用机群式布置	通用机床与专用机床结合，按零件分类布置，流水线与机群式结合	广泛采用专用机床，按流水线或自动线布置
夹具	通用夹具、组合夹具和必要的专用夹具	广泛使用专用夹具、可调夹具	广泛使用高效专用夹具
刀具和量具	通用刀量具	按产量和精度，通用刀量具和专用刀量具结合	广泛使用高效专用刀量具
工件装夹方法	划线找正装夹，必要时用通用或专用夹具	部分划线找正，多用夹具装夹	广泛使用专用夹具
装配方法	多用配刮	少量配刮，多用互换装配方法	采用互换装配方法
生产率	低	一般	高
成本	高	一般	低
操作工人技术要求	高	一般	低

生产的产品数量不多，生产中各工作地点的工作很少重复或不定期重复的生产称为单件小批生产。如重型机械等的生产称为单件小批生产，如各种机械产品的试制、维修生产等。在单件或小批量生产时，其生产组织的特点是要适应产品品种的灵活多变。

产品以一定的生产批量成批地投入制造，并按一定的时间间隔周期性地重复生产称为中批生产。一般情况下，机床的生产多属于中批生产。在中批生产中，每一个工作地点的工作内容周期性地重复，并采用通用设备与专用设备相结合，以保证其生产组织满足一定的灵活性和生产率的要求。

在同一工作地点长期进行一种产品的生产称为大批大量生产，其特点是每一工作地点长期的重复同一工作内容。如汽车、轴承、自行车等具有广阔市场且类型固定的产品。在大批大量生产过程中，广泛采用自动化专用设备，按工艺顺序流水线方式组织生产。生产组织的灵活性（即柔性）差。

随着市场经济和科技的发展，市场需求变化越来越快，传统的大批量生产方式越来越不适应市场对产品更新换代的需要。计划经济、传统生产方式和生产组织类型，遵循的是批量法则，即根据不同的生产纲领，组织不同层次的刚性生产线及自动化生产方式。这在数控加工设备和柔性生产没有出现和应用之前，是行之有效的。然而新产品在市场上能够为企业创造较高利润的"有效寿命周期"越来越短，迫使企业要不断地更新产品。尤其数控加工设备和柔性生产制造系统技术的出现和发展，使得产品更快地更新换代，推动了传统的大批大量生产向着多品种、灵活高效的方向发展。传统的生产组织类型也正在发生深刻的变化。新概念下的生产组织类型正向着"以科学发展新观念为动力，以新技术、新设备为基础，以社会市场需求为导向"的柔性自动化生产方式转变。一些技术较先进、率先发展的大、中型企业通过技术改造，使各种生产类型的工艺过程都向着柔性化的方向发展。

复习与思考题

1. 到企业中考察某种机械产品的生产过程，结合书本知识做实习笔记。
2. 简述生产过程、工艺过程、工艺规程的区别和联系。
3. 减速器机体、输出轴的机械加工工序顺序可否随意前后颠倒？
4. 工序、安装、工位、工步和走刀的定义是什么？
5. 简述生产纲领、生产类型及各种生产组织类型的特点。
6. 考察、学习、分析不同生产纲领中，数控加工设备对生产组织的影响。

第二章　机床专用夹具设计基础

学习指导

在工艺系统中，夹具是影响质量、产量、及加工过程最活跃的因素。本章主要讲述了专用夹具设计的一些基本知识、基本原则和一般方法。要了解夹具设计基本要求、步骤以及几种典型机床夹具及元件结构，以便在设计中借鉴参考。掌握夹具总图的设计及绘制方法，能够进行简单的精度分析与误差计算。

第一节　工件的安装与机床夹具设计

一、用夹具定位的安装

机械零件表面的成形过程，就是通过刀具与被加工零件的相对运动、刀具切削刃对被加工零件表面多余部分进行切削的过程。刀具与工件的位置和运动精度是决定零件加工精度的关键因素，所以切削加工前，必须使工件占据正确位置（称为定位），并使其在此正确位置上被夹紧压牢（称为夹紧），以保证加工过程中正确位置始终不被破坏。这一定位夹紧的操作称为工件的安装（或装夹），工件的安装是加工过程的基础和前提。

根据工件的生产批量、加工精度要求、加工表面位置、结构与尺寸大小等不同，工件的安装定位方法也不相同。

对于形状简单的工件，可采用直接找正定位安装的方法，即采用划针、百分表等辅助工具，直接在机床上找正工件的位置。直接找正定位的安装费时费事，且受操作者技术等因素影响较大，因此一般只适用于工件批量小。采用夹具不经济时，对工件的定位精度要求特别高（如小于 0.01～0.05mm），采用夹具不能保证精度时，只能用精密量具直接找正安装。

对于形状复杂的零件（如车床主轴箱），采用直接安装找正法会顾此失彼，这时就有必要按照零件图在毛坯上先划出中心线、对称线及各等加工表面的加工线，并检查它们与各加工表面的位置和尺寸，然后按照划好的线找正工件在机床上的位置。形状复杂的工件常常需要几次划线。划线找正的定位一般只能达到 0.2～0.5mm。由于划线加工对划线工的技术要求高，并且费时费力，因此只适用于批量不大、形状复杂性的铸件，或者在重型号机械制造中，尺寸和重量都很大的铸件和锻件。此外，毛坯的尺寸公差很大，表面很粗糙，一般无法直接使用夹具时也会使用这种安装定位方法。

在传统加工方法构成的工艺系统中，对中小尺寸的工件，在批量较大时，都采用夹具定位来安装。夹具安装在机床确定的位置上，工件按照六点定位的原则在夹具中定位并夹紧，不需要进行找正。这样既能保证工件在机床上的定位精度较高（一般可达 0.01 mm），而且一致性好，装卸工件方便迅速，可以节省大量辅助时间。但专用夹具制造费用高，周期长，因此，妨碍了它在单件小批生产中的应用。现在这个问题已由组合夹具基本解决。

二、机床夹具的组成及种类

采用直接能够确定工件全部或部分位置、方向的工艺装备安装工件，可以大大提高效率和工件位置的一致性，这样的工艺装备就是夹具。

机械加工过程中，由于零件装夹的需要多样化，机床夹具也多种多样，但在其功能和装置部分又有其共性。

1．夹具的组成

定位是指在机床上确定工件相对于刀具的正确加工位置，以保证其被加工表面达到所规定的各项技术要求的过程；夹紧则是指为防止工件在加工时因受到切削力、惯性力、离心力、重力及冲击和振动等的影响，发生位置移动而破坏正确定位，将工件可靠地夹固的过程。为完成工件在夹具中定位、夹紧，以及其他各项功能，夹具大都由以下部分构成：

（1）定位夹紧装置。由于夹具的首要任务是对工件进行定位和夹紧，因此，夹具必须有用以确定工件正确位置的定位元件和将工件夹紧压牢的夹紧装置。

常见定位方式是以平面、圆孔和外圆定位。为了保证较高的定位质量，定位元件要有足够的精度、强度、刚度和耐磨性。夹紧装置要保证夹紧可靠，不能破坏原定位精度，还要操作方便、安全。

（2）对刀、引导元件。用专用夹具进行加工时，为了预先调整刀具的位置，在夹具上设有确定刀具（铣刀、刨刀等）位置或导引刀具（孔加工刀具）方向的元件，如对刀块、钻套等。

（3）连接元件。为了保证夹具在机床上占有正确的位置，一般夹具设有连接夹具本身在机床上定位和夹紧用的元件。

（4）夹具体。夹具体是指夹具上所有组成部分都最终必须通过的一个基础件，这个基础件使夹具联接成一个有机整体，夹具的组成及各个部分与工艺系统的相互联系如图 2-1 所示。

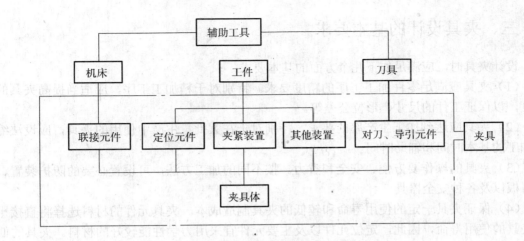

图 2-1　工艺系统中夹具的位置及组成

2．夹具的种类

按适用的机床，机床夹具分为车床夹具、铣床夹具、钻床夹具、镗床夹具及数控机床夹具等，如图 2-2 所示。

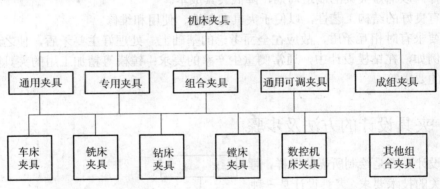

图 2-2　夹具的种类

按动力源，夹具分为手动、气动、液压、气液压、电磁、自紧夹具等。

按适用工件的范围和特点，夹具分为通用夹具、专用夹具、组合夹具、通用可调夹具和成组夹具。

数控机床夹具常用通用可调夹具、组合夹具、拼装夹具和自动夹具。拼装夹具是在成组工艺基础上，用标准化、系列化的夹具零部件拼装而成的。自动夹具是指具有自动上、下料机构的专用夹具。在普通机床上装上自动夹具，也可实现自动加工。

虽然各类机床的加工工艺特点、夹具和机床的连接方式等各有不同，每类机床夹具在总体结构、所需元件和技术要求方面都有其各自的特点，但是它们的设计步骤和方法原则基本相同。大多数机床都配置有某些通用夹具，如卡盘、顶尖、虎钳等，此类通用夹具不属本章讨论内容。

三、夹具设计的基本要求

设计夹具时，应满足如下几个方面的基本要求：

（1）夹具应满足零件加工工序的精度要求。特别对于精加工工序，应适当提高夹具的精度，以保证工件的尺寸、形位公差等。

（2）夹具应达到加工生产率的要求。特别对于在大批量生产中使用的夹具，应设法缩短加工的基本时间和辅助时间。

（3）夹具的操作要方便、安全和省力。按不同的加工方法，可设置必要的防护装置、挡屑板以及各种安全器具。

（4）保证夹具一定的使用寿命和较低的夹具制造成本。夹具元件的材料选择将直接影响夹具的使用寿命，因此，定位元件以及主要元件宜采用力学性能较好的材料。夹具的低成本设计目前世界各国都已相当重视，为此，夹具的复杂程度应与工件的生产批量相适应。在大批量生产中，宜采用气压、液压等高效夹紧装置，而单件小批生产中，则宜采用较简单的夹具结构。

（5）适当提高夹具元件的通用化和标准化程度。选用标准化元件，特别应选用商品化的标准元件，以缩短夹具的制造周期，降低夹具成本。

（6）有良好的结构工艺性，以便于夹具的制造、使用和维修。

以上要求有时相互矛盾，故应在全面考虑的基础上，处理好主要矛盾，使之达到较好的效果。例如，在钻模设计中，通常侧重生产率的要求；镗模等精加工用的夹具则侧重于加工精度的要求等。

四、夹具设计的方法及步骤

夹具设计主要是绘制所需的图样，同时制订有关的技术要求。夹具设计是一种相互关联的工作，它涉及到很广的知识面。通常，设计者在参阅有关典型夹具图样的基础上，按加工要求构思出设计方案，再经修改，最后确定夹具的结构。其设计方法如图 2-3 所示。

显然，夹具设计的过程中存在着许多重复的劳动。近年来，迅速发展的机床夹具计算机辅助设计（CAD）克服了传统设计方法的缺点。

夹具设计步骤可以划分为 6 个阶段：设计的准备、方案设计、审核、夹具总装配图设计、夹具零件设计及夹具的验证。

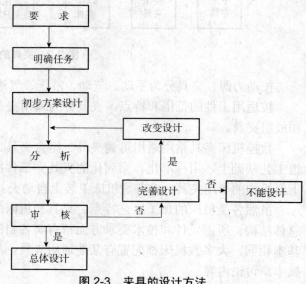

图 2-3　夹具的设计方法

1. 设计的准备

这一阶段的工作是收集原始资料、明确设计任务。设计前应做好如下准备：

（1）分析产品零件图及装配图，分析零件的作用、形状、结构特点、材料和技术要求。

（2）分析零件的毛坯图、工艺规程，特别是本工序半成品的形状、尺寸、加工余量、切削用量和所使用的工艺基准以及前后工序的联系。

（3）分析工艺装备设计任务书，对任务书所提出的要求进行可行性研究，以便发现问题，及时与工艺人员进行磋商。

图 2-4 为一种工艺装备设计任务书，其中规定了加工工序、使用机床、装夹件数、定位基准、工艺公差和加工部位等。任务书对工艺要求也作了具体说明，并用简图表示工件的装夹部位和形状。

工 艺 装 备 设 计 任 务 书

编号_____

工 具 号		装夹件数	
工 具 号		合月件号	
工具名称		参考型式	
使用工序		制造套数	
使用机床		完工日期	
定位基面及工艺公差：		加工部位：	
工艺要求及示意图：			
工 艺 员	产品工艺员	工艺组长	
年 月 日	年 月 日	年 月 日	年 月 日

图 2-4 工艺装备设计任务书

（4）了解所使用机床的规格、性能、精度以及与夹具连接部分结构的尺寸。

（5）了解所使用刀具、量具的规格、制造精度和技术条件等。

（6）了解零件的生产纲领和生产组织等问题。根据生产批量的大小和使用夹具的特殊要求来决定夹具结构完善的程度。若批量大，则应使夹具结构完善和自动化程度高，尽可能缩短辅助时间以提高生产率；若批量小或应付急需，则力求结构简单，以便迅速制成交付使用。

（7）收集有关设计资料，其中包括国家标准、部颁标准、企业标准等资料以及典型夹具资料。

（8）了解本厂夹具制造车间的生产条件和技术现状，使所设计的夹具能够制造出来，并充分发挥夹具制造车间的技术专长和经验，使夹具的质量得以保证。

2．方案设计

这是夹具设计的重要阶段。在分析各种原始资料的基础上，应完成下列设计工作：

（1）确定夹具的类型。

（2）定位设计。根据六点定位规则确定工件的定位方式，选择合适的定位元件。

（3）选择工件的夹紧方式及夹具的夹紧装置，使夹紧力与切削力静力平衡，并注意缩短辅助时间。

（4）确定刀具的对刀导向方案，选择合适的对刀元件或导向元件。

（5）确定夹具与机床的连接方式。

（6）确定其他元件和装置的结构形式，如分度装置、靠模装置等。

（7）确定夹具总体布局和夹具体的结构形式，并处理好定位元件在夹具体上的位置。

（8）绘制夹具方案设计图。

（9）进行工序精度分析。

（10）对动力夹紧装置进行夹紧力验算。

在上述各具体方案的初步拟定过程中，应尽量结合生产实际，进行调查研究，对各种同类型方案进行比较，注意吸收各种先进技术，并充分发挥计算机辅助设计、先进夹具资料库的作用，对以上各装置的最终确定进行多方案的优化，最后产生较切合实际的定位、夹紧和其他各种辅助装置，并通过夹具把各部分结构联系在一起。

3．审核

经主管部门、有关技术人员与操作者审核，对夹具结构在使用上提出特殊要求并讨论需要解决的某些技术问题。

方案设计审核包括如下内容：夹具的标识是否完整，夹具的搬运是否方便，夹具与机床的连接是否牢固和正确，定位元件是否可靠和精确，夹紧装置是否安全和可靠，工件的装卸是否方便，夹具与有关刀具、辅具、量具之间的协调关系是否良好，加工过程中切屑的排除是否良好，操作的安全性是否可靠，加工精度能否符合工件图样所规定的要求，生产率能否达到工艺要求；夹具是否具有良好的结构工艺性和经济性，夹具的标准化审核。

4．夹具总装配图设计

夹具总装配图应按国家标准绘制，绘制时还应注意以下事项：

（1）尽量选用 1∶1 的比例，以使所绘制的夹具具有良好的直观性。

（2）尽可能选择面对操作者的方向或最能反映内部装配结构、动作原理的方向作为主视图，同样应符合视图最少原则。

（3）图中应把夹具的工作原理、结构和各种元件间的装配关系表达清楚。

（4）用双点划线绘制工件外形轮廓、定位基准面、夹紧表面和加工表面。

（5）合理标注尺寸、公差和技术要求。

（6）合理选择材料。

绘图的步骤如下：

（1）用双点划线绘出工件轮廓线，并布置图面。

（2）绘制定位元件的详细结构。

（3）绘制对刀导向元件。

（4）绘制夹紧装置。

（5）绘制其他元件或装置。

（6）绘制夹具体。

（7）标注视图符号、尺寸、技术要求，编制明细表。

5．夹具零件设计

在总装配图完成的前提下，由装配图上逐个拆绘出各个零件的零件图，并确定零件的结构细节、各部分尺寸关系及重要尺寸的公差带、重要表面的形位公差要求，确定零件的材质、热处理工艺要求及局部表面质量要求，最后确定夹具零件的其他有关技术参数，以便夹具的制造。

6．夹具的验证

夹具的验证是夹具设计的最终结果，主要包括精度和生产率验证两部分。

（1）夹具精度的验证。夹具精度是以能否加工出合格的工件为标准，故夹具精度的验证是一种动态的精度分析方法。当夹具加工的超差方向和数值稳定时，可参照下列内容对夹具加以修正：夹具的精度不足，夹具安装不正确或安装时夹具体变形，导向精度不足或刀具磨损，所选用的机床精度偏低，车床夹具受离心力的影响，夹具体刚度不足，机床刚度不足和工件刚度不足。

当夹具加工的误差方向不变但数值不稳定时，可按以下情况分析查找：工件基面的误差；夹紧误差的影响，由切削力引起的变形，毛刺的影响，夹紧时工件的走动以及是否由于基准不重合。

为了提高夹具的整体精度，可采取提高关键元件的制造精度，减小由配合产生的误差或在可能的条件下尽量在关键元件间设置调整环节，以提高关键元件间的位置精度等措施。影响加工精度的因素是多方面的，在设计时应抓住其中的主要因素，使所设计的夹具精度符合加工精度要求。

（2）夹具生产率的验证。操作过程中需要装卸部分的配合间隙太小；装夹工件的动作繁多，不能快速夹紧；辅助支承的操作不方便；切屑的排除不方便；由于夹具的刚度不足而减小切削用量；切削时空行程太长等都可以成为影响生产率的主要因素。需注意的是，除了夹具本身的问题外，有时工艺路线的制订对生产率也有很大影响，必须全面考虑。

五、夹具的制造特点

夹具通常是单件制造，且制造周期很短。为了保证工件的加工要求，很多夹具要有较高的制造精度。企业的工具车间有多种加工设备，例如，加工孔系的坐标镗床，加工复杂形面的万能铣床、精密车床和各种磨床等，都具有较好的加工性和加工精度。夹具制造中，除了生产方式与一般产品不同外，在应用互换性原则方面也有一定的限制，以保证夹具的制造精度。对于与工件加工尺寸直接有关且精度较高的部位，在夹具制造时常用调整法和修配法来保证夹具精度。

第二节　夹具装配图的标注

一、夹具的精度分析

为了保证夹具设计的正确性，首先要在设计图样上对夹具的精度进行分析。用夹具装夹工件进行加工时，其加工误差可用不等式 $\Delta_D + \Delta_T + \Delta_A + \Delta_G \leqslant \delta_k$ 来表示。由于各种误差均为随机变量，故应该用概率法计算，即：

$$\sqrt{\Delta_D{}^2 + \Delta_A{}^2 + \Delta_T{}^2 + \Delta_G{}^2} \leqslant \delta_k \qquad (2\text{-}1)$$

式中：

Δ_A——夹具位置误差。它包括 Δ_{A1}（定位元件定位面对夹具体基面的位置误差）和 Δ_{A2}（夹具的安装连接误差）。故 Δ_A 即为夹具定位元件对切削成型运动的位置误差；

Δ_D——定位误差；

Δ_T——刀具相对夹具的位置误差，即对刀导向误差；

Δ_G——与加工过程中机床、刀具、变形、磨损有关的加工误差。

上述各项误差中，与夹具直接有关的误差为 Δ_D、Δ_A、Δ_T 3 项，设计时可用极限法计算。加工方法误差具有很大的偶然性，很难被精确计算，通常这项误差可按机床精度，并取 $\delta_k/3$ 作为估算的范围和储备精度之用。本质上夹具精度是使工序基准与刀具切削成型运动保持正确位置关系。

二、总装配图尺寸、公差配合与技术要求的标注

1. 配图应标注的尺寸和公差配合

通常总装配图应标注以下 4 种尺寸：

（1）夹具外形的最大轮廓尺寸。这类尺寸按夹具结构尺寸的大小和机床参数设计，以表示夹具在机床上所占据的空间尺寸和可活动的范围。

（2）工件与定位元件之间的联系尺寸。这类尺寸主要是指对刀块的对刀面至定位元件之间的尺寸、塞尺的尺寸、钻套至定位元件间的尺寸、钻套导向孔尺寸和钻套孔距尺寸等。这些尺寸影响刀具的对刀导向误差 Δ_{To}。

（3）与夹具位置有关的尺寸。这类尺寸用以确定夹具体的安装基面相对于定位元件的正确位置。如铣床夹具定位键与机床工作台 T 型槽的配合尺寸、角铁式车床夹具安装基面（止口）的尺寸、角铁式车床夹具中心至定位面间的尺寸等。这些尺寸对夹具的位置误差 Δ_A 会有不同程度的影响。这类尺寸的基准也是定位元件。

（4）其他装配尺寸。如定位销与夹具体的配合尺寸和配合代号等，这类尺寸通常与加工精度无关或对其无直接影响。

2．配图应标注的位置公差

通常，总装配图应标注以下 3 种位置公差：

（1）定位元件之间的位置公差。这类精度直接影响夹具的定位误差 Δ_D。

（2）连接元件（含夹具体基面）与定位元件之间的位置公差。这类精度所造成的夹具位置误差 Δ_{A1} 也影响夹具的加工精度（见表 2-1）。

表 2-1　几种常见元件定位面对夹具体基面的技术要求

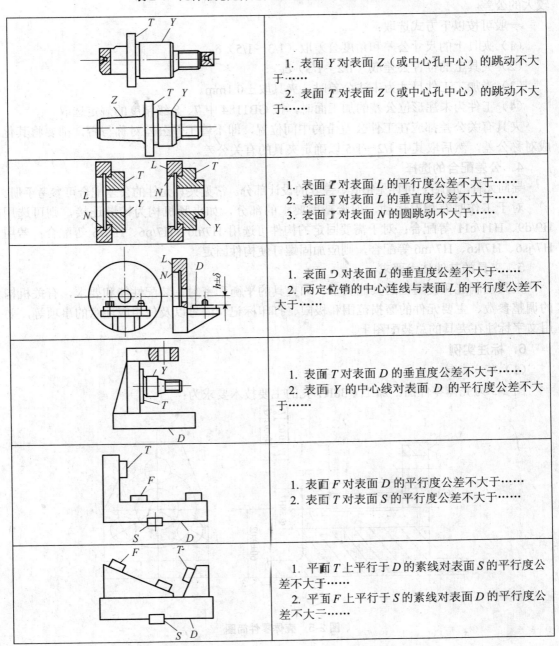

	1．表面 Y 对表面 Z（或中心孔中心）的跳动不大于…… 2．表面 T 对表面 Z（或中心孔中心）的跳动不大于……
	1．表面 T 对表面 L 的平行度公差不大于…… 2．表面 Y 对表面 L 的垂直度公差不大于…… 3．表面 Y 对表面 N 的圆跳动不大于……
	1．表面 C 对表面 L 的垂直度公差不大于…… 2．两定位销的中心连线与表面 L 的平行度公差不大于……
	1．表面 T 对表面 D 的垂直度公差不大于…… 2．表面 Y 的中心线对表面 D 的平行度公差不大于……
	1．表面 F 对表面 D 的平行度公差不大于…… 2．表面 T 对表面 S 的平行度公差不大于……
	1．平面 T 上平行于 D 的素线对表面 S 的平行度公差不大于…… 2．平面 F 上平行于 S 的素线对表面 D 的平行度公差不大于……

（3）对刀或导向元件的位置公差。通常这类精度是以定位元件为对刀基准。为了使夹具的工艺基准统一，也可取夹具体的基面为基准。

3．公差数值的确定

由误差不等式可以看出，为满足加工精度的要求，夹具本身应有较高的精度。由于目前分析计算方法尚不够完善，因此，对于夹具公差仍然是根据实践经验来确定。如生产规模较大，要求夹具有一定使用寿命时，相关公差可取小些；对加工精度较低的夹具，则取较大的公差。

一般可按以下方式选取：

（1）夹具上的尺寸公差和角度公差取（1/3～1/5）δ_K。

（2）夹具上的位置公差取（1/2～1/3）δ_K。

（3）当加工工件尺寸为未注公差时，夹具取±0.1mm。

（4）工件为未注形位公差的加工面时，按 GB1184 中 7、8 级精度的规定选取。

夹具有关公差都应在工件公差带的中间位置，即不管工件公差对称与否，都要将其化成对称公差，然后取其中 1/2～1/5 以确定夹具的有关公差。

4．公差配合的选择

导向元件的配合，可详见钻套、镗套的设计部分。常见夹具元件的公差配合可参考手册。

对于工作时有相对运动，但无精度要求的部分，如夹紧机构为铰链连接，则可选用 H9/d9、H11/c11 等配合；对于需要固定的构件可选用 H7/n6、H7/p6、H7/r6 等配合；若用 H7/js6、H7/k6、H7/m6 等配合，则应加固螺钉使构件固定。

5．夹具的其他技术要求

夹具在制造和使用上的其他要求，如夹具的平衡和密封、装配性能和要求，有关机构的调整参数、主要元件的磨损范围和极限、打印标记和编号以及使用应注意的事项等，要用文字标注在夹具的总装配图上。

6．标注实例

（1）车床夹具

图 2-5 为壳体零件图。加工 $\phi38H7$ 孔的主要技术要求为：

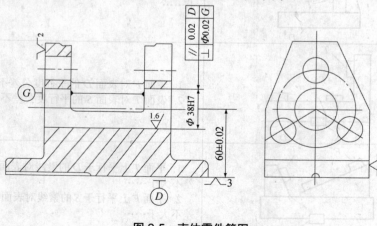

图 2-5 壳体零件简图

①孔距尺寸 60±0.02mm （δ_{k1}＝0.04mm）。

② ϕ38H7 孔的轴线对 G 面的垂直度公差为 ϕ0.02mm（δ_{k2}）。

③ ϕ38H7 孔的轴线对 D 面的平行度公差为 0.02mm（δ_{k3}）。

夹具的结构与标注如图 2-6 所示。

标注与加工尺寸 60±0.02mm 有关的尺寸公差为：

①定位面至夹具体找正圆中心距尺寸（与夹具位置有关的尺寸），取 $\delta_{k1}/4$＝0.01mm，标注 60±0.005mm。

②找正圆 ϕ272mm 对 ϕ50mm 的同轴度公差，取 $\delta_{k1}/4$＝0.01mm。

标注与工件垂直度有关的位置公差为：

①侧定位面 G 对夹具体基面 B 的平行度，公差取 $\delta_k/2$＝0.01mm（δ_{k2}＝0.02mm）。

②定位面 D 对夹具体基面 B 的垂直度，公差取 $\delta_{k2}/2$＝0.01mm。

标注与工件平行度有关的位置公差为：

主要定位面 D 对夹具体基面 B 的垂直度，公差取 $\delta_{k3}/2$＝0.01mm（δ_{k3}＝0.02mm），其结果与上例第二项相同。

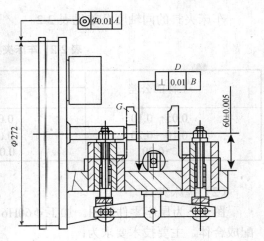

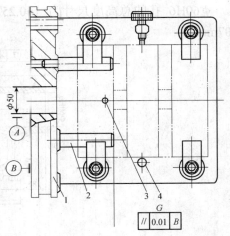

图 2-6 车床夹具标注示例
1—夹具体；2—支承钉；3—防误销；4—挡销

尺寸公差（δ_{k1}＝0.04mm）校核如下：

Δ_D＝0（基准重合且位移误差 Δ_Y＝0）。

Δ_T＝0。

Δ_G＝0.01mm（CA6140 型卧式车床主轴定心轴颈的径向圆跳动量）。

Δ_{A1}＝0.01mm（夹具体找正圆轴线至定位面 D 之间的尺寸公差）。

Δ_{A2}＝0.01mm（夹具体找正圆的同轴度公差）。

按式（2-1）计算得：

$$\sqrt{0.01^2+0.01^2+0.01^2}=0.017\text{mm}<\delta_{k1}$$

夹具的精度较高，尺寸公差设计合理。

位置公差（δ_{k2}＝0.02mm、δ_{k3}＝0.02mm）校核如下：

影响 δ_{k2} 的位置精度有两项，即侧定位面 G 对夹具体基面 B 的平行度公差和定位面 D 对夹具体基面 B 的垂直度差，它们分别作用在两个方向上，故得 Δ_A＝0.01mm<δ_{k2}，此项设计合理。

影响 δ_{k3} 的因素是定位面 D 对夹具体基面 B 的垂直度公差，即 Δ_A＝0.01mm<δ_{k3}，此项设计也合理。

车床夹具的同轴度公差见表 2-2。

表 2-2　车床夹具的同轴度公差（mm）

工件的公差	夹具公差	
	心轴	其他
0.05～0.10	0.005～0.01	0.01～0.02
0.10～0.20	0.01～0.015	0.02～0.04
>0.20	0.015～0.03	0.04～0.06

（2）镗床夹具

图 2-7 为尾座零件简图。加工 $\phi60H6$ 孔，并用刮面刀加工端面。加工时尾座与底板装配成合体，主要技术要求为：

$\phi60H6$ 孔的总高度尺寸为 $160.25_{0}^{+0.05}$ mm。$\phi60H6$ 孔对底板导轨面的平行度公差为 0.07mm。

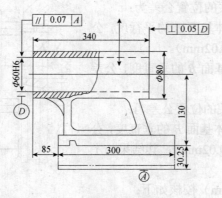

图 2-7　尾座零件简图

镗床夹具结构及有关标注如图 2-8 所示。

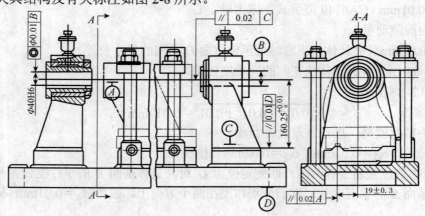

图 2-8　镗床夹具标注示例

校核尺寸 $160.25_0^{+0.05}$ mm （$\delta_{k1}=0.05$ mm）：

$$\Delta_D=0$$

$\Delta_A=0$（镗杆双面导向）；

$\Delta_{T1}=0.01$ mm；

$\Delta_{T2}=0.01$ mm（镗杆配合的间隙）。

按式（2-1）计算得：

$\sqrt{0.01^2+0.01^2}=0.014$ mm，则镗模具有很高的精度。

校核位置公差（$\delta_{k2}=0.07$ mm）：

$$\Delta_D=0$$

$\Delta_A=0$；

$\Delta_{T1}=0.02$ mm（镗套中心对定位面的平行度）；

$\Delta_{T2}=0.01$ mm（镗杆配合的间隙）；

按式（2-1）计算得：

$\sqrt{0.02^2+0.01^2}==0.023$ mm$<\delta_{k2}$，故此精度设计合理。

（3）活塞零件及其夹具尺寸的标注

图 2-9 为活塞零件及其夹具尺寸的标注，供设计标注尺寸时参考。此图尺寸标注完整。

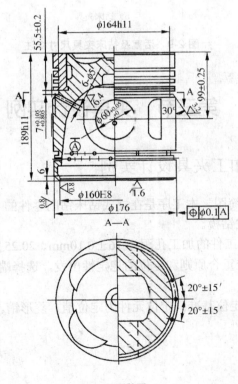

a）零件图

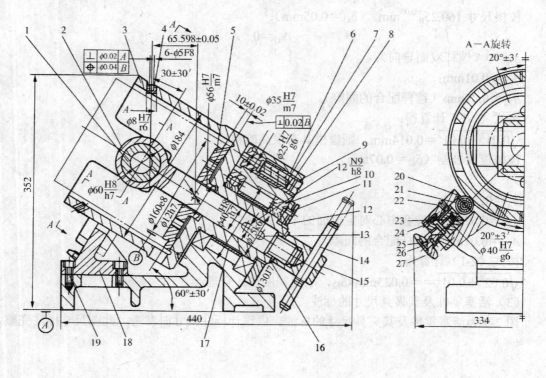

b）钻床夹具

图 2-9　活塞及钻床夹具尺寸标注

第三节　夹具设计实例

一、摇臂零件加工夹具设计实例

图 2-10 为摇臂零件简图，本工序是在立式钻床钻削零件的 $\phi14mm$ 的孔。生产类型为中批生产，试设计固定式钻模。

（1）确定定位方案。工件的加工孔距为 $16\pm0.10mm$、$20.25_{-0.2}^{0}mm$，加工孔与 $\phi20H7$ 孔需保持位置关系。从基准重合原则和定位的稳定性出发，选择端平面 A 为主要定位基准，并选择 $\phi31H7$ 孔、

$\phi20H7$ 孔为另两个定位基准。定位元件为定位销、菱形销。采用完全定位，定位点分布如图 2-11 所示。

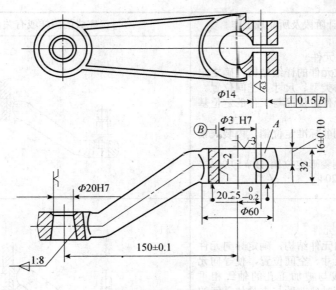

图 2-10　摇臂零件简图

（2）确定导向方案。钻削 φ14mm 孔采用固定式钻套。钻模板为固定式结构，刀具选用 $φ14^{0}_{-0.043}$mm 的麻花钻。

（3）确定夹紧方案。钻削时各支承面上受力良好，采用端面斜楔夹紧机构。夹紧力方向指向主要定位基准面 A。该夹紧机构操作方便，在工件的夹紧端采用转动垫圈，以便于工件的装卸。

（4）确定夹具体结构方案。考虑夹具的刚度、强度和工艺要求，采用铸造夹具体结构。夹具总体设计步骤见表 2-3。

表 2-3　夹具总体设计主要步骤

序号	设计阶段及所完成工作	已完成的图样或有关内容
1	布置图面 选择 1∶1 比例和 A1 图纸幅面，用双点划线绘出工件 3 个方向视图的轮廓线，各视图之间要留有足够空间，以便绘制夹具	

序号	设计阶段及所完成工作	已完成的图样或有关内容
2	设计定位元件 绘制定位元件的详细结构，确定定位元件的类型、尺寸、空间位置。使定位元件定位面与工件的定位基准相重合 （1）绘制非标准定位销，内装夹紧机构 （2）绘制菱形定位销　B φ19.904×14GB/T2204	
3	设计导向元件 绘制导向元件结构，确定导向元件类型、尺寸、空间位置，使导向元件的轴线与被加工孔的轴线相重合。绘制时要兼顾与夹具体之间的装配关系 （1）绘钻套 B φ14×16GB/T2262 （2）绘钻模版	
4	设计夹紧装置 （1）绘制夹紧端的转动垫圈及有关结构，转动垫圈 B×16GB/T2170 （2）绘制端面斜楔夹紧机构，非标准结构，斜楔角 α =7°，手柄长度190mm	
5	设计夹具体 将定位元件、导向元件、夹紧机构联系成一个整体。取壁厚时应考虑夹具体的强度和刚度，同时选择好夹具的基面	

续表 2

序号	设计阶段及所完成工作	已完成的图样或有关内容			
6	标注视图符号、尺寸、技术要求，编制明细表 标注配合尺寸：$\phi 12\dfrac{H7}{r6}$， $\phi 45\dfrac{H7}{r6}$，$\phi 12\dfrac{H7}{f6}$ 定位联系尺寸：$\phi 19.95h6$，$\phi 31h6$ 导向尺寸：16 ± 0.02，20.15 ± 0.02，$\phi 14F8$ 标注夹具轮廓尺寸：$297\times145\times165$ 标注位置公差：定位销对夹具体基面的平行度公差0.015mm，钻套 $\phi 14F8$ 中心对夹具体的垂直度公差0.015mm，定位支承平面对夹具体基面的垂直度公差0.015mm	工件与定位工件间联系尺寸，导向元件与定位元件间（夹具体基面）联系尺寸的确定			
		项目	数值/mm	工件相应项目	数值/mm
		钻套至定位支承面距离	16 ± 0.02	$\phi 14$ 孔至端面孔距	16 ± 0.10
		钻套至 $\phi 30h6$ 定位销中心距	20.15 ± 0.02	$\phi 14$ 孔至 $\phi 31H7$ 孔距	$20.25_{-0.20}^{0}$
		定位销至菱形销中心距	150 ± 0.02	$\phi 31H7$ 孔至 $\phi 20H7$ 孔距	150 ± 0.10
		$\phi 31h6$ 定位销对夹具体基面的平行度	0.015		
		钻套 $\phi 14F8$ 孔对夹具体基面的垂直度	0.015	$\phi 14$ 孔对 $\phi 31H7$ 孔的垂直度	0.15
		定位支承面对夹具体基面的垂直度	0.015		

夹具总图尺寸标注如图 2-11 所示。

二、连杆铣槽加工夹具设计实例

图 2-12 所示为连杆的铣槽工序简图。生产类型为成批生产。工序要求铣工件两端面处的 8 个槽，槽宽 $10_{0}^{+0.2}$ mm，深 $3.2_{0}^{+0.4}$ mm，表面粗糙度 R_a 值为 12.5μm。槽的中心与两孔连线成 45°，偏差不大于±30′。现行工序已加工好的表面可作为本工序用的定位基准，那就是厚度为 $14.3_{-0.1}^{0}$ mm 的两个断面和直径分别为 $\phi 42.6_{0}^{+0.1}$ mm 和 $\phi 15.3_{0}^{+0.1}$ mm 的两个孔，此两基准孔的中心距为 57 ± 0.06mm，加工时用三面刃盘铣刀在 X62W 卧式铣床上进行。所以，槽宽由刀具直接保证，槽深和角度位置要用夹具保证。

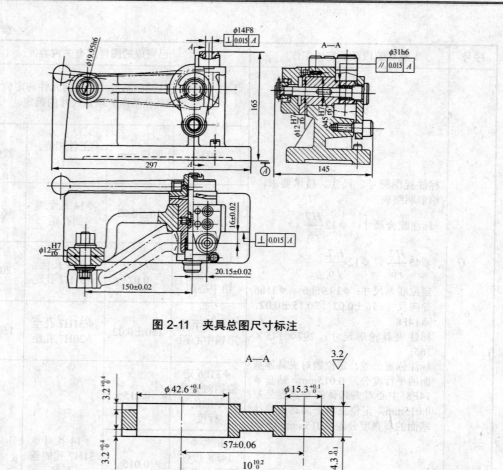

图 2-11　夹具总图尺寸标注

图 2-12　连杆铣槽工序简图

　　工序规定了该工件将在 4 次安装所构成的 4 个工位上加工完 8 个槽，每次安装的基准都用两个孔和 1 个端面，并在大孔端面上进行夹紧。

1. 确定定位方案

　　根据连杆铣槽的工序尺寸、形状和位置精度要求，工件定位时需消除 6 个不定度。工件的定位基准和夹紧位置虽然在工序图上已经规定，但在拟定定位、夹紧方案时，仍然应对其进行分析研究，考查定位基准的选择是否能满足工件位置精度的要求，夹紧的结构能否实现。在铣连杆槽的例子中，工件在槽深方向的工序基准是和槽相连的端面，若以此端面为平面定位基准，可以达到与工序基准重合。但是由于要在此面上开槽，那么夹具的定位面就势必要设计成朝下的，这就会给工件的定位夹紧带来麻烦，夹具结构也较复杂。如果选择与所加工槽相对的另一端面为定位基准，则会引起基准不重合误差，其大小等于工件两端面间的尺寸公差 0.1mm。考虑到槽深的公差较大（为 0.4mm），估计还可以保证精度要求，而这样又可以使定位夹紧可靠，操作方便，所以应当选择工件的底面为定位基准，采用平面为定位元件。

在保证角度位置 45°±30′方面，工序基准是两孔的连心线，现以两孔为定位基准，可以做到基准重合，而且操作方便。为了避免发生不必要的重复定位现象，应采用一个圆柱销和一个菱形销作定位元件。由于被加工槽的角度位置是以大孔中心为基准的，槽的中心应通过大孔的中心，并与两孔连线成 45°角，因此应将圆柱销放在大孔，菱形销放在小孔，如图 2-13 所示。工件以一面两孔为定位基准。而定位元件采用一面两销，分别消除了工件的 6 个不定度，属于完全定位。

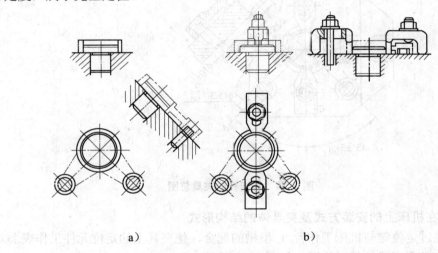

a)　　　　　　　　　　　　b)

图 2-13　连杆铣槽夹具设计过程

2. 确定夹紧方案

根据工件定位方案，考虑夹紧力的作用点及方向，采用如图 2-13 所示的方式较好。因为它的夹紧点选在大孔端面，接近被加工面，增加了工件刚度，切削过程中不易产生振动，工件夹紧变形也小，使夹紧可靠。但对夹紧机构的高度要加以限制，以防止和刀杆相碰。

3. 变更工位的方案

在拟定该夹具结构方案时，应决定是否采用分度装置，采用分度装置时，要选择其结构形式。在拟定该夹具结构方案时，遇到的另一个问题就是工件每一面的两对槽将如何进行加工，在夹具结构上如何实现。可以有两种方案：一种是采用分度装置，当加工完一对槽后，将工件和分度盘一起转过 90°，再加工另一对槽；另一方案是在夹具上装两个相差 90°的菱形销如图 2-13 所示，加工完一对槽后，卸下工件，将工件转过 90°再套在另一个菱形销上，重新进行夹紧后再加工另一对槽。显然，分度夹具的结构要复杂一些，而且分度盘与夹具体之间也需要锁紧，在操作上节省时间并不多。该产品批量又不大，因而采用后一种方案还是可行的。

4．刀具的对刀或导引方案

该步骤是确定对刀装置或刀具导引的结构形式和布局（导引方式）。用对刀块调整刀具与夹具的相对位置，适应于加工精度不超过 IT8 级的加工。因槽深的公差较大（0.4mm），故采用直角对刀块，用螺丝、销钉固定在夹具体上，如图 2-14 所示。

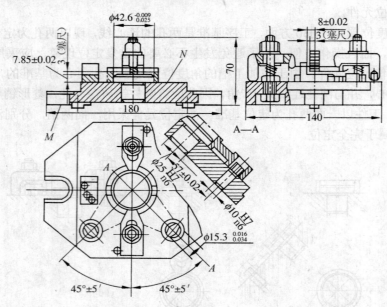

图 2-14　铣连杆的夹具总图

5．夹具在机床上的安装方式及夹具体的结构形式

本夹具通过定位键与机床工作台 T 型槽的配合，使夹具上的定位元件工作表面对工作台的送进方向具有正确的相对位置，如图 2-14 所示。

技术要求如下：

① N 面相对于 M 面的平行度允差在 100mm 上不大于 0.03mm。

② $\phi 42.6_{-0.025}^{-0.009}$ 与 $\phi 15.3_{-0.034}^{-0.016}$ 相对于底面 M 的垂直度允差在全长上不大于 0.03mm。

在确保工件加工精度的前提下，尽可能使夹具结构简单、易制造、好使用和适应生产率要求。将所拟定的方案画成夹具结构草图，经审查后便可正式绘制夹具总图。

6．夹具总图设计

先用双点划线把工件在加工位置状态时的形状绘在图纸上，并将工件看作透明体。然后依次绘制定位件、夹紧装置和夹紧件、刀具的对刀或导引件、夹具本体及各个连接件等。结构部分绘好了以后，就标注必要的尺寸、配合和技术要求。绘好的连杆铣槽夹具总图见图 2-15。

7．夹具精度分析与误差计算

（1）对槽深精度的分析计算

影响槽深尺寸精度的主要因素有：

①基准不重合误差 $\Delta_B=0.1$（即厚度 $14.3_{-0.1}^{\ 0}$mm 的公差）。因平面定位的 $\Delta_Y=0$，所以 $\Delta_D=\Delta_B$。

②夹具的安装误差 Δ_A。由于夹具定位面Ⅳ和夹具底面 M 间的平行度误差等，会引起工件倾斜，使被加工槽的底面和其端面（工序基准）不平行，因而会影响槽深的尺寸精度。夹具技术要求的第一条规定为不大于 100∶0.03，那么在工件大头约 50mm 范围内的影响值将是不大于 0.015mm。

③加工方法有关的误差。对刀块的制造和对刀调整误差，铣刀的跳动、机床工作台的倾斜等因素所引起的加工方法误差，可根据生产经验并参照经济加工精度进行确定，现取值为 0.15mm。

以上 3 项可能造成的最大误差为 0.265mm，这远小于工件加工尺寸要求的公差 0.4mm。

（2）对角度 45°±30′的误差计算

①定位误差。由于工件定位孔与夹具定位销之间的配合间隙会造成基准位移误差，有可能导致工件两定位孔中心连线对规定位置的倾斜。其最大转角误差为：

$$\Delta_{aM}=\arctan\frac{\delta_{D1}+\delta_{d1}+X_{1min}-\delta_{L2}+\delta_{d2}+X_{2min}}{2L}$$

$$=\arctan\frac{0.1+0.016+0.009+0.1+0.018+0.016}{2\times57}$$

$$=\arctan0.00227$$

$$=7'49''$$

此倾斜对工件的最大影响量为 ±7′49″。

②夹具上两菱形销分别和大圆柱销中心连线的角向位置公差为 ±5′，这会直接影响工件的 45°。

③机床纵向走刀方向对工作台 T 型槽方向的平行度误差，可参照机床精度标准中的规定以及机床磨损情况来确定。此值通常不大于 100∶0.03，经换算后，相当于角度误差为 ±1′。这个误差也会影响工件的 45°。

综合以上 3 项误差，其最大角度误差为 13.8′，此值也远小于工序要求的角度公差 ±30′。从以上的分析和计算可以看出，这个夹具能满足连杆铣槽的工序要求，其精度储备也大，可以应用。

第四节　典型机床夹具

一、车床夹具

车床夹具是车削加工时用于车床上的工艺装备，其所加工的工件一般都是回转体工件。在加工过程中，夹具要带动工件一起转动，而不允许工件对机床主轴发生相对移动。因此，工件上被加工的孔或外圆的中心必须与机床主轴回转中心一致，所以这类夹具大部分是定心夹具，车削时的速度较高。在设计这类夹具时，必须考虑解决夹具的平衡、夹紧力的大小、元件的刚度和强度及操作安全问题。

1．车床夹具的分类和用途

车床夹具的功能是保证被加工零件与刀具之间相对正确位置。车床夹具可分为安装在主轴上和拖板或床身上两种类型，这里只阐述前者。安装在主轴上的夹具，通常是安装在车床的主轴前端部与主轴一起旋转。由于夹具本身处于旋转状态，因而车削夹具在保证定位和夹紧的基本要求前提下，还必须有可靠的防松结构。车床夹具与机床主轴连接结构如图 2-15 所示。

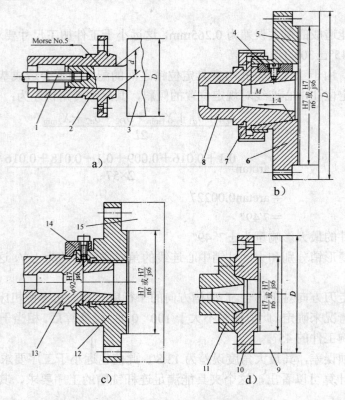

图 2-15　车床夹具与机床主轴连接结构

1—拉杆；　2、8、11、13—主轴；　3、5、9、15—夹具体；

4—键；　6、10、12—过渡盘；　7—大螺母；　14—压块

车床夹具包括三类：通用夹具、专用夹具和组合夹具。其各自的组成及特点如下：

（1）在车床上常用的通用夹具有三爪卡盘、四爪卡盘、顶尖，此外还有中心架、鸡心夹头等，通用夹具一般作为机床附件供应。其适应性强，操作也较简单，但效率较低，一般用于单件小批生产。

（2）专用夹具是针对某一种工件的某一工序的加工要求而专门设计制造的夹具，可以设计得结构紧凑，操作迅速、方便，并能满足零件的特定形状和特定表面加工的要求。这种夹具不要求通用性，成本较高。多用于大批大量生产或必须采用专用夹具的场合。

（3）组合夹具是采用预先制造好的标准夹具元件，根据设计好的定位夹紧方案组装而成的专用夹具。它既具有专用夹具的特点，又具有标准化、通用化的优点。产品变换后，夹具的组成元件可以拆开清洗入库，不会造成浪费，适用于新产品试制和多品种小批量的生产。在大量采用数控机床，应用 CAD/CAM/CAPP 技术的现代企业机械产品生产过程中，具有独特的优点和广泛的应用。

2．典型车床夹具

（1）车床夹具的组成

车床夹具的基本组成包括夹具体、定位元件、夹紧装置、辅助装置等部分。前三者是各类夹具所共有的。在车床夹具中，夹具体一般为回转本形状，并通过一定的结构与车床主轴定位联接。根据定位和夹紧方案设计的定位元件和夹紧装置安装在夹具体上。辅助装置包括用于消除偏心力的平衡块和用于高效快速操作的气动、液动和电动操作机构。

（2）典型车床夹具的类型

①角铁式夹具。角铁式车床夹具的结构特点是具有类似角铁的夹具体。在角铁式车床夹具上加工的工件形状较复杂。它常用于加工壳体、叉架、接头等类零件上的圆柱面及端面。如图 2-16 所示，在加工轴承座的内孔时，工件以底面和两孔定位，采用两压板夹紧。夹具体与主轴端部定位锥配合，用螺栓连接在主轴上，导向套用于引导刀具，平衡块作为消除回转不平衡的配重。

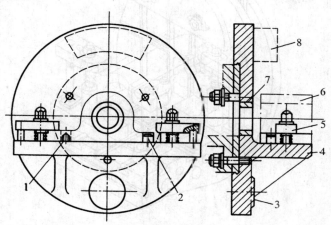

图 2-16　角铁式车床夹具

1—削边销；2—圆柱销；3—叉具体；4—支承板；5—压板；
6—工件；7—导向套；8—平衡块

②定心夹紧夹具。对于回转体工件或以回转体表面定位的工件可采用定心夹紧夹具。常见的有弹簧套筒、液性塑料夹具等。在如图 2-17 所示的夹具中，工件以内孔定位夹紧，采用了液性塑料定心夹紧夹具。工件套在定位圆柱上，端向由端面定位，旋紧螺钉 2，经过滑柱 1 和液性塑料 3 使薄套 4 产生变形，使工件 5 定心定位同时夹紧。

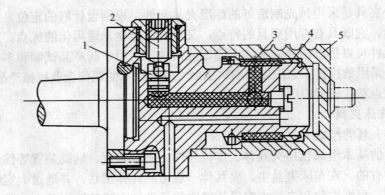

图 2-17　液性塑料定心夹紧夹具

1—滑柱；2—压紧螺钉；3—液性塑料；4—薄壁定位套；5—工件

③组合夹具。图 2-18 是一个典型的车削组合夹具。工件用已加工的底面和两个孔定位，用两个压板夹紧。图 2-18 中，夹具体，定位销，压板，底座等均为通用元件。

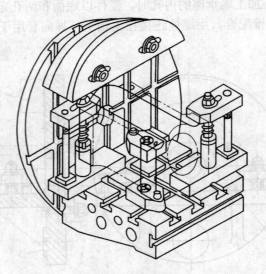

图 2-18　组合夹具

④自动夹具。在数控车床上，为提高加工生产率，并有利于 FMS 的构成，一般采用自动夹具，实现对工件的自动夹紧。常见的有气动、电动和液压卡盘。图 2-19 是由液压缸和楔式三爪自动定心卡盘构成的液压自动卡盘。当液压缸左腔进油时，通过拉杆推动楔心套 2 向右移动，楔心套上有与轴线成 15° 夹角的 T 形槽，该槽与滑座 6 相配合，迫使滑座向外，使卡爪松开工件；反之，夹紧工件。液压缸的缸体通过连接法兰与主轴尾端连接，与主轴一起旋转。

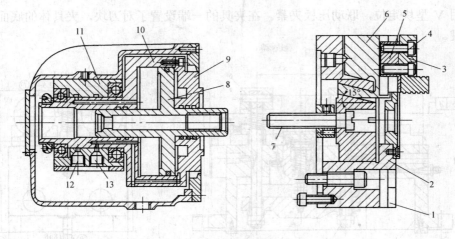

图 2-19　液压自动卡盘

1—卡盘体；2—楔心套；3—卡爪；4—连接螺钉；
5—T 形块；6—滑座；7—螺钉；8—活塞；9—联接端盖；
10—缸体；11—引油导套；12、13—进出油口

二、铣床夹具

1. 铣床夹具的组成及应用

铣床夹具是在铣削加工中装夹工件的工艺装备，是确定和保证工件在铣削过程中与刀具之间具有正确的相对位置。类似其他夹具，铣削夹具也是由夹具体、定位元件和夹紧元件等部分组成。根据铣削加工和夹具在机床上的安装要求，铣削夹具有时设有对刀引导元件和导向定位元件。对刀引导元件用于对刀调整机床时确定刀具与夹具之间的相对位置，导向定位元件用于确定夹具在机床上的正确安装位置。

铣床夹具主要用于加工零件上的平面、沟漕、缺口、花键以及成型面等。应用铣床夹具不仅可以保证零件的加工精度，提高加工生产率，而且可以扩大铣床的工艺范围，完成一些复杂表面和零件上特殊位置表面的加工。例如，应用专用的靠模夹具可以完成凸轮的廓线铣削和复杂型腔的铣削。在大批大量生产中，铣床夹具是必不可少的铣削加工工艺装备；在中小批量生产中，对于一些特殊的零件和特殊表面结构的加工也是非常重要的。

2. 铣床夹具的类型

按照铣削加工的进给方式，将铣床夹具分为直线进给式、圆周进给式和靠模式 3 种类型。

（1）直线进给铣床夹具。直线进给式铣床夹具主要安装在铣床工作台上，随着工作台一起作直线进给运动。按照在夹具上装夹工件的数目，可分为单件夹具和多件夹具。在单件小批生产中使用单件夹具最多，而在中小零件的大批量加工中，则广泛应用多件夹具。

如图 2-20 是一套双件铣槽夹具。该夹具用于铣削车床尾座套筒上的键槽和油槽。在两个工位上分别完成键槽和油槽的铣削，加工时两个工位同时加工，可以一次铣削两件。该

夹具采用 V 型块定位，联动压板夹紧。在夹具的一端设置了对刀块，夹具体的底面设置导向定位键。

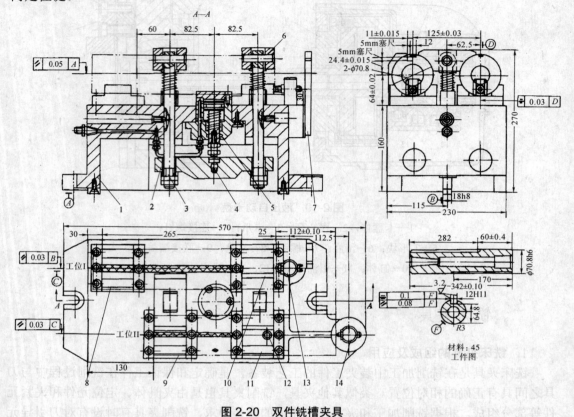

图 2-20　双件铣槽夹具

1—夹具体；2—浮动杠杆；3—螺杆；4—支承钉；5—液压缸；6—压板；
7—对刀块；8、9、10、11—V 型块；12—定位销；13、14—止推销

如图 2-21 是铣削垫块直角面的夹具。工件在夹具上的定位是以底平面、端面及槽为定位基准，共限制工件的 6 个自由度，实现完全定位的。旋紧螺母 5，通过螺栓带动浮动杠杆 10 使两副压板同时均匀地夹紧工件。该套夹具可同时加工 3 个工件，生产效率较高。

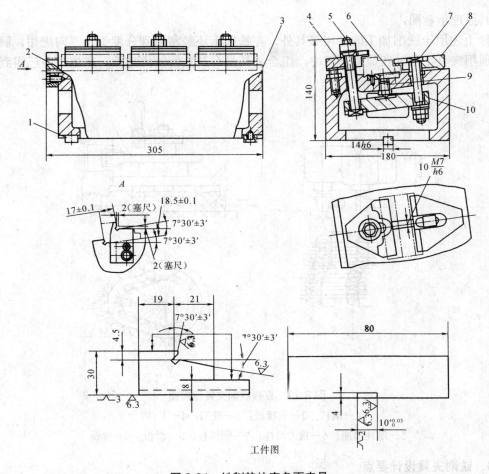

图 2-21　铣削垫块直角面夹具

1—定位键；2—对刀块；3—夹具体；4—压板；

5—螺母；6—定位块；7—螺栓；8—压板；9—支钉；10—浮动杠杆

（2）圆周进给铣削夹具。圆周进给式铣床夹具一般在有回转工作台的专用铣床上使用。在通用铣床上使用时，应进行改装，增加一个回转工作台。加工过程中，夹具随回转台旋转做连续的圆周进给运动。工作台上一般有多个工位，每个工位都安装有一套夹具。其中，一个工位是安装工件工位，另一个工位是拆卸工件工位，这样可以同时进行切削加工和装卸工件。因此，生产效率很高，适用于大批大量生产中的中小型零件的加工。

（3）机械仿形进给靠模铣削夹具。带有靠模装置的铣床夹具，用于专用或通用铣床上加工成型面。这种夹具安装在卧式或立式铣床上，靠模夹具的作用是使主进给运动和由靠模获得的辅助运动合成为加工所需的仿形运动。利用靠模使工件在进给过程中相对铣刀同时做轴向和径向直线运动，以加工直纹曲面或空间曲面，它适用于中小批量的生产规模。在 2 轴、3 轴联动的数控铣床广泛应用之前，利用靠模仿形是成形曲面型腔切削加工的主要方法。按照主送进给运动的方式，靠模夹具可分为直线进给运动和圆周进给运动两种。

如图 2-22a 所示为直线进给式靠模铣夹具原理示意图，如图 2-22b 所示为圆周进给靠模铣夹具原理示意图。

　　除上述用于铣削加工的专用夹具外，在铣床上还经常用到分度头、三向虎钳、圆工作台等通用夹具工装。在数控加工中，组合夹具具有其独特的优越性，在生产中已得到广泛应用。

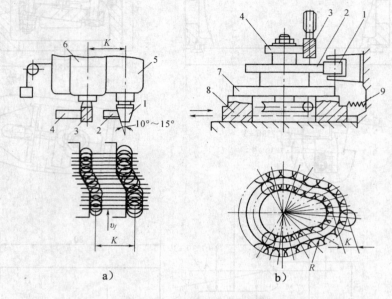

图 2-22　靠模铣削夹具原理图
1—滚柱；2—靠模板；3—铣刀；4—工件；
5—滚柱滑座；6—铣刀滑座；7—回转台；8—滑板；9—弹簧

3．铣削夹具设计要点

　　铣削加工是切削力较大的多刃断续切削，加工时容易产生振动，因此，铣床夹具必须有良好的抗振性能，以保证工件的加工精度和达到表面粗糙度要求。为此，应合理设计定位元件、夹紧装置以及总体结构等。

　　（1）定位元件和夹紧装置的设计要点。为保证工件定位的稳定性，除应遵循一般的设计原则外，铣床夹具定位元件的布置还应尽量使主要支承面积大些。若工件的加工部位呈悬臂状态，则应采用辅助支承，增加工件的安装刚度，防止振动。

　　设计夹紧装置应保证足够的夹紧力，并具有良好的自锁性，以防止夹紧机构因振动而松动。施力的方向和作用点要恰当，并尽量靠近加工表面，必要时设置辅助夹紧机构，如图 2-23 所示，以提高夹紧刚度。对于切削用量大的铣床夹具，最好采用螺旋夹紧机构。

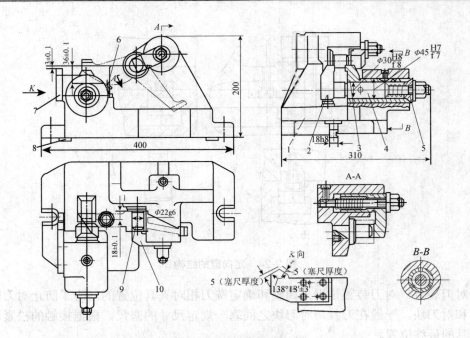

图 2-23　单件铣斜面夹具
1—夹具体；2、3—卡爪；4—连接杆；5—锥套；6—可调支承；
7—对刀块；8—定位键；9—定位销；10—钩形压板

（2）特殊元件设计。

①定向键。定向键是夹具在机床上安装的导向定立元件。把它装在夹具体底部，一般都用两个定向键，而且相距尽量远些，个别小型夹具也可用一个长键。通过与铣床工作台 T 形槽相配合，使夹具上的定位元件的工作表面相对铣床工作台的进给方向具有正确的关系。

定向键有矩形和圆柱形两种，如图 2-24 所示。常用的矩形定向键有两种结构形式，一种如图 2-24a、b 所示，在键的侧面开有沟槽或台阶将定向键分成上下两个部分。上部尺寸与夹具体相配合，常取 H7/h60。下部宽度尺寸 b 与铣床工作台的 T 形槽相配合，因工作台 T 形槽的公差为 H8 或 H7，故尺寸 b 按 h8 或 h6 制造，以减小配合间隙，提高夹具的定向精度。另一种矩形定向键没有开沟槽，即上下两部分尺寸相同，这种矩形定向键一般用于对定向精度要求不高的夹具。如图 2-24c 所示为圆柱形定向键，使用该种定向键时，夹具上的两个孔可以在坐标镗床上加工，能得到很高的位置精度，但是圆柱面与 T 形槽平面是线接触，容易磨损，故用得不多。

对于大型夹具或定向精度要求高的铣床夹具，通常不放置定向键，而是在夹具体的侧面加工出一窄长平面作为夹具安装时的找正基面，通过找正获得较高的定向精度。

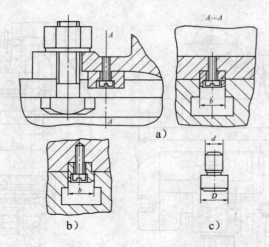

图 2-24　定向键的结构

②对刀装置。对刀装置是用来调整和确定铣刀相对夹具位置的，为了防止对刀时碰伤切削刃和对刀块，一般在刀具与对刀块之间塞一规定尺寸的塞尺，根据接触的松紧程度来确定刀具的最终位置。

图 2-25 为几种常见的对刀块，分别用于加工平面（如图 2-25a 所示）、加工槽（如图 2-25b 所示）、成形铣刀加工成形面（如图 2-25c、d 所示）。

对刀块通常用销钉或螺钉紧固在夹具体上，其位置要便于对刀和工件的装卸。对刀块的工作表面与定位元件之间应有一定的位置要求，即应以定位元件的工作表面或对称中心作为基准来校准与对刀块之间的位置尺寸关系。

采用对刀块对刀，加工精度一般不超过工 T8 级。当精度要求较高时，或者不便于设置对刀块时，可以采用试切法、标准件对刀法或者用百分表来校正定位元件相对于刀具的位置。

定向键和普通的对刀块及塞尺已经标准化，设计时可查有关标准。

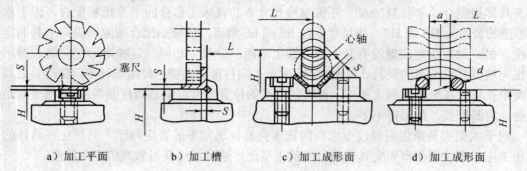

a）加工平面　　　b）加工槽　　　c）加工成形面　　　d）加工成形面

图 2-25　对刀装置

三、钻床夹具

钻孔的尺寸由钻头直径获得，而其位置却无法采用试切法找正，单件小批加工采用划线，但是费时费力，在批量加工中广泛应用专用钻床夹具。

钻床夹具是在钻床上进行孔的钻、扩、铰、锪、攻螺纹加工时，用以确定工件和刀具的相对正确位置，并使工件得到夹紧的装置。钻床夹具大都装有与定位元件有位置要求的钻套，故习惯称钻床夹具为钻模。钻模一般由钻套、钻模板、定位元件、夹紧装置和夹具体等组成。钻套和钻模板是钻削夹具所特有的组成部分。

1. 钻床夹具的组成

（1）钻套。钻套用来引导钻头、铰刀等孔加二刀具，增强刀具刚度，并保证被加工孔与工件其他表面准确的相对位置精度。孔径误差平均可减少 50%。

根据孔的加工要求及其在工件上的位置不同，可选择不同的钻套。常用的钻套，如图 2-26 所示，可分为固定钻套、可换钻套、快换钻套 3 类。

固定式钻套用于小批量生产中只有一个钻头钻孔时，钻套与夹具钻模板孔的配合为 H7/n6 或 H7/r6，可换钻套用于大批大量生产中，能克服固定钻套磨损后无法更换的缺点。在钻模板与钻套之间加一中间衬套，钻套与中间衬套内孔的配合为 H7/g6（或 H7/h6），中间衬套外径与夹具孔配合为 H7/r6。快换钻套用在工件孔需要多把刀具顺序加工时可以快换。钻套与夹具之间也有中间衬套，配合情况与可换钻套基本相同。钻套和衬套的材料用 T10A 钢或用 20 钢表面渗碳处理。

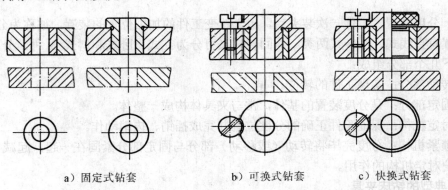

a）固定式钻套　　　　b）可换式钻套　　　　c）快换式钻套

图 2-26　钻套

图 2-27 所示的是几种特殊用途的钻套：固定式小孔距钻套、快换式加长钻套、快换式斜孔钻套。

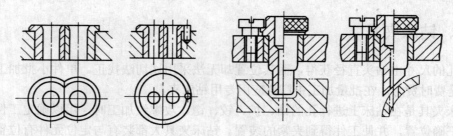

a）固定式小孔距钻套　　　b）快换式加长钻套　　　c）快换式斜孔钻套

图 2-27　特殊钻套

（2）钻模板。钻模板用于安装钻套并确定不同孔的钻套之间的相对位置。按其与夹具体联系方式可分为固定式、铰链式和分离式等几种，其结构类型分别如图 2-28 所示。

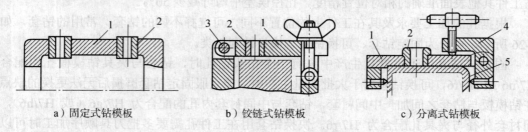

a）固定式钻模板　　　　b）铰链式钻模板　　　　c）分离式钻模板

图 2-28　铰链式钻模板

1—钻模板；2—钻套；3—销套；4—压板；5—工件

（3）分度装置。工件一次装夹后，用于改变工件的加工位置的装置，被称为分度装置。分度装置有直线式、回转式两类。而回转式又可分为立式、卧式和斜式 3 种。分度装置一般由以下几个部分组成：

①转动部分：实现工件的转位。

②固定部分：是分度装置的基体，常与夹具体构成一整体。

③对定机构：保证工件正确的分度位置并完成插销、拔销动作。

④锁紧机构：分度完毕将转动（或移动）部分与固定部分紧固在一起，起减小加工时振和保护对定机构的作用。

2．典型的钻床夹具

钻模的种类很多，一般分为固定式、回转式、移动式、翻转式、滑柱式、盖板式等几种类型。

（1）固定式钻模。在使用过程中，钻模相对于工件的位置保持不变。一般用于摇臂钻床立式钻床、多轴钻床上。图 2-29 所示为加工连杆连接孔的固定式钻模。这类钻模加工精度较高。

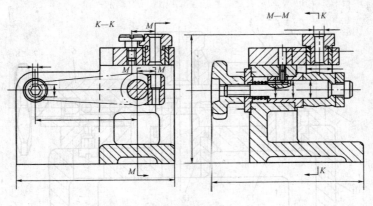

图 2-29　固定式钻模

（2）回转式钻模。这种带有分度装置，一般适用于加工同一圆周上的平行孔系或同一截面内径向孔系或同一直线上的等距孔系。加工过程中钻套一般固定不动，分度装置带动工件实现预定的回转或移动。回转式钻模的实例如图 2-30 所示。

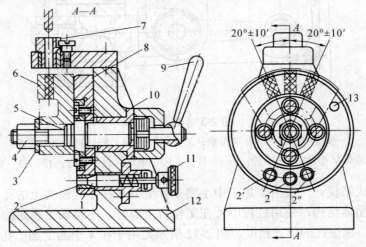

图 2-30　回转式钻模

1、5—定位销；2—定位套；3—开口垫圈；4—螺母；6—工件；
7—钻套；8—分度盘；9—手柄；10—衬套；11—捏手；12—夹具体；13—挡销

（3）移动式钻模。这种钻模用于钻削中、小型工件同一表面上的多个孔。如图 2-31 所示的移动式钻模用于加工连杆大、小头上的孔。工件以端面及大、小头圆弧面作为定位基准面，在定位套 12、13，固定 V 型块 2 及活动 V 型块 7 上定位。先通过手轮 8 推动活动 V 型块 7 压紧工件，然后转动手轮 8 带动螺钉 11 转动，压迫钢球 10，使两片半月键 9 向外胀开而锁紧。V 型块带有斜面，使工件在夹紧分力作用下与定位套贴紧。通过移动钻模，使钻头分别在两个钻套 4、5 中导入，从而加工工件上的两个孔。

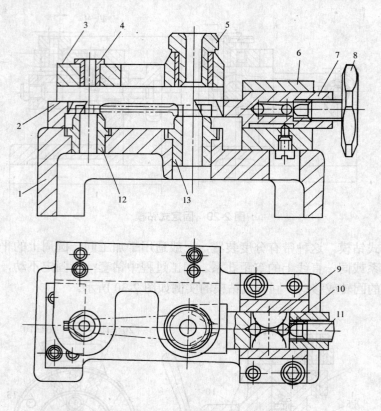

图 2-31　移动式钻模

1—夹具体；2—固定 V 型块；3—钻模板；4、5—钻套；6—支座；

7—活动 V 型块；8—手轮；9—半月键；10—钢球；11—螺钉；12、13—定位套

（4）翻转式钻模。一般用于加工中小型工件上分布在不同表面上的孔，这类夹具的外形为箱型或多面体结构，使用过程中可在工作台上翻转，实现加工表面的转换，可以减少工件安装次数，保证孔的位置精度。图 2-32 所示为用于在 4 个面上加工孔的工件的翻转式钻夹具。采用铰链式钻模板可以方便工件装夹。

（5）滑柱式钻模。这种钻模是带有可升降钻模板的通用可调夹具。其结构已通用化，有手动、气动两种。图 2-33 所示为手动滑柱式钻模。这种手动滑柱式钻模的机械效率低、夹紧力不大，此外，由于滑柱和导孔为间隙配合（一般为 H7/f7），因此被加工孔的垂直度和孔的位置尺寸难以达到较高的精度。但是其自锁性能可靠，结构简单，操作迅速，具有通用可调的优点，所以不仅被广泛使用于大批量生产，而且也已被推广到小批生产中。它适用于一般中、小件的加工。

（6）盖板式钻模。这类钻床夹具的主要特点是没有夹具体。如图 2-34 所示，钻模板直接在工件上定位，设置夹紧元件后，可以把钻模板夹紧在工件上。主要用于加工工件上主要孔周围的小孔，以保证小孔与主要孔的位置精度。

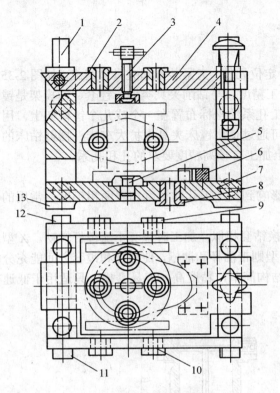

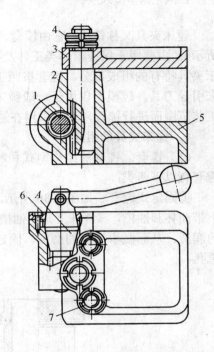

图 2-32　翻转式钻模

1，11、12、13—支脚；2、8、9、10—钻套；

3—夹紧螺杆；4—钻模板；5—削边销；

6—V 型块；7—夹具体

图 2-33　手动滑柱式钻模

1—齿轮轴；2—齿条滑柱；3—钻模板；

4—圆螺母；5—夹具体；6—压板；7—导向柱

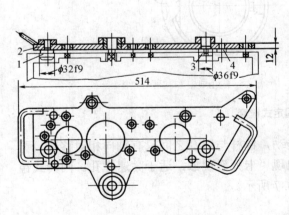

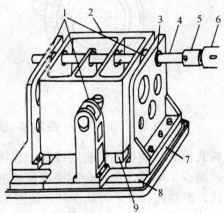

图 2-34　盖板式钻模

1—圆柱销；2—钻模板；

3—菱形销；4—支撑钉

图 2-35　用整体式镗模加工箱体类零件

1—镗模架；2—工件；3—镗套；4—镗杆；

5—浮动接头；6—主轴；7—底座；8—工作台；9—定位块

四、镗床夹具

镗床夹具又称镗模，它由镗套、镗模架、定位元件、夹紧装置和夹具体组成（如图 2-35 所示）。主要用于保证箱体类工件及孔系的加工精度。与钻削夹具类似，镗套、镗模架是镗床夹具特有的组成部分。镗套按照工件被加工孔系的坐标布置在一个或几个镗模架上，用来引导刀具。镗模不仅用于一般镗床上，也可通过使用镗床夹具来扩大车床、摇臂钻床的工艺范围而进行镗孔，还可以用在通用机床上加工有较高精度要求的孔和孔系。

1. 镗床夹具的组成

（1）镗套。镗套的结构型式和精度直接影响到被加工孔的精度和表面粗糙度。常用的镗套有以下两类：

①固定式镗套。如图 2-36 所示，它与快换钻套相似，加工时镗套不随镗杆转动。A 型不带油杯和油槽，靠镗杆上开的油槽润滑；B 型则带油杯和油槽，使镗杆和镗套之间能充分的润滑，从而减少镗套的磨损。固定式镗套结构简单，精度高，但易磨损，只适用于低速镗孔。

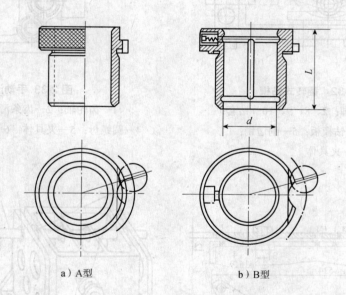

a）A型　　　　　　　　　　b）B型

图 2-36　固定式镗套

②回转式镗套。回转式镗套随镗杆一起转动，镗杆与镗套之间只有轴向相对移动，无相对转动，减少了摩擦，也不会因摩擦发热出现"卡死"现象，适于高速镗孔。回转式镗套有滑动式、滚动式、立式滚动 3 种，如图 2-37 所示。

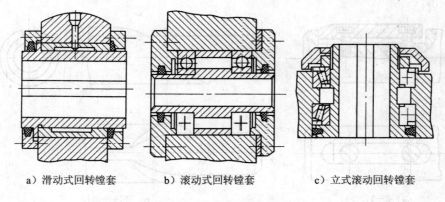

a）滑动式回转镗套　　　　b）滚动式回转镗套　　　　c）立式滚动回转镗套

图 2-37　回转式镗套

（2）镗杆。镗杆用于安装镗刀，其端部有用于引导的导向结构。当镗杆导向部分直径 $d<50$ mm 时，镗杆常采用整体式结构；当 $d>50$ mm 时镗杆常采用镶条式结构。镶条应选用摩擦系数小和耐磨的材料。如图 2-38 所示为用于固定式镗套的镗杆导向部分结构。

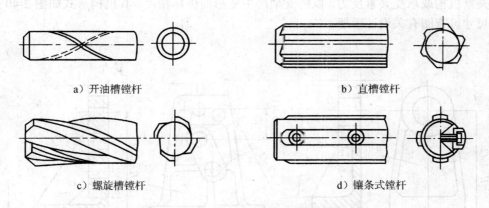

a）开油槽镗杆　　　　　　　　　　　　b）直槽镗杆

c）螺旋槽镗杆　　　　　　　　　　　　d）镶条式镗杆

图 2-38　用于固定式镗套的镗杆导向部分结构

如图 2-39 所示为用于回转式镗套的导向结构。通过镗杆前端设置平键或镗杆上开槽键，并做出小于 45°的螺旋引导机构，实现自动导向。在双支撑镗孔时，镗刀与主轴通过浮动接头连接。

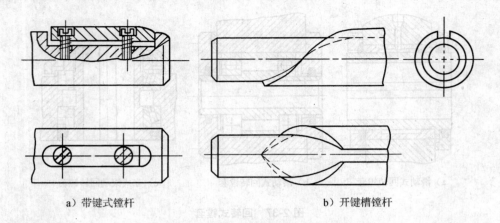

a）带键式镗杆   b）开键槽镗杆

图 2-39   用于回转式镗套的镗杆导向结构

（3）镗模架。镗模架是镗模的主要零件之一，用来安装镗套和承受切削力。要求足够的刚性和稳定性，在结构上一般要有较大的安装基面和设置必要的加强肋。支架上不允许安装夹紧机构或承受夹紧反力，以防支架产生变形而破坏精度。其机构形式如图 2-40 所示，结构尺寸可查阅有关设计手册。

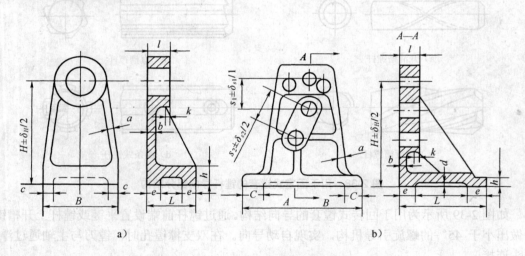

图 2-40   镗模架的典型结构

2. 镗床夹具的类型

（1）双支承镗模。双支承镗模上有两个引导镗杆的镗模架，镗孔的位置精度由镗模保证，不受机床主轴精度的影响。

①前后双支承镗模。图 2-35 所示为前后双支承镗模。这种镗模一般用于镗削孔径较大的孔或孔系，加工精度较高，但更换刀具不方便。两支承间距离当 $L/D > 1.5$ 时应增设中间支承，以提高镗杆刚度。

②后双支承镗模。图 2-41 所示为后支承镗模。后双支承镗模可在箱体的一个壁上镗孔或镗不通孔。便于装卸工件、刀具，以及观察和测量。为保证镗杆刚度，镗杆的悬伸量 $L_1 < 5d$；

为保证镗孔精度，两支承的导杆长度 $L > (1.25 \sim 1.5) L$。

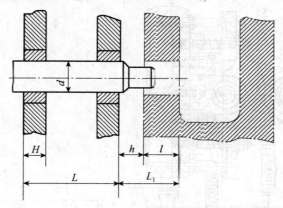

图 2-41 后双支撑镗孔

（2）单支承镗模。这类镗模只有一个导向支承，镗杆与主轴采用固定连接。主轴的回转精度将影响镗孔精度。根据支承相对刀具的位置，单支承镗模又可分为：前单支承镗模，镗模支承设置在刀具的前方；后单支承镗模，镗模支承设置在刀具的后方。

3．镗床夹具的典型结构分析

如图 2-42 所示为支架壳体镗孔工序图。该支架的装配基准 a 面及侧面 b 均已精加工，本工序加工 2×φ20H7、φ35H7 和功 φ40H7 共 4 个孔。其中 φ35H7 和 φ40H7 孔采用粗精镗，2×φ20H7 孔采用钻、扩、铰方法加工。

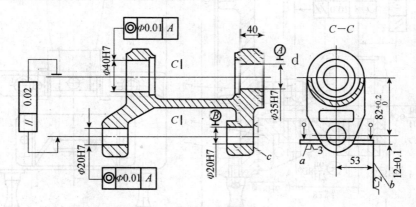

图 2-42 支架壳体镗孔工序图

本工序除应保证各孔尺寸精度外，还需要满足以下技术要求：

（1）φ35H7 孔与 φ40H7 孔及 2×φ20H7 孔同轴度公差各为 φ0.01mm。

（2）2×φ20H7 孔轴线对 φ35H7 和 φ40H7 孔公共轴线的平行度公差为 0.02mm。

如图 2-43 为加工支架壳体的镗模。遵循基准重合原则，选择 a、b、c 面作为定位基准，其中 a 面为主定位基准。定位元件选用两块侧立面的支承板 3 限制工件的 5 个不定度，挡销 5 限制一个不定度，从而达到完全定位。

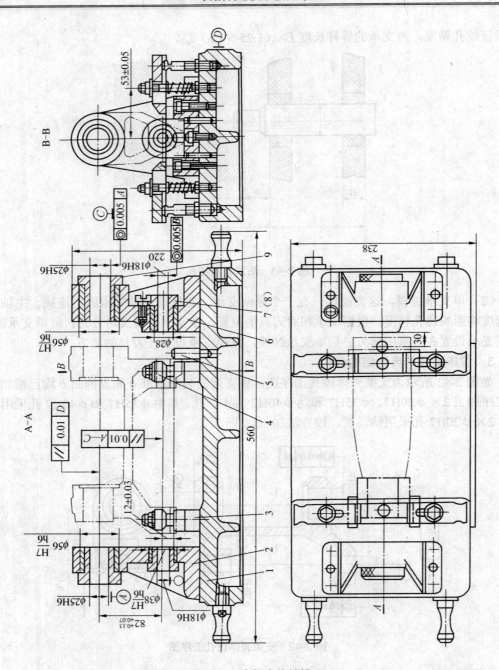

图 2-43　支架壳体镗模

1—夹具体；2、6—支架；3—支承板；4—压板；5—挡销；7、8—钻套；9—镗套

　　夹紧力的方向指向主定位基准面 a，为装卸工件方便，采用 4 块开槽压板，用螺栓螺母手动夹紧。由于切削速度不大，同时为了易于保证第（1）、（2）条技术要求，加工 φ35H7 和 φ40H7 孔采用固定式镗套，并采用双支承引导，以增强镗杆刚度。加工 2×φ20H7 孔时，因需钻、扩、铰，故采用快换式钻套。

为使镗模在镗床上安装方便，底座上加工出了找正基准面 D。镗模底座下部采用多条十字加强肋，以增强刚度。为了起吊考虑，底座上还设计了 4 个起吊螺栓。为了保证加工精度，对本镗模制定了多项技术要求，如图 2-43 所示。

五、组合夹具

组合夹具是一种标准化、系列化、通用化程度很高的工艺装备。它是由一套预先加工好的各种不同形状、不同规格、不同尺寸的标准元件及合件组装而成。图 2-44 所示为一套组装好的回转式钻床夹具立体图及其分解图。

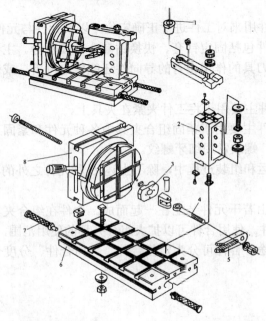

图 2-44 回转式钻床组合夹具立体图及分解图
1—导向件；2—支承件；3—定位件；4—紧固件；5—加紧件；6—基础件；7—其他件；8—合件

1. 组合夹具的特点

组合夹具一般是为某一工件的某一工序组装的专用夹具。组合夹具适于各类机床，但以钻模及车床夹具用得最多。最近几年，组合夹具在数控、加工中心机床以及柔性制造单元和柔性制造系统中得到了较广的应用。

按照组装所依据的基面形状，组合夹具分槽系和孔系两大类。我国采用槽系组合夹具，它又分为大型、中型、小型 3 种系列。中型系列组合夹具元件用得最多，在我国已有较成熟的经验。

组合夹具把专用夹具的设计、制造、使用、报废的单向过程变为组装、拆散、清洗入库、再组装的循环过程。可用几小时的组装周期代替几个月的设计制造周期，节省工时和材料，降低生产成本，还可减少夹具库房面积，有利管理。组合夹具元件具有很好的互换性和较高的精度和耐磨性，元件尺寸精度一般为 IT6～IT7 级，元件的工作表面和定位表面间的平行度、垂直度按 GB/T 1184 中规定的 4 级制造。

组合夹具的主要缺点是体积较大，刚度较差，一次投资多，成本高。

2．组合夹具的元件

3 种系列的组合夹具元件，按使用性能分为 8 大类。

（1）基础件。基础件包括各种规格的方形、矩形、圆形基础板和基础角铁等。它们常作为组合夹具的夹具体。

（2）支承件。支承件是组合夹具的骨架元件，数量最多，应用最广。它将上面的元件与基础件连成一体，既可作为定位元件、导向元件，又可作为小型工件的夹具体，还可作为大型工件的定位件。

（3）定位件。定位件用来对工件进行正确定位，以及元件与元件之间的定位。

（4）导向件。导向件包括固定钻套、快换钻套、钻模板等。主要用来确定刀具与工件的相对位置，并起引导刀具的作用。有的导向件还能做定位用，或做组合夹具系统中移动件的导向。

（5）夹紧件。夹紧件主要用于将工件夹紧在夹具上。

（6）紧固件。紧固件主要用于紧固组合夹具中各种元件和紧固工件。这些元件在一定程度上影响夹具的刚性，螺纹常用细牙螺纹。

（7）其他件。在搬运和组装过程中，除了上述 6 种元件之外的各种辅助元件，统称为其他件。

（8）合件。合件是由若干元件装配在一起而成。合件在组合夹具组装过程中一般不拆散使用，是一种独立部件。使用合件可以扩大组合夹具的使用范围，简化组合夹具的结构，减少夹具体积。按其用途，合件可分为定位合件、导向合件、分度合件以及必需的专用工具等。

复习与思考题

1. 试述夹具设计的步骤。

2. 在夹具方案设计时，需考虑哪些主要问题？

3. 夹具总图设计时应注意哪些事项？

4. 试述夹具总图的绘制步骤。

5. 夹具总图上应标注哪些尺寸和位置公差？

6. 夹具总图上如何确定尺寸公差？

7. 按如图 a 所示的工序加工要求，验证钻模总图所标注的有关技术要求能否保证加工要求（图 b）。

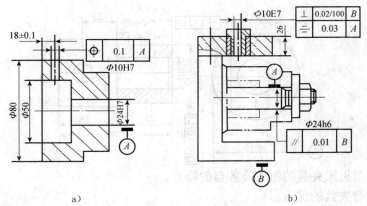

a)　　　　　　　　　　　　　　b)

8. 如图所示的零件，按大批量生产要求（$\phi 32_0^{+0.027}$mm，$\phi 16_0^{+0.019}$mm 及端平面为已加工表面），设计一铣 6mm 槽铣床夹具（只画草图）。

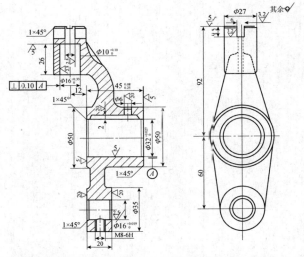

9. 在 CA6140 车床上镗如图所示轴承座上 $\phi 32_{-0.018}^{+0.007}$mm 的孔，$A$ 面和 $2-\phi 9H7$ 孔已加工好，试设计所需的车床夹具（只画草图），并进行加工精度分析。

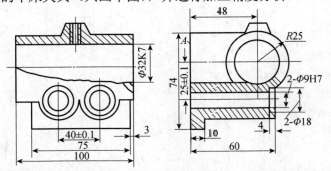

10. 在如图所示的接头上铣槽 28H11，其余表面均已加工好，试设计所需的铣床夹具（只画草图），并进行加工精度分析。

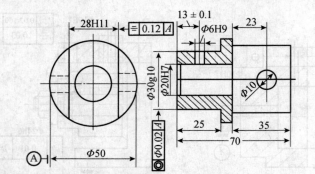

11. 简述典型机床夹具的组成及各自的特点。

12. 试述组合夹具的优点。

第三章　金属切削加工

学习指导

　　本章的重点与难点是掌握金属切削过程的基本规律和确定切削参数。在理解名词概念和定义的基础上，要学会理论与实践相结合，具体分析切削过程中的各种现象与基本规律。

第一节　金属切削过程中的物理现象

　　在机械加工领域，虽然各种工程材料和加工方法日益增多，但大多机械产品目前仍以金属材料，尤其是钢铁为主要材料；零件的工作表正等精度要求较高的表面，仍然以切削加工的方法获得为主。

　　金属切削过程是指切屑和已加工表面的形成过程，即切削时被切削的金属层在刀具的挤压和摩擦作用下产生变形，最后使之成为切屑与二件分离而获得已加工表面的过程。金属切削过程直接决定着零件的质量。金属加工中各和物理现象，如切削力、切削热、刀具磨损及加工表面质量等都是以切削过程的基本理论为基础。生产中的许多影响加工表面质量的问题，如鳞刺、振动、卷屑和断屑等都司切削过程有关。

一、切屑层及参数

　　以车削加工为例，工件转一转，车刀沿工件轴向移动一个进给量 f（单位为 mm/r）。这时削刃从加工位置 II 移至相邻的加工位置 I，车刀切下的 II 和 I 之间这一层金属称为切削层。

　　在与切削速度方向相垂直的切削层截面内度量的切削层的尺寸称为切削层参数，如图 3-1 所示。切削层参数是研究切削过程的重要参数，切削过程的各种物理现象也主要发生于切削层内。切削层的参数如下：

1. **切削厚度 a_c**

　　GB/T 12204—1990 中为"切削层公称厚度" h_D 过切削刃上的选定点，在基面内测量的垂直于加工表面的切削层尺寸（单位为 mm）。

$$a_c = f \sin k_r$$

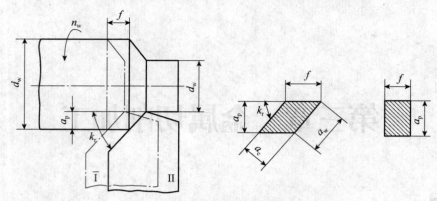

图 3-1　切削层参数

2. 切削宽度 a_w

GB/T 12204—1990 中为"切削层公称宽度" b_D 过切削刃选定点，在基面内测量的平行于加工表面的切削层尺寸（单位为 mm）。

$$a_w = \frac{a_p}{\sin kr}$$

由此看出，在 f 和 a_p 一定的条件下，主偏角 k_r 越大，切削厚度 a_c 越大，切削宽度 a_w 越小；k_r 越小时，a_c 越小，a_w 越大；当 $k_r = 90°$ 时，$a_c = f$，$a_w = a_p$，切削层为一矩形。因此，切削用量中 f 和 a_p 两个要素又称为切削层工艺参数。图 3-1 表示了 k_r 不同时 a_c 和 a_w 的变化情况。

3. 切削面积 A_D

GB/T 12204—1990 中为"切削层公称横截面积" A_D 过切削刃上选定点，在基面内测量的切削层的横截面面积（单位为 mm^2）。

$$A_D = a_c a_w = f a_p$$

二、切削变形

在刀具的作用下，切削层金属经过一系列复杂的过程变成切屑。在这一过程中，会出现一系列物理现象，如变形、切削力、切削热、刀具磨损等。其中，最根本的就是切削过程中的变形。从实践中可知，切屑的形成过程就是切削层变形的过程。它直接影响切削力、切削热、刀具磨损的大小，是研究切削过程的基础。

如图 3-2 所示的模型为切削变形的过程。塑性金属材料在刀具的作用下，会与作用力成 45° 的方向产生剪切滑移变形，当变形达到一定极限时，就会沿着变形方向产生剪切滑移破坏。若刀具连续运动，虚线以上的材料就会在刀具的作用下与下方材料分离。

金属切削过程与上述过程基本相似。如图 3-3 所示，在刀具的作用下切削层金属经过复杂的变形后与工件基体材料分离，形成了切屑。为了便于研究金属切削的变形过程，把切削区域划分为三个变形区。它们是位于切削刃前（MM 之间）的第 J 变形区、靠近前刀面的第 II 变形区和位于后刀面附近的第 III 变形区，如图 3-3 所示。

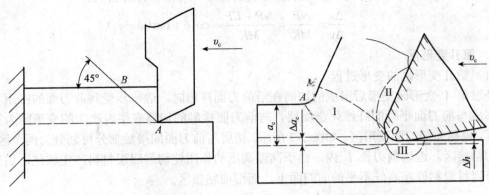

图 3-2 塑性金属材料的剪切破坏　　　　图 3-3 切削过程的 3 个变形区

1．第 I 变形区

（1）第 I 变形区的变形过程

切削刃处切削层内产生的塑性变形区，也称主变形区。在第 I 变形区，切削层金属从 OA 线开始产生剪切滑移塑性变形，到 OM 线剪切滑移基本完成，如图 3-4 所示。在实际切削中，切屑形成时速度很快，时间极短，OA 和 OM 相距只有 0.02 ~ 0.2 mm。所以常用滑移线表示第 I 变形区，在工件上它是一个面，称为剪切面。剪切面与切削运动方向之间的夹角 φ 称为剪切角（如图 3-5 所示）。

（2）变形程度的表示

①切屑变形系数。剪切角和前角是影响切削变形的两个主要因素。如图 3-5 所示，切削层金属形成切屑后，由于变形的结果，其形状和尺寸都发生了改变，可以用其长度或厚度尺寸的变化来表示切削变形。根据变形前后体积不变的原理，可得切屑变形系数 ξ 计算工式：

$$\xi = \frac{l_c}{l_{ch}} = \frac{a_{ch}}{a_c} = \frac{\cos(\phi - r_o)}{\sin \phi}$$

式中：l_c，a_c——切削层长度和厚度；l_{ch}，a_{ch}——切削长度和厚度。

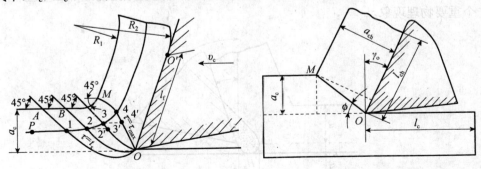

图 3-4　第 I 变形区的变形　　　　图 3-5　变形系数的计算

②相对滑移。如图 3-6 所示，根据第 I 变形区的变形主要是剪切滑移变形这一结论，用

第 1 变形区单位厚度上的剪切滑移量来衡量切削变形,可推得计算公式:

$$\varepsilon = \frac{\Delta s}{\Delta y} = \frac{NP}{MK} = \frac{NP+KP}{MK} = \cot\phi + \tan(\phi - \gamma_0)$$

2. 第Ⅱ变形区

（1）第Ⅱ变形区的变形过程

经过第Ⅰ变形区变形后形成的切屑在沿前刀面排出时,进一步受到前刀面的挤压和摩擦,形成与前刀面平行的纤维化金属层,与前刀面接触的切屑底层内产生的变形区为第Ⅱ变形区,也称为前刀面变形区。如图 3-7 所示,切屑与前刀面间接触部分可划分为两个区域。

①粘接区。近切削刃长 l_{fi} 内,由于高温高压的作用使切屑底层材料产生软化,切屑底层的金属材料粘嵌在高低不平的前刀面上,而形成粘接区。

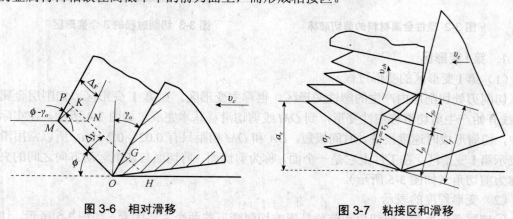

图 3-6　相对滑移　　　　　　　　　　图 3-7　粘接区和滑移

②滑移区。切屑即将脱离前刀面时,在 l_{fo} 如长度内的接触区,切屑底层与前刀面间仅有凸出的点接触。

（2）积屑瘤

积屑瘤是在切削塑性金属材料时,由被加工工件的材料在前刀面上的近切削刃处堆积形成的楔块,是由切屑与前刀面的粘接摩擦造成的,如图 3-8 所示。积屑瘤有产生、生长和脱落的过程,频率很高,是一个周期性动态过程。积屑瘤是在中等切速加工塑性材料条件下的一个重要物理现象。

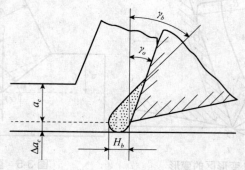

图 3-8　积屑瘤

一方面，它可以代替刀尖进行切削，保护刀刃。但是，另一方面，它改变了 a_c 的大小，且很不稳定，脱落时容易引超震动，碎片嵌入工件，破坏表面质量，影响加工精度，所以，对于精加工，要避免积屑瘤的产生。

合理控制切削条件，调整切削参数，尽量不形成中温区就能较有效地抑制或避免积屑瘤的形成。操作时，需注意以下事项：

①控制切削速度。切削速度是影响切削温度的主要因素，应尽量使用低速或高速切削，以避开产生积屑瘤的速度范围。如切削中碳钢，切削速度 $v_c<3m/min$ 或 $v_c>60m/min$ 时，均可避免积屑瘤的形成；而当切削速度 $v_c=20m/min$ 时，形成积屑瘤的可能性最大。

②增大刀具前角。减小切削变形和切削温度，可抑制积屑瘤的生长。

③合理使用切削液。这样既可减少切削摩擦，又可降低切削温度，从而使积屑瘤的生长得到抑制。

④降低工件材料的塑性。当工件材料塑性过高、硬度过低时，可进行适当热处理，提高其硬度，降低其塑性，减少粘结，抑制积屑瘤的产生。

3．第Ⅲ变形区

已加工表面在形成过程中，受到切削刃钝圆部分和后刀面挤压、摩擦和回弹作用，造成表层组织的纤维化和加工硬化。在这一靠近切削刃处已加工表面表层内存在的这一变形区称为第Ⅲ变形区，即已加工表面的变形区。

第Ⅲ变形区变形的特点是在已加工表面严重变形层内，金属拉长、挤紧、扭曲，甚至碎裂而使表面层组织硬度增高。硬化层表面上会出现细微的裂纹，并在表层内产生残余（拉）应力，降低了表面加工质量，增加了后续加工的难度，加速刀具磨损。硬化程度与被加工材料力学性能关系密切。

三、影响切削变形的因素

（1）工件材料的影响

工件材料的硬度、强度越高，切屑与刀具之间的平均摩擦系数就越小，所以切削变形系数就减小。

（2）刀具几何参数的影响

①前角。前角直接影响剪切角 ϕ。前角 γ_o 增大，剪切角 ϕ 也增大，变形减小。

②刀尖网弧半径。当刀尖圆弧半径增大时，切削刃上参加切削的曲线刃的长度增加，平均切削厚度减小，变形增大。此外，由于圆弧切削刃上各点的切屑流出方向不同，相互干涉也增大了切屑的附加变形，使切削变形增大。

（3）切削用量的影响

切削用量的影响主要体现在切削速度及进给量两个方面。

①切削速度。切削速度影响金属材料塑性变形的速度。当切削速度提高时，切削层金属变形不充分，

第Ⅰ变形区后移，剪切角增大，切削变形减小。另一方面，切削速度通过对积屑瘤的影响进而影响切削变形。如图3-9所示，在积屑瘤的增长阶段，随切削速度的提高，积屑瘤增

大，刀具实际前角增大，切削变形减小。而在积屑瘤的减小阶段，随速度的提高，积屑瘤高度减小，实际前角小，切削变形又增大。

②进给量。进给量的增大，使切削厚度 a_c 增大，摩擦系数 μ 减小，剪切角增大，从而使切削变形系数减小。

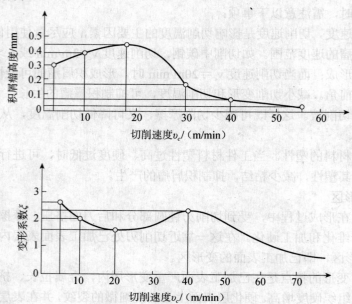

图 3-9　切削速度对切削变形的影响

第二节　切削过程分析

一、切削力

切削过程中，使工件上的切削层材料发生变形成为切屑所需的力，称为切削力。由工件作用在刀具上的反作用力是切削抗力。切削力有两个来源：一是克服切削层金属、切屑和工件表面层金属的弹性、塑性变形抗力所需的力；二是克服刀具与切屑、工件表面间的摩擦阻力所需的力。

1. 切削合力和分力

如图 3-10 所示，直角自由切削时，作用在前（刀）面上的力有弹、塑性变形抗力 F_{ny} 和摩擦力 F_{fy}；作用在后刀面上的力有弹、塑性变形抗力 F_{na} 和摩擦力 F_{fa}。它们的合力 F_r 作用在前刀面上近切削刃处。直角非自由切削时，由于副切削刃的影响，使直角自由切削时 F_r 改变了方向。将合力分解成 3 个互相垂直的分力，可便于测量和应用。

（1）主切削力 F_c

是垂直于基面，与主切削速度方向一致的分力。作为最大的一个分力，它是设计及使用刀具、计算机床功率和设计主传动系统的主要依据，也是夹具设计和切削用量选择的依据。

（2）吃刀抗力 F_p

在基面内，与进给方向垂直，即沿吃刀方向上的分力。吃刀抗力 F_p 影响工艺系统的变形，会引起工艺系统的振动，影响加工表面质量。

（3）进给抗力 F_f

在基面内，与进给运动平行，即沿进给方向上的分力。它是验算机床进给系统零件强度的依据。

由图 3-10 可知，合力与各分力之间的关系为：

$$F_r = \sqrt{F_c^2 + F_{pf}^2} = \sqrt{F_c^2 + F_p^2 + F_f^2}$$

$$F_p = F_{pf} \cos k_r$$

$$F_p = F_{pf} \sin k_r$$

式中 F_{pf} 为合力 F_r 在基面上的分力。

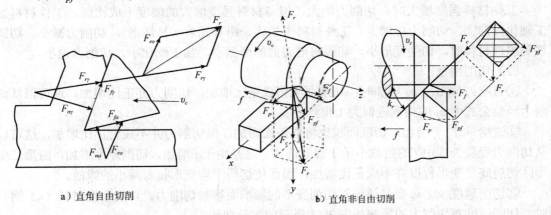

a）直角自由切削　　　　　　　　　　　b）直角非自由切削

图 3-10　切削力的来源和分力

2. 切削功率和单位切削功率

切削功率 P_c 是指在切削过程中消耗的功率，是各分力方向上所消耗功率的和。由于主运动方向的功率消耗功率最大，通常用主运动消耗的功率表示切削功率 P_c：

$$P_c = \frac{F_c v_c \times 10^{-3}}{60}$$

则机床电动机所需功率 P_E（kW）为：

$$P_E = \frac{p_c}{\eta}$$

式中：η——机床的传动效率，一般取 $\eta=0.75\sim0.85$。

其中，F_c 的单位是 N，V_c 单位是 m/min。上式是校验和选取机床电动机的主要依据。单位切削功率 $P_c[\text{kW}/（\text{mm}^3 \cdot \text{s}^{-1}）]$ 是指单位时间内切除金属层单位体积所消耗的功率，即：

$$P_c=\frac{P_c}{E_w}$$

式中：E_w——单位时间内切除金属量，mm^3/s。

在一定的切削条件下，利用测力仪可以测出各个切削分力。适当处理测量数据，就可以得到各个切削分力的经验公式。

利用切削力的经验公式可以计算切削过程中消耗的功率，作为校验和选取机床电机功率的依据。

用单位切削力计算主切削力较为简易直观，实际计算中也经常用到。单位切削力是指切除单位切削层面积所产生的主切削力。

3. 影响切削力的因素

影响切削力的因素很多，其中最主要的是工件材料、切削用量、刀具几何形状与几何角度。此外，刀具材料、刀具磨损、冷却润滑液等对切削力也有一定的影响。

（1）工件材料

工件材料强度增大时，切削力增大，但与材料强度增大的幅度不成比例。工件材料加工硬化倾向大，切削力将增大。工件材料中加硫、铅等元素（易切钢），切削力减小。切铸铁等脆性材料时，切削变形小，切屑与前刀面的摩擦小，加工硬化小，切削力也小。

（2）切削用量

①背吃刀量 a_p。a_p 增加时，切削面积将成正比增加，切削力亦正比增加，这可以从切削力经验公式中 a_p 的指数近似为 1 得到证实。

②进给量 f。f 增加，切削面积也将成正比增加，但切削力并不成为正比增加，这可以从切削力经验公式中 f 的指数小于 1 得到证实。这是由于 f 增加，切削厚度增加，而第二变形区切屑底层变形程度并不成正比增加，因而使切屑平均变形相对减小的缘故。

③切削速度 v_c。v_c 要是通过对切削变形的影响而影响切削力。切削塑性材料（45 钢）时，切削速度对切削力的影响如图 3-11 所示的实验曲线。

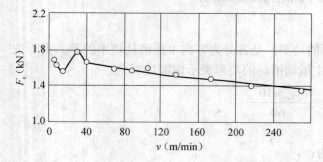

工件材料：45 钢（正火），HB＝187；

刀具结构：焊接式平前刀面外圆车刀；刀片材料：YТl5；

刀具几何参数：$y_0=18°$，$\alpha_0=6°\sim8°$，$\alpha'_0=4°\sim6°$，

$\qquad\qquad\qquad k_{\gamma}=75°$，$k'_y=10°\sim12°$，$\lambda_s=0°$，

$\qquad\qquad\qquad b\gamma_1=0$，$r_e=0.2\text{mm}$；

切削用量：$a_p=3\text{mm}$，$f=0.25r\text{mm/r}$。

图 3-11　切削速度对切削力的影响

由实验曲线可知，在低速到中速范围（5m/min～20m/min）即积屑瘤生成范围内，随着切削速度增加，积屑瘤增大，实际前角增加，切削变形减小，切削力降低，因而随着切削速度增加，切削力 F_c 降低。切削速度增至中速（$v_c=20$mm/min 左右）时，积屑瘤最大，F_c 减至最小值。超过中速以后，随着切削速度增加，积屑瘤减小并逐步消失，故实际前角减小，变形增加，切削力亦随之增加。在更高的速度范围内（$v_c>35$mm/min），随着切削速度的提高，切削变形减小，切削力降低，并最后达到稳定。

切削铸铁等脆性材料时，因塑性变形小，切削速度 v_c 对切削力 F_c 无明显影响。

（3）刀具几何角度

①前角 γ_0。前角增大，刀具锋利，切削变形系数减小，同时，沿刀面摩擦也减小，使主切削力 F_c 减小，F_f、F_p 降低更明显，如图 3-12 所示。实验证明：加工 45 钢时，前角每增大 1°，可使主切削力下降约 1%。

②主偏角 k_y。在不改变进给量及背吃刀量 a_p 的条件下增大主偏角，$k_y<60°$ 时将使切削厚度增大，使平均变形减小，主切削力降低，但 $k_y>60°$ 时刀尖圆弧作用增大，主切削力增大。总的来说，k_y 对主切削力 F_c 影响不大，而对径向力 F_p 及轴向力 F_f 影响较大，如图 3-13 所示。

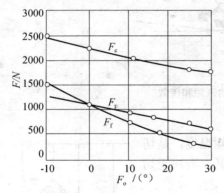

工件材料：45 钢（正火），$HB=187$；
切削用量：$v_c=95.5$m/min～103.5m/min，$a_p=3$mm，$f=0.25$mm/r。

图 3-12　前角对切削力的影响

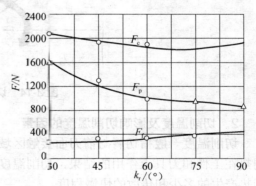

工件材料：45 钢（正火），$HB=187$；
刀具结构：焊接式平前刀面外圆车刀；
刀片材料：YT15；
刀具几何参数：$\gamma_0=18$，$\alpha_0=6°～8°=4°～6°$，$k_r=75°$，$k'_r=10°～12°$，$\lambda_s=0°$，$b_{\gamma 1}=0$，$r_\varepsilon=0.2$m；
切削用量：$v_c=95.5$m/min～103.5m/min，$a_P=3$mm，$f=0.25$mm/r

图 3-13　主偏角对切削力的影响

③刃倾角 λ_s。当 λ_s 在 10°～45° 范围内变动时，F_c 基本不变；但当 λ_s 减小时，F_p 增大，F_f 减小。

④刀尖圆弧半径 r_ε。一般的切削加工中，刀尖圆弧半径 r_ε 对 F_p、F_f 影响较大，而对 F_c 影响不大。通常 r_ε 增大，F_p 随之增大，而 F_f 略有减小。

二、切削热与切削温度

1. 切削热

切削过程中切削区的变形和摩擦所消耗的能量转化产生的热，叫切削热。如图 3-14 所示。各部分所传出的热量分别为 Q_{ch}，Q_c，Q_w，Q_f。其中，包括剪切区变形功形成的热变形功形成的热 Q_p，切屑与前刀面摩擦功形成的热 Q_{yf}，已加工表面与刀具后刀面摩擦功形成的热 Q_{af}，这些切削热又分别通过切屑、刀具、工件和周围介质传散。其平衡式为：

$$Q_p + Q_{rf} + Q_{af} = Q_{ch} + Q_c + Q_w + Q_f$$

影响热传导的主要因素是工件和刀具材料的导热能力以及周围介质的状况。一般情况下，切削热大部分由切屑带走和传入工件，传给刀具比例很小。

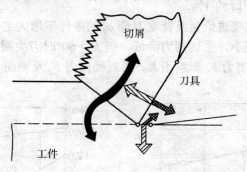

图 3-14　切削热的来源和传散

2. 切削温度及影响切削温度的因素

切削温度一般指切屑与前刀面接触区域的平均温度，是切削热在工件和刀具上作用的结果，切削温度的高低，取决于切削热产生的多少和传散的快慢程度。

刀具上温度最高点是前刀面近切削刃处，这是由于剪切变形热及切屑连续摩擦热的作用，以及刀楔处热量集中不易散发所致。如图 3-15 所示是前刀面上切削温度分布的实验结果。研究切削温度的目的，就是要控制刀具上的最高温度。

切削温度由切削热引起，所以，一方面影响切削变形、切削力的因素都对切削温度有影响，另一方面切削温度与切削热传散快慢有关。总体说来，影响切削热的因素主要有三种：切削用量、刀具几何参数以及工件材料。

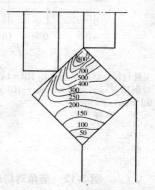

图 3-15　前刀面上的温度

（1）切削用量

切削用量中，切削速度对切削温度影响最大，进给量次之，背吃刀影响最小。因为 a_p 增大后，a_w 也增大，切屑与刀具接触面积以相同比例增大，散热条件显著改善；f 增大，a_c 增大、a_w 不变，切屑与前刀面接触长度增加，散热条件有所改善；v_c 提高，消耗的功率增多，产生热量增多，而切削面积并没有改变，所以切削速度是影响温度的主要因素。因此，为了不产生很高的切削温度，在需要增大切削用量时，应首先考虑增大背吃刀量，其次是进给量，最后是选择切削速度。

（2）刀具几何参数

刀具几何参数中，前角增大，切削变形减小，摩擦减小，产生的热量少，切削温度低；但若前角进一步增大，则因刀具的散热体积减小，切削温度不会进一步降低，如图 3-16 所示。

主偏角 k_r 减小，使切削宽度 a_w 增大，切削厚度减小，因此，切削变形增大，切削温度升高。但 a_w 进一步增大，散热条件改善了，所以切削温度随之下降，如图 3-17 所示。因此，当工艺系统刚性足够大时，可选用小的主偏角以降低切削温度。

刀尖圆弧半径加大，切削区塑性变形加大，切削温度升高，但大圆弧半径又改善了刀尖处的散热条件，所以增大刀尖圆弧半径，有利于刀尖处局部切削温度的降低。

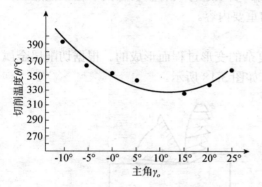

图 3-16　前角对切削温度的影响图

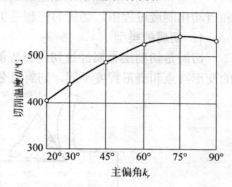

图 3-17　主偏角对切削温度的影响

（3）工件材料

工件材料是通过强度、硬度和导热系数等性能对切削温度产生影响的。材料的强度、硬度高，切削时所耗功率就多，产生的切削热也多，温度就越高；工件材料的塑性大，切削时切削变形大，产生的切削热多，切削温度就高。脆性金属的抗拉强度和伸长率都小，切削过程中的塑性变形很小，所以产生热量很少，温度也较低；工件材料的热导率大，其本身吸热、散热快，温度不易积聚，切削温度就低。工件材料导热系数大时，由切屑和工件传导出的热量较多，切削温度就较低，但整个工件的温度升高很快，易使工件因热变形而影响加工精度；如果工件材料导热系数低，则切削区温度较高，又对刀具不利。比如加工导热性差的合金钢时产生的切削温度高于 45 钢 30%；不锈钢（1Cr18Ni9Ti）的强度、硬度虽较低，但它的导热系数比 45 钢低很多，因此，切削温度明显高于 45 钢。

因此，合理地使用切削液是降低切削温度的有效措施。

第三节　金属切削过程基本规律的应用

为了解决金属切削过程的工艺问题，合理地确定切削过程工艺参数，以保证加工质量和生产效率，因此，掌握切削过程基本规律是很有必要的。

一、切屑的控制

在有些情况下，切屑的控制是加工过程能否进行的决定性因素。控制切屑的类型、流向、卷曲和折断，对保证切削过程的正常、顺利、安全进行具有重要意义。在数控加工中和自动化制造过程中，切屑的控制是工艺设计的重要内容。

1. 切屑的类型

切屑是切削层金属经过切削过程的一系列复杂的变形过程而形成的。根据切削层金属的变形特点和变形程度不同，切屑可分为四类，如图 3-18 所示。

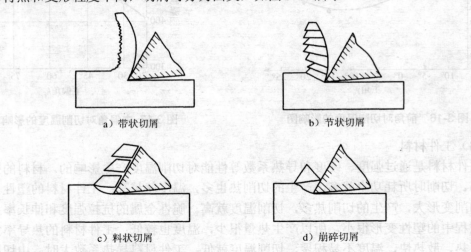

　　　a）带状切屑　　　　　　　　　　　　b）节状切屑

　　　c）料状切屑　　　　　　　　　　　　d）崩碎切屑

图 3-18　切削的种类

（1）带状切屑

在加工塑性金属材料时，若切削厚度较小，切削速度较高，刀具前角较大，则第 I 变形区的变形较小，切削层金属的剪切滑移变形未达到材料的剪切破坏极限，切屑呈连续不断的带状，这就是带状切屑。其内表面由于与前刀面的挤压摩擦而较光滑，外表面可以看到剪切面的条纹，呈毛茸状。此时切削力波动小，已加工表面质量好，是最常见的切屑。

（2）节状切屑

节状切屑又称挤裂切屑。在切削速度较低，切削厚度较大的情况下，切削钢以及黄铜等材料时，由于变形较大，切屑的外表面局部达到剪切破坏极限，开裂呈节状，但外形仍为带状，这就是节状切屑。其内表面很光滑但易产生变形后的局部断裂。

（3）粒状切屑

粒状切屑又称单元切削。在切削速度很低，切削厚度很大的情况下，切削钢以及铅等材料时，由于剪切变形完全达到材料的破坏极限，切下的切屑断裂成均匀的颗粒状，即粒状切屑。

（4）崩碎切屑

切削如铸铁等脆性金属材料时，切削层金属未经明显的塑性变形，就在弯曲拉应力作用下脆断，形成了不规则的崩碰头会切屑。加工脆性材料，切削厚度越大越易得到这类切屑。

切削类型是由材料的特性和变形的程度决定的，加工相同塑性材料，采用不同加工条件，可得到不同的切屑。如在形成节状切屑情况下，进一步减小前角，加大切削厚度，就可得到粒状切屑；反之，如加大前角，提高切削速度，减小切削厚度，则可得到带状切屑。生产中常利用切屑类型转化的条件，达到较为有利的切屑类型。

为加工过程的平稳、保证加工精度和加工表面质量，带状切屑是较好的类型。在实际生产中带状切屑也有不同的形状，如图 3-19 所示。从便于清屑和运输着想，连绵不断的长条状切屑不便处理，且容易缠绕在工件或刀具上，影响切削过程进行，甚至伤人。因而，在数控机床上，C 形切削是较好的形状。但其高频率折断会影响切削过程的平稳性。所以在精车时螺卷状切屑较好，其形成过程平稳，清理方便。在重型车床上用大切深、大进给量车钢件时，通常使切屑卷曲成发条状，在工件加工表面上顶断，并靠自重坠落。在自动线上，宝塔状切屑不会缠绕，清理也方便，是较好的屑形。车削铸铁、脆黄铜等脆性材料时，切屑崩碎、飞溅，易伤人，并研损机床滑动面，应设法使切屑连成螺卷状。

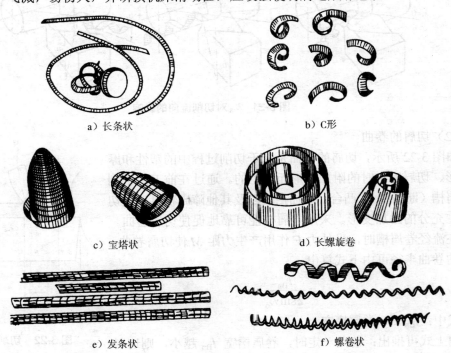

a）长条状　　　　　　　　　　　　b）C形

c）宝塔状　　　　　　　　　　　　d）长螺旋卷

e）发条状　　　　　　　　　　　　f）螺卷状

图 3-19　切削的形状

2．切屑的流向、卷曲和折断

（1）切屑的流向

如图 3-20 所示，在直角自由切削时，切屑沿正交平面方向流出。在直角非自由切削时，由于刀尖圆弧半径和切削刃的影响，切屑流出方向与主剖面形成一个出屑角 η，η 与 kr 和副切削刃工作长度有关；斜角切削时，切屑的流向受刃倾角 λ_s 影响，出屑角 η 约等于刃倾角 λ_s。图 3-21 所示是 λ_s 对切屑流向影响示意图。

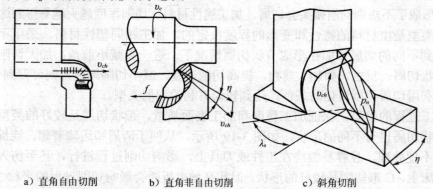

a）直角自由切削　　　b）直角非自由切削　　　c）斜角切削

图 3-20　切削的流向

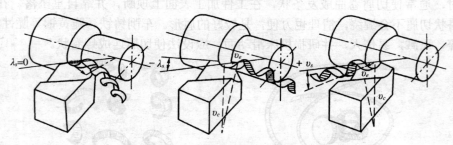

图 3-21　λ_s 对切削流向的影响

（2）切屑的卷曲

如图 3-22 所示，切屑的卷曲是由于切削过程中的塑性和摩擦变形、切屑流出时的附加变形而产生的。通过在前刀面上制出卷屑槽（断屑槽）、凸台、附加挡块以及其他障碍物可以使切屑产生充分的附加变形。采用卷屑槽能可靠地促使切屑卷曲。切削在流经卷屑槽时，受外力 F 作用产生力距 M 使切屑卷曲，切屑的卷曲半径可由下式算出：

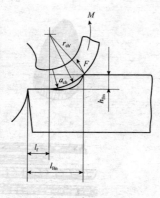

$$r_{\text{ch}} = \frac{l_{\text{Bn}}}{2\sin\lambda_o}$$

式中：l_{Bn}——卷屑槽宽。

由上式可推出：前角一定时，卷屑槽宽 l_{Bn} 越小，则切屑的卷曲半径 r_{ch} 越小，切屑易卷曲、折断。

图 3-22　切削槽型

3．影响断屑的因素

（1）卷屑槽的尺寸参数

卷屑槽的槽型有折线型、直线圆弧型和全圆弧型 3 种，如图 3-23 所示。槽的宽度 l_{Bn} 和反屑角 δ_{Bn} 是影响断屑的主要因素。宽度减小和反屑角增大，都能使切屑卷曲变形增大，折断切屑。但 l_{Bn} 太小或 δ_{Bn} 太大，切屑易堵塞，排屑不畅，会使切削力、切削温度升高。

卷屑槽斜角 γ_n 也影响切屑的流向和屑形，在可转位车刀或焊接车刀上可做成外斜、平行和内斜 3 种槽型。外斜式槽型使切屑与工件表面相碰而形成 C 形屑；内斜式槽型使切屑背离工件流出；平行式槽型可在被吃刀量 a_p 变动范围较宽的情况下仍能获得断屑效果。

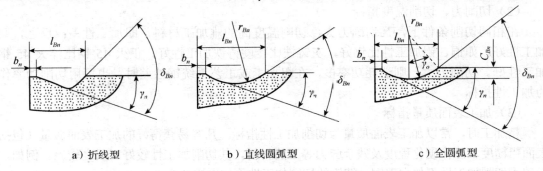

a）折线型　　　b）直线圆弧型　　　c）全圆弧型

图 3-23 切削槽型

（2）刀具角度

主偏角和刃倾角对断屑影响最明显，k_r 越大，切屑厚度越大，切屑在卷曲时弯曲应力越大，易于折断。一般来说，k_r 在 75°～90°范围较好。刃倾角直接影响切屑流向，刃倾角为负值时，切屑流向已加工表面或加工表面；刃倾角为正值时，切屑流向待加工表面或背离工件。

（3）切削用量

切削速度提高，易形成长带状切屑，不易断屑；进给量增大，切削厚度也按比例增大，切屑卷曲应力增大，容易折断；背吃刀量减小，主切削刃工作长度变小，副切削刃参加工作比例变大，使出屑角 η 增大，切屑易流向待加工表面碰断。当 a_c/a_w 值较小时，切屑薄而宽，断屑较困难；反之，a_c/a_w 值较大时，容易断屑。

在实际生产中，应综合考虑各方面因素，根据加工材料和已选定的刀具角度和切削用量，合理选定卷屑槽结构和参数。

二、材料的切削加工性及改善措施

材料的切削加工性是指对某种材料进行切削加工的难易程度。研究材料加工性的目的是为了寻找改善材料切削加工性的途径。

1．衡量切削加工性的指标

（1）刀具耐用度指标

刀具性能与材料切削加工性关系最为密切。在相同的加工条件下，切削某种材料时，若一定切削速度下刀具耐用度 T 较长或在相同耐用度下的切削速度 v_c 较大，则该材料的切屑加工性较好；反之，其切削加工性较差。

在切削普通材料时，用耐用度达到 60 min 时所允许的切削速度 v_{c60} 来衡量材料的加工性，切削难加工材料时，用 v_{c20} 来评定。

以切削正火状态 45 钢的 v_{c60} 作为基准，记作 $(v_{c60})_j$，而将其他各种材料的 v_{c60} 与它相比，比值 k_r 称为材料的相对加工性。凡 k_r 大于 1 的材料，其加工性较好，k_r 小于 1 者，加工性差。常用的 k_r 分为 8 级（见表 3-1）。

例如，一般有色金属的 $k_r > 3.0$，较易加工，而高锰钢、不锈钢、钛合金、耐热合金、淬火钢等 $k_r \le 0.5$，为难加工材料。

（2）切削力、切削温度指标

在相同切削条件下，凡切削力大，切削温度高的难加工材料，即加工性差；反之，则加工性好。如铜、铝加工性比钢好，灰铸铁比冷硬铸铁加工性好，正火 45 钢比淬火 45 钢加工性好。切削力大，则消耗功率多，在粗加工或工艺系统钢性差时，也可用切削功率作为加工性指标。

（3）加工表面质量指标

精加工时，常以加工表面质量为切削加工性指标。凡容易获得好的加工表面质量（包括表面粗糙度、冷作硬化程度及残余应力等）的材料，其切削加工性较好，反之较差。例如，低碳钢切削加工性不如中碳钢，纯铝的切削加工性不如硬铝合金。

表 3-1　材料的相对加工性等级

加工性等级	名称及种类		k_r	代表性材料
1	很容易切削材料	一般有色金属	>3.0	铜铅合金、铝铜合金、铝镁合
2	容易切削材料	易切削钢	2.5～3.0	退火 15Cr、自动机钢
3		较易切削钢	1.6～2.5	正火 30 钢
4	普通材料	一般钢及铸铁	1.0～1.6	45 钢、灰铸铁
5		稍难切削材料	0.65～1.0	2Cr13 调质、85 钢
6	难切削材料	较难切削材料	0.5～0.65	45Cr 调质、65Mn 调质
7		难切削材料	0.15～0.5	50Cr 调质、1Cr18Ni9Ti、钛合金
8		很难切削材料	<0.15	某些钛合金、铸造镍基高温铸铁

（4）断屑难易程度指标

凡切屑容易控制或容易断屑的材料，其切削加工性较好，反之则较差。在自动线和数控机床上，常以此为切削加工性指标。

2．常用材料切削加工性及改善措施

（1）普通金属材料

硬度低、韧性高的材料，如黄铜、铝合金及低碳钢等，在切削时断屑困难，易产生积屑瘤，影响工件表面加工质量。可采用增大刀具前角，提高切削速度或低速加切削液；在刀具上磨制卷屑槽控制断屑；对材料进行热处理，如用冷变形方法提高铝合金硬度，对低碳刚进行正火处理，细化晶粒等，来改善材料的切削加工性。

对于硬度高、韧性差的材料，如高碳钢、碳素工具钢及灰铸铁等，切削时产生的切削力大、消耗功率多、刀具易磨损。可采用耐磨性高的刀具，减小前角和主偏角，降低切削速度等；对材料进行热处理，如对铸铁高温退火处理、对碳素工具钢等进行退火处理，降低其硬度、强度，改善切削加工性。

（2）难加工材料

对于硬度、强度和伸长率均很高的合金钢。加工时切削力大、消耗功率多、切削温度高，断屑困难，加工表面质量也差，刀具磨损剧烈。对此类综合加工性指标均很差的材料进行加工，最好用涂层硬质合金刀片，采用大前角（$10°\sim20°$）、大主偏角（$45°\sim75°$）、负刃倾角（$-5°\sim-10°$）、大刀尖圆弧半径，磨制断屑槽，降低切削速度（$<100\ m/min$）等措施来减小切削力，提高刀具强度。也可以通过退火、回火及正火处理来改善其加工性。

对于强度、硬度不高，但塑性和韧性特别高的高锰钢，Mnl3，40Mnl8Cr3，50Mnl8Cr4等，其加工硬化程度特别严重，硬度会提高两倍多，工件表面上还会形成高硬度氧化层（Mn_2O_3），导热系数很小，是45钢的1/4，切削温度高；切削力比切削45钢增大60%。高锰钢比高合金钢更难加工，加工高锰钢应选用硬度高、有一定韧性、导热系数较大、高温性能好的刀具材料。粗加工时，采用YG类、YH类或YW类硬质合金；精加工时，可采用YTl4和YG6X等合金。实践证明，用复合氧化铝陶瓷刀具高速精车高锰钢，效果很好，且切削速度可提高$2\sim3$倍。为提高切削刃强度和散热条件，前角应选用小值。但为使切屑变形不致过大，前角又不宜过小，一般$\alpha_o=8°\sim12°$，$\lambda_s=-5°\sim0°$，切削速度较低，被吃刀量a_p和进给量f应选大值，以使切削层超过表面硬化层，防止刀具磨损加大。此外，可高温回火处理高锰钢，使其加工性得以改善。

对于以铬为主的不锈钢，经常在淬火后回火或退火状态下加工，综合力学性能适中，切削加工一般不太难。以铬、镍为主的不锈钢，淬火后切削加工性能比较差，加工后硬化很严重，易生成积屑瘤而使加工表面质量恶化；切削力比45钢高25%；导热系数只为45钢的1/3，切削温度也高，硬质夹杂物易与刀具发生粘结，使刀具耐用度降低。因此，不适宜采用YT类刀具，一般用YG类（最好采用添加钽、铌的YG6A）、YH类或YW类，以及采用特殊基体如陶瓷涂TiN和Al_2O_3的涂层刀片，采用较大前角（$\gamma_o=15°\sim30°$）、较大后角以减小切屑变形；采用大主偏角k_r、负刃倾角λ_s，以减小切削力，增大刀头强度；采用中等切削速度；也可采用高性能高速钢刀具。

钛合金的加工性也很差，刀具磨损快，刀具耐用度低。加工钛合金时，共变形系数近于1，切削力比45钢小20%，但钛化学性能活泼，在高温下易与空气中的氧、氮化合，从而使材料变脆；其导热系数极小，为45钢的$1/5\sim1/7$，切削热又集中在刀刃附近，所以切削温度比45钢高一倍。加工表面还易出现硬而脆的外皮，给以后加工带来困难。加工钛合金时，也不适宜采用YT类刀具，而应用YG和YH类刀具；采用较小的前角（$\gamma_o=5°\sim10°$）；切削速度不宜过高，背吃刀量和进给量要适当加大。

冷硬铸铁的硬度极高是其难加工的主要原因。它的塑性很低，切削力和切削热都集中在切削刃附近，因而刀刃很容易崩损。冷硬铸铁零件的结构尺寸和加工二余量一般都较大，因而进一步加大了加工难度。应选用硬度、强度都好的刀具材料，一般采用细晶粒或超细晶粒的 YG 类和 YH 类硬质合金、复合氧化铝或氮化硅陶瓷刀具对冷硬铸铁进行精加工、半精加工。前角取很小值，$\gamma_o = -4° \sim 0°$，且取 $\alpha_o = 4° \sim 6°$，$\lambda_s = 0° \sim 5°$，以提高切削刃和刀尖的强度，主偏角也应当减小。

三、切削液

合理选用切削液可以改善切屑、工件与刀具间的摩擦情况，抑制积屑瘤的生长，从而降低切削力，可以散热降温，减小工件热变形和刀具磨损，提高刀具耐用度和加工精度，改善已加工表面质量。

1. 切削液的作用

（1）冷却作用

切削液浇注到切削区域后，可以使切屑、刀具、工件上的热量散逸而起到冷却作用，降低切削温度，从而提高刀具耐用度和加工质量。在刀具材料的耐热性和导热性较差，以及工件材料的热膨胀系数较大、导热性较差的情况下，切削液的冷却作用显得更为重要。

（2）润滑作用

金属切削时，切屑、工件与刀具间的摩擦可分为干摩擦、流体润滑摩擦和边界摩擦 3 类。当切屑、工件与刀具界面间存在切削液油膜，形成流体润滑摩擦时，能得到比较好的效果。但在很多情况下，各界面间由于载荷作用、温度的影响，油膜厚度要减薄，金属表面凸起的尖锋相接触，但润滑液的渗透和吸附作用仍存在着润滑液的吸附膜，此膜属于物理吸附，起到减小摩擦的作用，这种状态称为边界润滑摩擦，如图 3-24 所示。

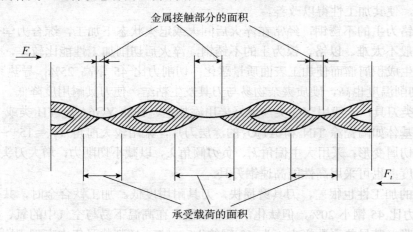

图 3-24　边界润滑摩擦

此时摩擦系数值大于流体润滑，但小于干切削时的干摩擦。在金属切削加工中，大多属于边界润滑。一般的切削润滑油在 200℃ 左右即失去流体润滑能力，此时形成低温低压边界润滑摩擦；而在某些切削条件下，切屑、刀具界面间可达 600℃～1000℃ 左右高温和 1.47～1.96 GPa 的高压，形成了高温高压边界润滑，或称极压润滑。在切削液中加入极压添加剂可形成极压化学吸附膜。

（3）清洗作用

当金属切削中产生碎屑或磨粉时，要求切削液具有良好的清洗作用，以防止划伤加工表面和机床导轨面，清洗性能的好坏，与切削液的渗透性，流动性和使用的压力有关。加入大剂量的表面活性和少量矿物油，可提高其清洗效果。为了提高冲洗能力，使用中往往给予一定的压力，并保持足够的流量。

（4）防锈作用

切削液具有一定的防锈作用，可以减小工件、机床、刀具等受周围介质（空气、水分等）的腐蚀。其作用的好坏取决于切削液本身的性能和加入的防锈添加剂的作用。在气候潮湿地区，对防锈作用的要求显得更为突出。除以上 4 个方面外，对切削液还有价廉、配制方便、性能稳定、不污染环境、不易燃、对人体无害等要求。

2．切削液的添加剂

添加剂是为了改善切削液的性能所加入的化学物质。它包括以下几类。

（1）油性、极压添加剂

油性添加剂主要用于低温低压边界润滑状态，在金属切削过程中主要起润滑作用，在一定的切削温度下进一步形成物理吸附膜，减小前刀面与切屑、后刀面与工件之间的摩擦。在极压润滑状态下，切削液中必须添加极压添加剂来维持润滑膜强度。常用的极压添加剂是含硫、磷、氯、碘等的有机化合物，在高温下与金属表面起化学反应，生成比物理吸附膜熔点高得多的化学吸附膜。

（2）防锈添加剂

防锈添加剂是一种极性很强的化合物，在金属表面上优先吸附形成保护膜，或与金属表面化合形成钝化膜，保护金属表面不与腐蚀介质接触，因而起到防锈作用。

（3）防霉添加剂

切削液长期使用以后，容易变质发臭，加入万分之几的防霉添加剂，可起到杀菌和抑制细菌繁殖的结果。

（4）抗泡沫添加剂

切削液中一般都加入防锈添加剂，乳化剂等表面活性剂，这些物质增加了混入空气形成的泡沫的可能性，如果泡沫过多，会降低切削液的效果，可加入百万分之几的抗泡沫添加剂。在强力磨削时，会产生比较多的泡沫，必须在切削液中添加抗泡沫剂，并做消泡实验。

（5）乳化剂

乳化剂是使矿物油与水乳化，形成稳定乳化液的一种有机化合物。其分子由亲水可溶于水的极性基团和亲油可溶于油的非极性基团两部分组成，从而把油和水连接起来，使油以微小的颗粒稳定地分散在水中，形成稳定的水包油（O/W）乳化液，如图 3-25 所示。此外，乳化剂还能吸附在金属表面上形成的润滑膜，起油性添加剂的润滑作用。

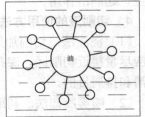

图 3-25　乳化原理示意图

3．切削液的种类和选用

切削加工中最常用的切削液，有水溶性和非水溶性两大类。

（1）水溶性切削液

水溶性切削液主要有水溶液、乳化液、化学合成液及离子型切削液等。

①水溶液。在水中加入防锈剂、清洗剂、油性添加剂。其冷却、清洗作用较好，广泛用于磨削和粗加工。

②乳化液。是在水中加乳化油搅拌而成的乳白色液体。乳化油是由矿物油与表面活性乳化剂配制成的一种油膏，按乳化油的含量可配制不同浓度的乳化液。低浓度乳化液主要起冷却作用；高浓度乳化液主要起润滑作用，适用于精加工和复杂工序加工。乳化油中也常添加防锈剂、极压添加剂，来提高乳化液的防锈、润滑性能。

③化学合成剂。由 50%水、乳化剂、油酸钠、三乙醇胺和亚硝酸钠组成。它是较新型的高性能切削液，具有良好的冷却、润滑、清洗和防锈性能，常用于高速磨削，可提高生产率、砂轮耐用度和磨削表面质量。

④离子型切削液。是由阴离子型、非离子型表面活性剂和无机盐配制而成的母液加水稀释而成。切削时由于摩擦产生的静电荷，可与母液在水溶液中离解成的各种强度的离子迅速反应而消除，降低切削温度。常用于磨削和粗加工。

（2）非水溶性切削液

①切削油。有矿物油、动物油、植物油和动植物混合油。动植物混合油容易变质，较少使用。

②机油。机油用于普通车削、攻螺纹；煤油或与矿物油的混合油用于精加工有色金属和铸铁；煤油或与机油的混合油用于普通孔或孔加工；蓖麻油或豆油也用于螺纹加工；轻柴油用于自动机上，做自身润滑液和切削液用。

③极压切削油。在切削油中加入硫、氯和磷极压添加剂，形成非常结实的润滑膜，能显著提高润滑效果和冷却作用。常用于精加工及加工高强度钢，高温合金等难加工材料，含硫 10%～15%的硫化油是在矿物油中加入动植物油和硫化鲸油或硫化棉子油配制而成，常用于拉孔、齿轮加工和不锈钢加工。在生产中，高速攻螺纹使用具有良好的润滑、冷却、防锈作用的高性能极压切削油，能使丝锥耐用度显著提高。

④固体润滑剂。由二氧化钼、硬脂酸和石蜡做成蜡棒，涂在刀具表面，切削时可减小摩擦，起润滑作用。

4．切削液的使用方法

（1）浇注法。切削加工时，切削液以浇注法用的最多。此时，浇注量应充足，浇注位置应尽量接近切削区。深孔加工时，应使用大流量、高压力的切削液，以达到有效地冷却、润滑和排屑目的。

（2）喷雾冷却法。利用入口压力为 0.29～0.59 MPa 的压缩空气使切削液雾化，并高速喷向切削区，当微小的液滴碰到灼热的刀具、切屑时，便很快汽化，带走大量的热量，从而能有效地降低切削温度。喷离喷嘴的雾状液滴因压力减小，体积骤然膨胀，温度有所下降，从而进一步提高了它的冷却作用，这种方法叫喷雾冷却法。

（3）高压内冷却法。高压内冷却是在高压作用下使切削液通过刀体内部的通道直接流向切削区，起到充分冷却作用。

复习与思考题

1. 如何定义和计算切削层及其参数？切屑变形系数的定义是什么，有何意义？
2. 刀具几何参数和切削用量对切削变形的影响衰现在哪些方面？
3. 分别说明切削速度、进给量及背吃刀量对切削温度的影响。
4. 刀具磨钝标准与刀具耐用度之间有何关系？确定刀具耐用度有哪几种方法？
5. 试论述 3 个变形区的变形实质及其对加工过程和质量的影响。
6. 刀具切削部分材料应具备哪些性能，涂层刀具有哪些优点？
7. 简述断屑过程。卷屑槽有几种形式，各自的特点是什么？
8. 简述切削热和切削温度的关系以及切削液的作用。
9. 为何将切削力分解成 F_c、E_p、F_f 3 个分力研究？它们各自的作用和相互影响如何？

第四章 磨削加工

本章主要介绍磨削加工的类型及特点，磨具的特性及选用、典型磨床的结构，对先进的磨削加工技术做了简介。磨具的选用、常见磨削加工的类型及特点是本章的重点、难点。通过本章内容的学习，要掌握磨削加工的特点，了解磨床的基本结构，能够根据工件形状、材料、精度等方面的要求合理地选择磨削方法及磨具。

磨削是用于零件精加工和超精加工的切削加工方法。它是以砂轮的高速旋转与工件的移动或转动相配合进行切削加工。磨削时砂轮的旋转运动为主运动，工件的低速旋转和直线移动（或磨头的移动）为进给运动。在磨床上应用各种类型的磨具，可以完成内外圆柱面、平面、螺旋面、花键、齿轮、导轨和成形面等各种表面的精加工。它除能磨削普通材料外，尤其适用于一般刀具难以切削的高硬度材料的加工，如淬硬钢、硬质合金和各种宝石等。磨削加工精度可达 IT6～IT4，表面粗糙度可达 $R_a0.02～1.25\mu m$。但磨削加工不适于磨削铝、铜等有色金属和较软的材料。

除了用各种类型的砂轮进行磨削加工外，还可采用条状、块状（刚性的）、带状（柔性的）的磨具或用松散的磨料进行磨削。这些加工方法主要有珩磨、砂带磨、研磨和抛光等。

第一节　磨具的特性和磨床

磨具是指凡在加工中起磨削、研磨、抛光等作用的工具。根据所用的磨料不同，磨具可分为普通磨具和超硬磨具两大类。

一、普通磨具

1. 普通磨具的类型

普通磨具是指用普通磨料制成的磨具，如刚玉类磨料、碳化硅系磨料制成的磨具。普通磨具按照磨料的结合形式可分为固结磨具、涂附磨具和研磨膏。根据不同的使用方式，固结磨具可制成砂轮、油石、砂瓦、磨头、抛磨块等；涂附磨具可制成砂布、砂纸、砂带等。在磨削加工中用得最多的是砂轮。

2．砂轮的特性及其选择

砂轮是一种特殊的切削刀具，磨削是通过分布在砂轮表面的磨粒进行切削的，每颗磨粒相当于一把车刀，整个砂轮即相当于刀齿极多的铣刀。在砂轮高速旋转时，凸出的具有尖棱的磨粒从工件表面上切下细微的切屑，不太凸出或磨钝了的磨粒只能在工件表面上划出极小的沟纹，比较凹下的磨粒则和工件表面产生滑动摩擦，后两种磨粒在磨削时产生微尘。这使得磨削除和一般刀具的切削过程有共同之处（切削作用）外，还具有刻划和修光作用。

砂轮由磨料、结合剂及气孔所组成。它的特性主要由磨料、粒度、结合剂、硬度和组织五个因素所决定。

（1）磨料。磨料直接担负着切削工作，要求磨料具有很高的硬度、耐热性和一定的韧性，破碎时还应能形成尖锐的棱角。常用磨料的名称、代号、主要性能和用途见表 4-1。

表 4-1　常用磨料性能

磨料名称		原代号	新代号	特点	应用范围
刚玉类	棕刚玉	GZ	A	呈棕色或灰白色，硬度、韧性好	磨削各种未经淬硬钢及其他韧性材料
	白刚玉	GB	WA	呈白色，硬度比GZ略高，韧性也略差，但磨粒锋利	磨削各种淬硬钢
	微晶刚玉	GW	MA	颜色与GZ相似，由微晶组成，韧性与自锐性好	磨削各种不锈钢、轴承钢、特种球墨铸铁
	单晶刚玉	GD	SA	呈浅黄色和乳白色，硬度和韧性较GB高，不易破碎	磨削不锈钢、高钒高速钢和其他难加工材料
	铬刚玉	GG	PA	呈玫瑰红色或紫红色，GB相似，韧性较高，磨削表面光洁	磨削淬硬的高速钢、高强度钢，特别用于成型磨削及刀具的刃磨
碳化硅类	黑碳化硅	TH	C	呈黑色，带有光泽，为片状，硬度为新莫氏15，比刚玉高，韧性较GB差	磨削铸铁、黄铜等脆性材料及铝、玻璃、陶瓷、岩石、皮革及硬橡胶等
	绿碳化硅	TL	GC	呈绿色，硬度和脆性比TH略高	磨削硬质合金、宝石、玻璃等
超硬类	立方氮化硼	CBN	DL	硬度仅次于金刚石，是一种新型磨料	磨削高硬度、高韧性的不锈钢、高钒高速钢等
	人造金刚石	JR	SD	呈黑色、淡绿色或白色，是最硬的物质，硬度为新莫氏15，具有天然金刚石的主要性能	磨削硬质合金、光学玻璃、宝石、陶瓷和玛瑙等高硬度材料

（2）粒度。粒度是指砂轮中磨粒尺寸的大小。粒度有两种表示方法：对于用机械筛分法来区分的较大磨粒，以其能通过筛网上每英寸长度上的孔数来表示粒度，粒度号为 4～240，粒度号越大，颗粒尺寸越小。对于用显微镜测量来确定粒度号的微细磨粒（又称微粉），是以实测到的最大尺寸，并在前面冠以"F"的符号来表示。其粒度号为 F63～F0.5，如 F7，即表示此种微粉的最大尺寸为 7～5μm。粒度号越小，则微粉的颗粒越细。

磨粒粒度选择的原则是：精磨时，应选用磨料粒度号较大或颗粒直径较小的砂轮，以减小已加工表面粗糙度值；粗磨时，应选用磨粒粒度号较小或颗粒较粗的砂轮，以提高生产效率；砂轮速度较高或砂轮与工件接触面积较大时选用颗粒较粗的砂轮，以减少同时参加切削的磨粒数，以免发热过多而引起工件表面烧伤；磨削软而韧的金属时，用颗粒较粗的砂轮，以免砂轮过早堵塞；磨削硬而脆的金属时，选用颗粒较细的砂轮，以提高同时参加磨削的磨粒数，提高生产效率。磨料常用的粒度号、尺寸及应用范围见表 4-2。

表 4-2　常用磨粒粒度及尺寸

类别	粒度	颗粒尺寸	应用范围	类别	粒度	颗粒尺寸	应用范围
磨粒	12～36	2 000～1 600 5 00～400	荒磨、打毛刺	微粉	F40～F28	40～28 28～20	珩磨、研磨
	46～80	400～315 200～160	粗磨、半精磨、精磨		F20～F14	20～14 14～20	研磨、超精加工、超精磨削
	100～280	160～125 50～40	精磨、珩磨		F10～F5	10～7 5～3.5	研磨、超精加工、镜面磨削

（3）结合剂。结合剂的强度、气孔、硬度和耐腐蚀、抗潮湿等性能。常见结合剂的名称、代号、性能和适用范围见表 4-3。

表 4-3　常用结合剂性能及适用范围

结合剂	代号	性　能	适用范围
陶瓷	V	耐热、耐蚀，气孔率大，易保持廓形，弹性差	最常用，适用于各类磨削加工
树脂	B	强度较V高，弹性好，耐热性差	适用于高速磨削、切断、开槽等
橡胶	R	强度较B高，更富有弹性，气孔率小，耐热性差	适用于切断、开槽
青铜	J	强度最高，导电性好，磨耗少，自锐性差	适用于金刚石砂轮

（4）硬度。磨粒在外力作用下从磨具表面脱落的难易程度称为硬度。砂轮的硬度反映结合剂固结磨粒的牢固程度。砂轮硬就是磨粒固结得牢，不易脱落；砂轮软，就是磨粒固

结得不太牢，容易脱落。一般来说，砂轮组织疏松时，砂轮硬度低些，树脂结合剂的砂轮硬度比陶瓷结合剂的砂轮低些。砂轮的硬度等级及代号见表 4-4。

表 4-4 砂轮硬度的等级及代号

硬度等级名称		代 号
大级	小级	
超软	超软	A、B、C、D、E、F
软	软1 软2 软3	G H J
中软	中软1 中软2	K L
中	中1 中2	M N
中硬	中硬1 中硬2 中硬3	P Q R
硬	硬1 硬2	S T
超硬	超硬	Y

砂轮硬度的选用原则：工件材料越硬，应选用越软的砂轮。这是因为硬材料易使磨粒磨损，需用较软的砂轮以使磨钝的磨粒及时脱落。工件材料越软，砂轮的硬度应越硬，以使磨粒慢些脱落，发挥其磨削作用。但在磨削有色金属、橡胶、树脂等软材料时，要用较软的砂轮，以便使堵塞处的磨粒较易脱落，露出锋锐的新磨粒；磨削接触面积较大时，磨粒较易磨损，应选用较软的砂轮。薄壁零件及导热性差的零件，应选较软的砂轮；半精磨与粗磨相比，需用较软的砂轮；但精磨和成形磨削时，为了较长时间保持砂轮轮廓，需用较硬的砂轮；在机械加工时，常用的砂轮硬度等级一般为 H～N（软 2～中 2）。

（5）组织。组织表示砂轮中磨料、结合剂和气孔间的体积比例。根据磨粒在砂轮中占有的体积百分数（称磨料率），砂轮可分为 0～14 组织号见表 4-5。组织号从小到大，磨料率由大到小，气孔率由小到大。组织号大，砂轮不易堵塞，切削液和空气容易带入磨削区域，可降低磨削温度，减少工件变形和烧伤，也可提高磨削效率。但组织号大，不易保持砂轮的轮廓形状。砂轮的适用范围见表 4-5。

表4-5　砂轮的组织号

组织号	0	1	2	3	4	5	6	7	8	9	10	11	12	13	14
磨粒率/%	62	60	58	56	54	52	50	48	46	44	42	40	38	36	34
疏密程度	紧密				中等				疏松				大气孔		
适用范围	重负倚、成形、精密磨削、加T脆硬材料				外圆、内圆、无心磨及工具磨、淬硬工件及刀具刃磨等				粗磨及磨削韧性大、硬度低的工件,适合磨削薄壁、细长工件,或砂轮与工件接触面大以及平面磨削等				有色金属及塑料橡胶等非金属以及热敏合金		

3.砂轮的形状、尺寸与标志

为了磨削各种形状和不同尺寸的工件及不同类型磨床上的各种使用需要,砂轮有许多形状和不同的尺寸。常见的砂轮形状、代号、用途见表4-6。

表4-6　常用砂轮的形状、代号及用途

砂轮名称	代号	断面形状	主要用途
平形砂轮	1		外圆磨、内圆磨、平面磨、无心磨、工具磨
薄片砂轮	41		切断及切槽
筒形砂轮	2		端磨平面
碗形砂轮	11		刃磨刀具、磨导轨
碟形1号砂轮	12a		磨铣刀、铰刀、拉刀,磨齿轮
双斜边砂轮	4		磨齿轮及螺纹
杯形砂轮	6		磨平面、内圆、刃磨刀具

砂轮的标志印在砂轮的端面上。其顺序是：形状代号、尺寸、磨料、粒度号、硬度、组织号、结合剂、线速度。例如：外径 300 mm，厚度 50 mm，孔径 75 mm，棕刚玉，粒度 60，硬度 L，5 号组织，陶瓷结合剂，最高工作线速度 35m/s 的平形砂轮标记为：砂轮 1-300×50×75-A60L5V-35m/s GB 2484—94。

4. 砂轮的安装和修整

（1）砂轮的安装。砂轮在高速旋转下进行工作，使用前必须仔细地检查安装是否正确、牢固，以免发生破裂，造成人身和质量事故。必须检查砂轮外观，不允许有裂纹，为了使砂轮平稳地工作，一般直径较大的砂轮均夹固在法兰盘上。安装前，还应该进行静平衡试验，砂轮的平衡程度是磨削主要性能指标之一。不平衡的砂轮在高速旋转时会产生很大的离心力迫使砂轮振动，在工件表面产生多角形的波纹，同时离心力成为砂轮主轴的附加压力，会损坏主轴轴承。当离心力大于砂轮强度时，会引起砂轮爆裂。由上述可知，砂轮的平衡是一项十分重要的工作。

（2）砂轮的修整。在磨削过程中，砂轮的磨粒逐渐变钝，作用在磨粒上的切削抗力就增大，结果使变钝的磨粒破碎，一部分脱落，露出锋利刃口继续切割，这就是砂轮的自砺性。自砺性对磨削是有利的。但是砂轮不能完全自砺，工作一段时间后不能脱落的磨粒留在砂轮表面，结果就使砂轮的磨削能力显著地下降，同时也使砂轮外形产生失真，这时就要对砂轮进行修整，以恢复其磨削性能和外形精度。

修整砂轮的工具有单颗粒金刚石笔、单排金刚石笔、多排金刚石笔和金刚石修整轮。它本身不作旋转运动，是仿效车削的方式来进行修整。修整砂轮时要加大切削液的用量，以便冲刷脱落的碎粒与粉尘，以免粉尘飞扬。

二、超硬磨具

超硬磨具是指用金刚石、立方氮化硼等以显著高硬度为特征的磨料制成的磨具。可分为金刚石磨具、立方氮化硼磨具和电镀超硬磨具。金刚石砂轮主要用于磨削超高硬度的脆性材料，如硬质合金、宝石、光学玻璃和陶瓷等，不宜用于加工铁族金属材料。

立方氮化硼砂轮的化学稳定性好，加工一些难磨的金属材料尤其是磨削厂具钢、磨具钢、不锈钢、耐热合金钢等具有独特的优点。

电镀超硬磨具的结合剂强度高，磨料层薄，砂轮表面切削锋利，磨削效率高，不需修整，经济性好。主要用于形状复杂的成形磨具、小磨头、套料刀、切割锯片、电镀铰刀以及用于高速磨削方式之中。

超硬磨具一般由基体、过渡层和超硬磨料层三部分组成，磨料层厚度为 1.5～5 mm，主要由结合剂和超硬磨粒所组成，起磨削作用。过渡层单由结合剂组成，其作用是使磨料层与基体牢固地结合在一起，以保证磨削层的使用。基体起支承磨料层的作用，并通过它将砂轮紧固在磨床主轴上，基体一般用铝、钢、铜或胶木等制造。

三、磨床

磨床是指用磨料磨具（砂轮、砂带、油石和研磨料）作为工具对工件进行磨削加工的机床。

1. 磨床的主要类型

（1）外圆磨床。包括万能外圆磨床、普通外圆磨床、无心外圆磨床等。

（2）内圆磨床。包括普通内圆磨床、行星内圆磨床、无心内圆磨床等。

（3）平面磨床。包括卧轴矩台平面磨床、立轴矩台平面磨床、卧轴圆台平面磨床、立轴圆台平面磨床等。

（4）工具磨床。包括工具曲线磨床、钻头沟槽磨床等。

（5）刀具刃具磨床。包括万能工具磨床、车刀刃磨磨床、滚刀刃磨磨床。

（6）专门化磨床。包括花键轴磨床、曲轴磨床、齿轮磨床、螺纹磨床等。

（7）其他磨床。包括珩磨机、研磨机、砂带磨床、超精加工机床等。

2. M1432B 万能外圆磨床

M1432B 型万能外圆磨床是普通精度级万能外圆磨床，它主要用于磨削 IT6～IT7 级精度的内外圆柱、圆锥表面，还可磨削阶梯轴的轴肩、端平面等，磨削表面粗糙度为 $R_a1.25$～$0.08\,\mu m$。

（1）机床组成。图 4-1 是 M1432B 型万能外圆磨床的外形图。它有以下主要部件：

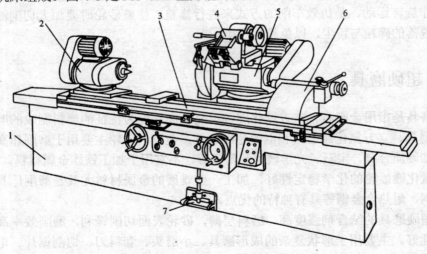

图 4-1　M1432B 万能外圆磨床

1—床身；2—头架；3—工作台；4—内磨装置；5—砂轮架；6—尾座；7—脚踏操纵板

①床身。是磨床的基础支承件，在其上装有工作台、砂轮架、头架、尾座等部件。床身的内部用做液硬度油的油池。

②头架。用于安装及夹持工件，并带动工件旋转。

③工作台。由上下两层组成，上工作台可绕下工作台在水平面内回转一个角度（±10°），用于磨削锥度较小的长圆锥面。工作台上装有头架与尾座，它们随工作台一起作纵向往复运动。

④内圆磨削装置。主要由支架和内圆磨具两部分组成，内圆磨具是磨内孔用的砂轮主轴部件，它做成独立部件，安装在支架孔中，可以方便地进行更换，通常每台磨床备有几套尺寸与极限工作转速不同的内圆磨具。

⑤砂轮架。用于支承并传动高速旋转的砂轮主轴，当需磨削短锥面时，砂轮架可以在水平面内调整至一定角度（±30°）。

⑥尾座。和前顶尖一起支承工件。

如图 4-2 所示为 M1432B 的传动系统图。

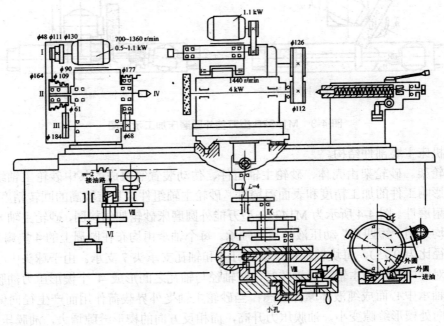

图 4-2　M1432B 传动系统图

（2）基本应用与磨削运动。图 4-3 为 M1432B 型万能外圆磨床加工示意图。该磨床可以磨削内外圆柱面、圆锥面。其基本磨削加工方法有纵向磨削法和横向磨削法（又称切入磨削法）两种。

纵向磨削法（图 4-3a、b 、d）磨削时，需要 3 个运动：砂轮的旋转运动（主运动）n_c、工件纵向进给运动 f_a、工件的旋转运动（也称圆周进给运动）n_w。

切入磨削法（图 4-3c）磨削时，只需要两个表面成形运动：砂轮的旋转运动 n_c、工件的旋转运动 n_w。

机床除上述表面成形运动外，还需要有砂轮架的横向进给运动 f_r 和辅助运动（如砂轮架的快进、快退、尾座套筒的伸缩等）。

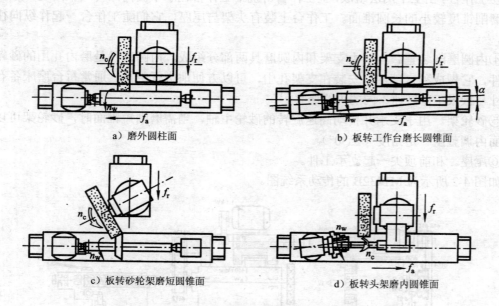

a) 磨外圆柱面　　　　　　　　　　　　　　b) 板转工作台磨长圆锥面

c) 板转砂轮架磨短圆锥面　　　　　　　　　　d) 板转头架磨内圆锥面

图 4-3　M1432B 型万能外圆磨床加工示意图

（3）机床主要部件结构。

①砂轮架。砂轮架由壳体、砂轮主轴组件、传动装置等组成。其中砂轮主轴组件的结构将直接影响工件的加工精度和表面粗糙度。砂轮主轴组件应具有较高的回转精度、刚度、抗振性及耐磨性。图 4-4 所示为 M1432B 型万能外圆磨床砂轮架结构图，砂轮主轴 8 的前后径向支承均采用"短四瓦"动压液体滑动轴承。每个轴承由均布在圆周上的 4 块扇形轴瓦 5 组成（长径比为 0.75），每块轴瓦由球头螺钉 4 和轴瓦支承头 7 支承。由于球头中心在周向偏离轴瓦对称中心，当主轴高速旋转时，在轴径与轴瓦之间形成 4 个楔形压力油膜，将主轴悬浮在轴承中心而成纯液体摩擦状态；当砂轮主轴受外界载荷作用而产生径向偏移时，在偏移方向处楔形缝隙变小，油膜压力升高，而相反方向的楔形缝隙增大，油膜压力减小，于是便产生了一个使砂轮主轴对中的趋势。由此可见，这种轴承具有较高的回转精度和刚度。该类主轴部件只有在某一回转方向、较高转速下才能够形成压力油膜，承受载荷。

砂轮的圆周速度很高，为了保证砂轮运动平稳，装在主轴上的零件都要经过仔细平衡，特别是砂轮。平衡砂轮的方法是：首先将砂轮夹紧在砂轮法兰上，通过调整法兰环形槽中的 3 个平衡块的位置，使砂轮及法兰处于平衡状态，然后将其装于砂轮架主轴上。此外，砂轮周围必须安装防护罩，以防止意外破裂时损伤工人及设备。

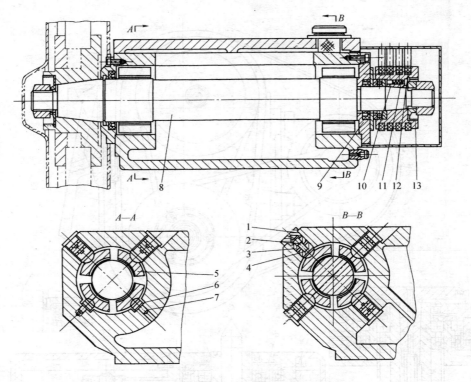

图 4-4 M1432B 型万能外圆磨床砂轮架

1—封口螺塞；2—拉紧螺钉；3—通孔螺钉；4—球头螺钉；5—轴瓦；6—密封圈；
7—轴瓦支承头；8—砂轮主轴；9—轴承盖；10—销子；11—弹簧；12—螺钉；13—带轮

②头架。如图 4-5 所示，头架由壳体、头架主轴及其轴承、工件传动装置与底座组成，用于带动工件旋转，实现工件的圆周进给运动。头架主轴 10 支承在 4 个 D 级精度的角接触轴承上，通过修磨垫圈 4、5 和 9 的厚度，保证主轴部件的刚度和旋转精度。双速电机经塔轮变速机构和两组带轮带动工件转动。主轴上带轮采用卸荷装置，使主轴免受带张力的作用，有利于保证加工精度。

根据不同的工作需要头架主轴有 3 种工作方式：

一种为工件支承在前后顶尖上，由与带轮 7 连接的拨盘 8 拨动夹紧在工件上的鸡心夹头使工件旋转，这时头架主轴和前顶尖固定不动，常称"死顶尖"。这种装夹避免了主轴旋转误差的影响，有利于提高工件的旋转精度及主轴部件的精度。固定主轴的方法：拧紧螺杆 1 顶紧摩擦环 2（图 4-5a），使主轴和顶尖固定不转。

一种为用三爪或四爪卡盘夹持工件磨削时，应松开螺杆 1，使主轴可以自由转动。卡盘装在法兰盘 12 上，而法兰盘以其锥柄安装在主轴锥孔内，并通过拉杆拉紧。旋转运动由拨盘 8 上的螺钉传给法兰盘 12，同时主轴也随着一起旋转（图 4-5b）。

一种为自磨主轴顶尖或其他带莫氏锥体的工件时，可直接插入主轴锥孔中，由拨盘通过连接板 6 传动主轴旋转，此时也应将主轴放松。

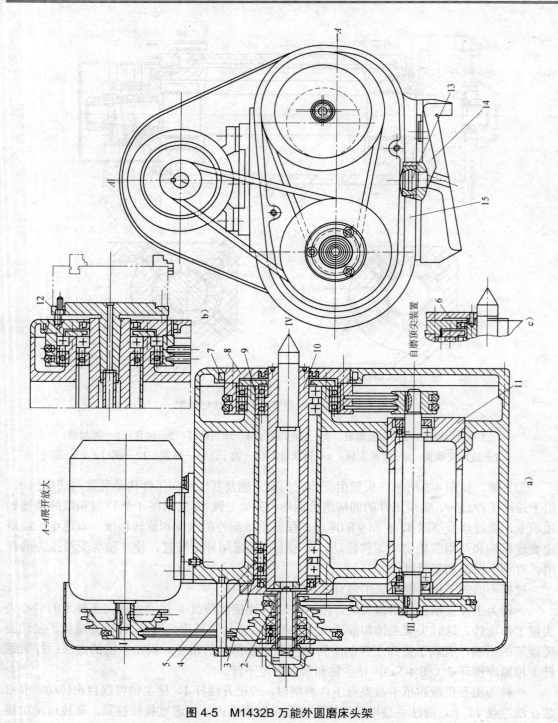

图 4-5　M1432B 万能外圆磨床头架

1—螺杆；2—摩擦环；3、4、5、9—垫圈；6—连接板；7—带轮；
8—拨盘；10—头架主轴；11—偏心套；12—法兰盘；13—柱销；14—底座；15—壳体

第二节　磨削原理

磨削是用随机分布在砂轮表面上的大量磨粒通过砂轮和被磨工件的相对运动来进行切削的，每个磨粒可近似地看作是一把微小的切刀，因此可把砂轮看作由大量微小切刀所构成的铣刀。这些磨粒（微小切刀）的几何形状和角度又有很大的差异，各自的切削情况相差较大。但是，要研究磨削，必须以研究单个磨粒的磨削过程作为基础。

一、单磨粒磨削过程

磨削过程是由磨具上的无数个磨粒的微切削刃对工件表面的微切削过程所构成的。如图 4-6 料磨粒的形状是很不规则的多面体，不同粒度号磨粒的顶尖角多为 90°～120°，并且尖端均带有半径 r_β 的圆角。经修整后的砂轮，磨粒前角可达-80°～-85°。因此，磨削过程与其他切削方法相比具有自己的特点。

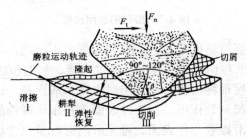

图 4-6　磨粒切入过程

单个磨粒的典型磨削过程可分为 3 个阶段：

（1）滑擦阶段。磨粒切削刃开始与工件接触，切削厚度由零开始逐渐增大，由于磨粒具有绝对值很大的实际负前角和相对较大的切削刃钝圆半径，所以磨粒并未切削工件，而只是在其表面滑擦而过，工件仅产生弹性变形。这一阶段称为滑擦阶段。这一阶段的特点是磨粒与工件之间的相互作用主要是摩擦作用，其结果是磨削区产生大量的热，使工件的温度升高。

（2）刻划阶段。当磨粒继续切入工件，磨粒作用在工件上的法向力 F_n 增大到一定值时，工件表面产生塑性变形，使磨粒前方受挤压的金属向两边塑性流动，在工件表面上耕犁出沟槽，而沟槽的两侧微微隆起，如图 4-7 所示，工件间的挤压摩擦加剧，热应力增加。这一阶段称为刻划阶段，也称耕型阶段。这一阶段的特点是工件表面层材料在磨粒的作用下，产生塑性变形，表层组织内产生变形强化。

（3）切削阶段。随着磨粒继续向工件切入，切削厚度不断增大，当其达到临界值时，挤压力大于工件材料的强度，使被切材料明显地沿剪切面滑移而成切屑，此阶段称为切削阶段。这一阶段以切削作用为主，但由于磨粒刃口钝圆的影响，同时也伴随有表面层组织的塑性变形强化。

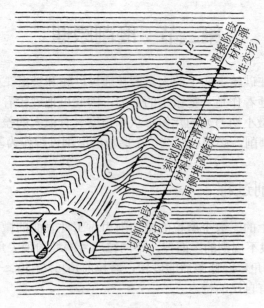

图 4-7　磨粒的磨削过程

　　在一个砂轮上，各个磨粒随机分布，形状和高低各不相同，其切削过程也有差异。其中一些突出和比较锋利的磨粒切入工件较深，经过滑擦、刻划和切削 3 个阶段，形成非常微细的切屑。由于磨削温度很高而使磨屑飞出时氧化形成火花。比较钝的、突出高度较小的磨粒，切不下切屑，只起刻划作用，在工件表面上挤压出微细的沟槽。更钝的、隐藏在其他磨粒下面的磨粒只能滑擦着工件表面。可见磨削过程是包含切削、刻划和滑擦作用的综合复杂过程。切削中产生的隆起残余量增加磨削表面的粗糙度，但实验证明，隆起残余量与磨削速度有着密切关系，随着磨削速度的提高而成正比下降。因此高速切削能减小表面粗糙度值。

二、实际磨削过程

　　磨削时，由于径向分力 F_x 的作用，致使磨削时工艺系统在工件径向产生弹性变形，使实际磨削深度与每次的径向进给量有所差别。所以，实际磨削过程可分为 3 个阶段。如图 4-8 所示。

　　（1）初磨阶段。在初磨阶段，当砂轮开始接触工件时由于工艺系统弹性变形，实际磨削深度比名义磨削深度（刻度盘上径向进给量）小。工艺系统刚性越差，此阶段越长。

　　（2）稳定阶段。随着径向进给次数的增加，机床、工件、夹具工艺系统的弹性变形抗力也逐渐增大，当系统弹性变形达到一定程度后，继续进给直至上述工艺系统的弹性变形抗力等于径向磨削力时，实际磨削深度等于径向进给量，此时进入稳定阶段。

　　（3）光磨阶段。当径向进给量达到磨削余量时，径向进给运动停止。由于工艺系统的弹性变形逐渐恢复，实际径向进给量并不为零，而是逐渐减小。因此，在无切入情况下，经过数次轴向往复进给，磨削火花逐渐消失，使实际磨削量达到磨削余量，砂轮的实际径向进给量逐渐趋于零。与此同时，工件的精度和表面质量也在这一光磨过程中逐渐提高。

因此，在开始磨削时，可采用较大的径向进给量，压缩初磨和稳定阶段以提高生产效率；适当增长光磨时间，可更好地提高工件的表面质量。

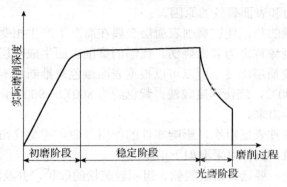

图 4-8　磨削过程的 3 个阶段

三、磨削力与磨削温度

1. 磨削力

如图 4-9 所示，磨削力可分解为：互相垂直的 3 个分力：切向分力 F_y、径向分力 F_x 和轴向分力 F_z。由于磨削时切削厚度很小，磨粒上的刀口钝圆半径相对较大，绝大多数磨粒均呈负前角，故三分力中，径向分力 F_x 最大，一般为 F_y 的 2～4 倍。各个磨削分力的大小随磨削过程的各个磨削阶段而变化。径向磨削力对磨削工艺系统的变形和磨削加工精度有直接的影响。

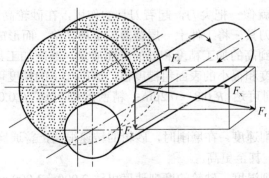

图 4-9　磨削力

2. 磨削热

磨削时，由于磨削速度很高，切削厚度很小，切削刃很钝，所以切除一单位体积切削层所消耗的功率为车、铣等切削方法的 10～20 倍，磨削所消耗能量的大部分转变为热能，使磨削区形成高温。

　　磨削温度常用磨粒磨削点温度和膳削区温度来表示。磨削点温度是指磨削时磨粒切削刃与工件、磨屑接触点温度。磨削点温度非常高（可达 1 000℃～1 400℃），它不但影响表面加工质量，而且对磨粒磨损以及切屑熔着现象也有很大影响。砂轮磨削区温度就是通常所说的磨削温度，指砂轮与工件接触面上的平均温度，在 400℃～1 000℃之间，是产生磨削表面烧伤、残余应力和表面裂纹的原因。

　　磨削过程产生大量的热，使被磨削表面层金属在高温下产生相变，其硬度与塑性发生变化，这种表层变质现象称之为表面烧伤。高温的磨削表面生成一层氧化膜，氧化膜的颜色决定于磨削温度和变质层深度，所以可以根据表面颜色来推断磨削温度和烧伤程度。如淡黄色约为 400℃～500℃，烧伤深度较浅；紫色约为 800℃～900℃，烧伤层较深。轻微的烧伤需经酸洗才会显示出来。

　　表面烧伤损坏了零件表层组织，影响零件的使用寿命，避免烧伤的办法是要减少磨削热和加速磨削热的传散，具体可采取如下措施：

　　（1）合理选用砂轮。要选择硬度较软、组织较疏松的砂轮，并及时修整，避免烧伤。

　　（2）合理选择磨削用量。磨削时砂轮切入量对磨削温度影响最大，提高砂轮速度，使摩擦速度增大，消耗功率增多，从而使磨削温度升高；提高工件的圆周进给速度，和工件轴向进给量，使工件和砂轮接触时间减少，能使磨削温度降低，可减轻或避免表面烧伤。

　　（3）采取良好的冷却措施。选用冷却性能好的切削液，采用较大的流量，使用能使切削液喷入磨削区的效果较好的喷嘴（如直角喷嘴）等，可以有效地避免表面烧伤。

　　（4）改进磨床的结构。提高进给机构刚性，减少传动环节，消除传动间隙，以精确控制砂轮切入量，如采取静压导轨或滚动导轨、滚珠丝杠等。这不但提高了磨削精度，也可防止工件表面烧伤。

四、磨削加工的特点

　　磨粒的硬度很高，就像一把尖刀，起着刀具的作用，在砂轮高速旋转时，其表面上无数的磨粒，就如同多刃刀具，将工件上一层薄薄的金属切除，而形成光洁精确的加工表面。因此，磨削加工容易得到高的加工精度和好的表面质量。磨削加工具有如下特点：

　　（1）具有很高的精度和很小的表面粗糙度值。磨削加工的精度可达 IT5～T6 或更高。表面粗糙度：普通磨削可达 $R_a 0.8～0.2\mu m$；精密磨削可达 $R_a 0.025\mu m$；镜面磨削可达 $R_a 0.01\mu m$。

　　（2）具有很高的磨削速度。在磨削时，砂轮的转速很高，普通磨削可达 30～35m/s，高速磨削可达 45～80m/s，甚至更高。

　　（3）具有很高的磨削温度。砂轮的磨削速度可达 2 000～3 000 m/min，约为刀具切削加工的 10 倍。磨削温度很高，可达 1 000℃以上，同时砂轮与工件的接触面积又很大，所以在磨削区内因摩擦产生大量的热，因此，在磨削时要充分供给切削液，将热量带走。

　　（4）具有很小的切削余量。磨粒的切削厚度极薄，均在微米以下，比一般切削加工的切削厚度小几十倍甚至数百倍。因此，加工余量比其他切削加工要小得多。

　　（5）能够磨削硬度很高的材料。可磨削淬硬钢、硬质合金以及其他硬度很高的材料。

第三节　磨削加工类型与运动

实际生产中常用的磨削类型有螺纹磨削、齿轮磨削等方法，在大批大量生产中，还有许多如曲轴磨削、凸轮轴磨削等专门化和专用磨削方法。根据工件被加工表面的形状和砂轮与工件的相对运动，磨削加工有外圆磨削、内圆磨削、平面磨削、无心磨削等 4 种主要类型。

1. 外圆磨削

用砂轮外圆周面来磨削工件的外回转表面的磨削方法称为外圆磨削。如图 4-10 所示，它不仅能加工圆柱面，还能加工圆锥面、端面、球面和特殊形状的外表面等。

磨削中，砂轮的高速旋转运动为主运动 n_c，磨削速度是指砂轮外圆的线速度 v_c，单位为 m/s。进给运动有工件的圆周进给 n_w、轴向进给 f_a 和砂轮相对工件的径向进给运动 f_r。

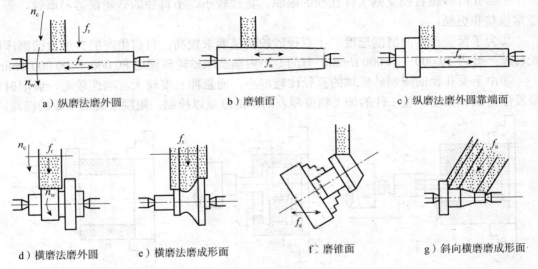

a）纵磨法磨外圆　　　b）磨锥面　　　c）纵磨法磨外圆靠端面

d）横磨法磨外圆　　　e）横磨法磨成形面　　　f）磨锥面　　　g）斜向横磨磨成形面

图 4-10　外圆磨削加工类型

工件的圆周进给速度是指工件外圆的线速度 v_w，单位为 m/s。

轴向进给量 f_a 是指工件转一周时，沿轴线方向相对于砂轮移动的距离，单位为 mm/r，通常 $f_a=（0.02～0.08）B$；B 为砂轮宽度，单位为 mm。

径向进给量 f_r 是指砂轮相对于工件在工作台每双（单）行程内径向移动的距离，单位为 mm/（d·str）或 mm/str。

根据进给方向不同，外圆磨削又可分为纵磨法和横磨法两种形式。

（1）纵磨法。纵磨法是目前生产中使用最广泛的一种方法。磨削外圆时，砂轮的高速旋转为主运动，工件作圆周进给运动，同时随工作台沿工件轴向作纵向进给运动。每单行程或每往复行程终了时，砂轮作周期的横向进给运动，从而逐渐磨去工件的全部余量。采用纵磨法每次的横向进给量少，磨削力小，散热条件好，并且能以光磨次数来提高工件的磨削精度和表面质量。

（2）横磨法。采用这种磨削形式，在磨削外圆时工件不需作纵向进给运动，砂轮以缓慢的速度连续或断续地沿工件径向作横向进给运动，直至达到精度要求。因此就要求砂轮的宽度比工件的磨削宽度大，一次行程就可完成磨削加工的全过程，所以加工效率高，同时它也适用于成形磨削。然而，在磨削过程中，砂轮与工件接触面积大，磨削力大，必须使用功率大、刚性好的机床。此外，磨削热集中，磨削温度高，势必影响工件的表面质量，必须给予充分的切削液来降低磨削温度。

2．内圆磨削

普通内圆磨削方法如图 4-11 所示，砂轮高速旋转作主运动 n_c，工件旋转作圆周进给运动 n_w，同时砂轮或工件沿其轴线往复运动作纵向进给运动 f_a，工件沿其径向作横向进给运动 f_r。

内圆磨削较之外圆磨削有以下一些特点：

①磨孔时砂轮直径受到工件孔径的限制，直径较小。小直径的砂轮很容易磨钝，需要经常修整和更换。

②为了保证正常的磨削速度，小直径砂轮转速要求较高，目前生产的普通内圆磨床砂轮转速一般为 10 000～24 000 r/min，有的专用内圆磨床砂轮转速达 80 000～100 000 r/min。

③由于受孔径的限制砂轮轴的直径比较细小，而悬伸长度较大，刚性较差，磨削时容易发生弯曲和振动，使工件的加工精度和表面粗糙度难以控制，限制了磨削用量的提高。

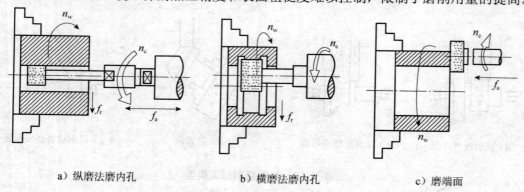

a）纵磨法磨内孔　　　　　　b）横磨法磨内孔　　　　　　c）磨端面

图 4-11　普通内圆磨削方法

3．平面磨削

常见的平面磨削方式如图 4-12 所示。

（1）周边磨削。如图 4-12a、c 所示，以砂轮的周边为磨削工作面，砂轮与工件的接触面积小，摩擦发热小，排屑及冷却条件好，工件受热变形小，且砂轮磨损均匀，所以加工精度较高。但是，砂轮主轴处于水平位置，呈悬臂状态，刚性较差。不能采用较大的磨削用量，生产效率较低。

（2）端面磨削。如图 4-12b、d 所示，用砂轮的端面作为磨削工作面。端面磨削时，砂轮轴伸出较短，磨头架主要承受轴向力，所以刚性较好，可以采用较大的磨削用量。另外，砂轮与工件的接触面积较大，同时参加磨削的磨粒数较多，生产效率较高。但是，由于磨削过程中发热量大，冷却条件差，脱落的磨粒及磨屑从磨削区排出比较困难，所以工件热变形大，表面易烧伤，且砂轮端面沿径向各点的线速度不等，使砂轮磨损不均匀，因此磨削质量比周边磨时较差。

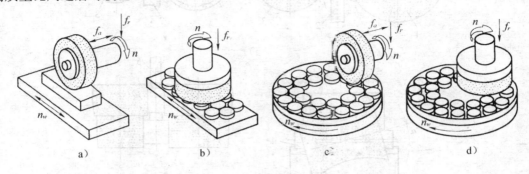

图 4-12 平面磨削方式

4．无心磨削

无心磨削是工件不定中心的磨削，主要有两种磨削方式：无心外圆磨削和无心内圆磨削。无心磨削不仅可以磨削外圆柱面、内圆柱面和内外锥面，还可磨削螺纹和其他形状表面。无心外圆磨削的工作原理及磨削方式如下：

（1）工作原理。与普通外圆磨削方法不同，无心外圆磨削工件不是支承在顶尖上或夹持在卡盘上，而是放在磨削轮与导轮之间，以被磨削外圆表面作为基准、支承在托板上，如图 4-13 所示。砂轮与导轮的旋转方向相同，由于磨削砂轮的旋转速度很大，但导轮（用摩擦系数较大的树脂或橡胶作结合剂制成的刚玉砂轮）则依靠摩擦力限制工件的旋转，使工件的圆周速度基本等于导轮的线速度，从而在砂轮和工件间形成很大的速度差，产生磨削作用。

为了加快成圆过程和提高工件圆度，工件的中心必须高于磨削轮和导轮中心连线，这样工件与磨削砂轮和导轮的接触点不可能对称，从而使工件上凸点在多次转动中逐渐磨圆。实践证明：工件中心越高，越易获得较高圆度，磨削过程越快；但高出距离不能太大，否则导轮对工件的向上垂直分力会引起工件跳动。一般取 $h=(0.15\sim0.25)d$，d 为工件直径。

（2）磨削方式。无心外圆磨削的两种磨削方式包括贯穿磨削法（纵磨法）和切入磨削法（横磨法）。

①贯穿磨削。贯穿磨削适用于磨削不带凸台的圆柱形工件，磨削表面长度可大于或小于磨削轮宽度。磨削加工时一个接一个连续进行，生产率高。

它的工作原理是使导轮轴线在垂直平面内倾斜一个角度 α（如图 4-13b 所示）。这样把工件从前面推入两砂轮之间，除了作圆周进给运动以外，由于导轮与工件间水平摩擦力的作用，工件还沿轴向移动，完成纵向进给。导轮偏转角 α 的大小，直接影响工件的纵向进给速度。α 越大，进给速度越大，磨削表面粗糙度值越高。通常粗磨时取 $\alpha=2°\sim6°$，精磨时取 $\alpha=1°\sim2°$。

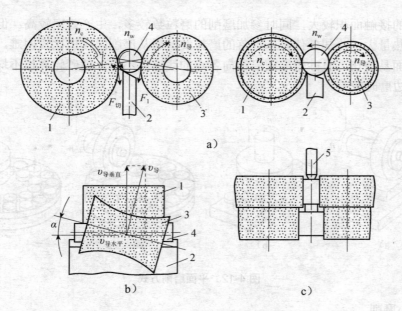

图 4-13　无心外圆磨削

1—砂轮；2—托板；3—导轮；4—工件；5—挡块

②切入磨削。切入磨削的工作原理是先将工件放在托板和导轮之间，然后使磨削砂轮横向切入，磨削工件表面。这时导轮中心线仅需偏转一个很小的角度（约 30′），使工件在微小轴向推力的作用下紧靠挡块，得到可靠的轴向定位（图 4-13c）。

（3）磨削特点及应用。在无心外圆磨床上磨削外圆，工件不需打中心孔，装卸简单省时；用贯穿磨削时，加工过程可连续不断运行；工件支承刚性好，可用较大的切削用量进行切削，而磨削余量可较小（没有因中心孔偏心而造成余量不均现象），故生产效率较高。

第四节　先进磨削技术

当前，磨削加工技术正朝着使用超硬磨料磨具，开发精密及超精密磨削，高速、高效磨削工艺及研制高精度、高刚度的自动化磨床方向发展。随着机械产品精度、可靠性和寿命的要求不断提高，高硬度、高强度、高耐磨性、高功能性的新型材料的应用增多，给磨削加工提出了许多亟待解决的新问题。

一、精密及超精密磨削

加工精度为 $1 \sim 0.1 \mu m$、表面粗糙度达到 $R_a 0.2 \sim 0.01 \mu m$ 的磨削方法称为精密磨削。强调表面粗糙度 $R_a 0.01 \mu m$ 以下，表面光泽如镜的磨削方法称为镜面磨削。我国在 20 世纪 60 年代就研究成功了超精密磨削与镜面磨削工艺，制成了相应的高精度磨床，并使其在生产中得到推广。

粗糙度值。如图 4-14 所示，微刃的数量很多且具有很好的等高性，因此能使被加工表面留下大量极微细的磨削痕迹，残留高度极小，加上无火花磨削的阶段，在微切削、滑挤、抛光、摩擦等作用下使表面获得高精度。磨粒上的大量等高微刃要通过金刚石修整工具以极低的进给速度（10～15 mm/rain）精细修整而得。

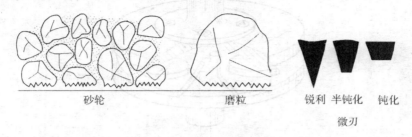

砂轮　　　　　　　　　　磨粒　　　　　　　锐利　半钝化　钝化

微刃

图 4-14　砂轮精细修整后微刃

因此，在实际工作中，应选用具有高几何精度、高横向进给精度、低速稳定性好的精密磨床，用粗粒度砂轮（46#～80#）经过精细修整，无火花磨削 5～6 次单行程；用细粒度砂轮（240#～F7），无火花磨削次数为 5～15 次。充分发挥磨粒微刃的微切削作用和抛光作用。

加工精度达到 0.1μm 级而表面粗糙度在 $R_a0.01\mu m$ 以下的磨削方法称为超精密磨削。加工精度为 $10^{-2}\sim10^{-3}\mu m$ 时为纳米工艺。超精密加工的关键是最后一道工序要从工件表面上除去一层小于或等于工件最后精度等级的表面层。因此，要实现超精密加工，首要地要减少磨粒单刃切除量，而使用微细或超微细磨粒是减少单刃切除量的最有效途径。实现超精密磨削是一项系统工程，包括研制高速高精度的磨床主轴、导轨与微进给机构，精密的磨具及其平衡与修整技术，以及磨削环境的净化与冷却方式等。超精密磨削多使用金刚石或CBN（立方氮化硼）微粉磨具。早期超精密镜面磨削多使用树脂结合剂磨具，借助其弹性使磨削过程稳定。最近几年，铸铁结合剂金刚石砂轮和电解在线修整技术（ELID）的开发，使超精镜面磨削日臻成熟。

二、光整加工

精加工后，从工件上不切除加工余量或仅切除极薄金属层，用以减小表面粗糙度值或强化其表面的加工过程称为光整加工。常用的加工方法有研磨、珩磨、超精加工和抛光等。

1. 研磨

研磨是在研具和工件之间放入研磨剂，对工件表面进行光整加工的方法。研磨包括化学和物理的综合作用，是在研具和工件之间加研磨剂（化学作用），并在一定压力下使研具与加工表面作相对运动，使磨粒在工件表面滚动、滑动，起切削、刮擦和挤压作用（物理作用），从而获得很高的精度和很小的表面粗糙度值。研磨剂由磨粒加上煤油、全损耗系统用油等调制而成。常用的研磨磨料有刚玉、碳化硅、金刚石等。其粒度为：粗研磨用

$100^{\#}\sim240^{\#}$或 F40；精磨用 P14 或更细。研磨余量为 $5\sim3\mu m$；压力为 $0.1\sim0.3MPa$;研磨速度粗研为 $40\sim50\ m/min$；精研为 $10\sim15\ m/min$。常见的研磨方法有手工研磨和机械研磨两种。图 4-15 为研磨工作简图。研磨一般可获得的加工精度为 IT6～IT4、表面粗糙度为 $R_a 0.1\sim0.08\mu m$，但是不能改善件的位置精度。

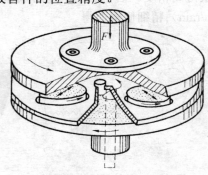

图 4-15 研磨工作简图

研磨可加工各种钢、铸铁、铜、铅、硬质合金、玻璃、陶瓷和塑料等制品，也可加工各种形状的表面。研磨使用的设备和工具较简单，要求的精度较低。研磨既适用于单件手工生产，也适用于成批机械化生产。

2. 珩磨

珩磨和超精加工一样都是靠加工表面本身定位，用细粒度油石做磨具来加工的。对机床精度要求不高、结构简单、生产效率高、成本较低。加工后零件表面质量好、表面粗糙度值很小，因此广泛用于机械制造中，特别是在大批量生产中，这些特点更为明显。

在珩磨孔时所用的磨具是由几根粒度很细的油石组成的珩磨头。珩磨头具有 3 种运动，即旋转运动、往复运动和径向加压运动。旋转和往复运动是珩磨的主运动，这两种运动的合成，使油石上的磨粒在孔表面上形成不重复的交叉网纹轨迹。

如图 4-16 所示，珩磨主要用于孔的光整加工。珩磨头上的油石磨条在一定的压力下与工件孔壁接触，由机床主轴带动其旋转并轴向往复直线运动。这样磨条便从工件表面切去一层极薄的金属层。为避免磨条磨粒的轨迹互相重复，珩磨头的转速必须与其每分钟往复行程数互为质数。磨条的运动轨迹的网状交叉角 α 是影响表面粗糙度和生产效率的主要因素，α 角增大，切削效率高，表面粗糙度值大。一般粗珩磨取 $\alpha=40°\sim60°$；精珩磨取 $\alpha=20°\sim40°$。珩磨余量为 $0.015\sim0.02\ mm$。为了加工出直径一致、圆柱度好的孔，必须调整好油石的工作行程及相应的越程量。油石的越程量一般取油石长度的 1/5～1/3。

珩磨加工的加工精度为 IT5～IT4，表面粗糙度为 $R_a 0.25\sim0.1\mu m$，圆度和圆柱度为 $0.003\sim0.005\ mm$，但它不能提高孔的位置精度。珩磨有较高的生产率。在大批量生产中广泛应用于精密孔系的终加工工序，孔径范围一般为 $5\sim500\ mm$ 或更大，孔的深径比可达 10 以上，例如发动机的气缸孔和液压缸孔的精加工。但珩磨不适于加工软而韧的有色合金材料的孔，也不能加工带键槽的孔和花键孔等断续表面。

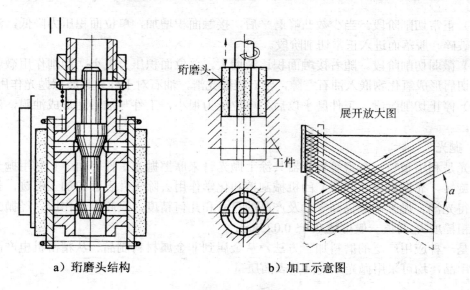

a）珩磨头结构   b）加工示意图

图 4-16 珩磨加工

3．超精加工

如图 4-17 所示，超精加工是用细粒度的磨具（油石）对工件施加很小的压力，并做短行程低频往复振动和慢速进给运动，以实现微量磨削的一种光整加工方法。施加的压力为 5～20 MPa；振动频率为 8～35 Hz，振幅为 1～5 mm。在油石与工件之间注入切削液（煤油加锭子油）以起到冷却、润滑、清理切屑和形成油膜的作用。超精加工的工艺特点是设备简单，自动化程度较高，操作简便；切削余量极小（3～10μm），加工时间短（30～60 s），生产率高；加工后表面具有交叉网纹，利于贮存润滑油，耐磨性好，超精加工只能提高加工表面质量（R_a0.1～0.008μm），不能提高尺寸精度和形位精度，主要用于轴类零件的外圆柱面、圆锥面和球面等的光整加工。

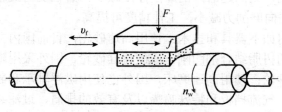

图 4-17 超精加工示意图

超精加工广泛应用于加工内燃机的曲轴、凸轮轴、刀具、轧辊、轴承、精密量仪的精密零件。能对不同的材料，如钢、铸铁、黄铜、青铜、铝、陶瓷、玻璃、花岗岩等进行加工，并能加工外圆、内圆、平面及特殊轮廓表面等。

超精加工的切削过程与磨削不同，当工件的粗糙表面的凸峰全部磨平后，油石能自行停止切削，大致可分为 4 个阶段：

（1）强烈切削阶段。开始切削时，少数凸峰单位面积压力很大，破坏了油膜，油石起强烈的切削作用。

（2）正常切削阶段。当少数凸峰磨平后，接触面积增加，单位面积压力降低，油石磨粒不再破碎、脱落而进入正常切削阶段。

（3）微弱切削阶段。随着接触面积逐渐增大，单位面积压力更小，切削作用微弱，且细小的切屑形成氧化物嵌入油石空隙，油石表面光滑，油石对工件只起摩擦抛光作用。

（4）停止切削阶段。工件磨平以后，单位压力很小，工件与油石间形成油膜，油石停止切削。

4．抛光

抛光是利用布轮、布盘等软性器具涂上抛光膏来摩擦抛光工件表面。它利用抛光器具的高速旋转，靠抛光膏（磨膏）的机械刮擦和化学作用去除工件表面的加工痕迹，使工件表面变得光泽。抛光不能提高零件及产品的尺寸和几何精度，只起抛光作用。经抛光的工件表面粗糙度 R_a 的值一般可达 0.4～0.025μm。

它是一种应用广泛的磨料加工方法，从金属到非金属材料制品、从精密机电产品到日常生活用品，均可采用抛光来提高其表面质量。

三、高效磨削

1．高速磨削

高速磨削是指砂轮线速度大于 45m/s 的磨削是一种通过提高砂轮线速度来达到提高磨削去除率和磨削质量的工艺方法。过去由于受砂轮回转破裂速度的限制，以及磨削温度高和工件表面烧伤的制约，高速磨削长期停滞在 80 m/s 左右。随着 CBN 磨料的广泛应用和高速磨削机理研究的深入，现在工业上实用磨削速度已达到了 150～200 m/s，实验室中已达到 400 m/s，并表现出优异的磨削效果。

高速磨削有如下优点：砂轮每颗磨粒的切削厚度不变，则高速磨削可大大提高磨削生产率；磨削生产率不变，则高速磨削的磨削厚度减少，磨粒负荷减轻，砂轮寿命提高；磨削表面粗糙度减小；法向磨削力减小，工件精度可提高。

高速磨削需要使用如下器具和技术：使用高速砂轮，目前国内主要采用含硼陶瓷结合剂和添入加强纤维网的树脂结合剂的刚玉或碳化硅砂轮，国外采用陶瓷结合剂的立方氮化硼砂轮和电镀金刚石砂轮；使用高速磨床，国外已使用磁浮轴承和砂轮自动平衡技术；采用油、水混合磨削液，气流挡板和特殊喷嘴以及有效的排屑、过滤装置；采用自动上料与自动检测装置，以减少辅助时间。

2．缓进给大切深磨削

缓进给大切深磨削又称深槽磨削或蠕动磨削。它是以较大的磨削深度（可达 30mm）和很低的工作台进给速度（3～300mm/min）进行磨削。经一次或数次磨削即可达到所要求的尺寸精度，适于磨削高强度、高韧性材料，如耐热合金、不锈钢等的型面、沟槽等。目前国外还出现了一种称为 HDEG（high efficiency deep grinding）的超高速深磨技术。它在磨削工艺参数上集超高速（150～250m/s）、大切深（0.1～30mm）、快进给（0.5～10m/min）于一体，采用立方氮化硼砂轮和计算机数控，其工效已远高于普通的车削或铣削。

3．砂带磨削

用高速运动的砂带作为磨削工具磨削各种表面的方法称为砂带磨削，如图 4-18 所示。砂带由基体、结合剂和磨粒组成。每颗磨粒在高压静电场的作用下直立在基体上，并均匀间隔排列。

砂带磨削的优点很多。一是生产率高。砂带上的磨粒颗颗锋利，切削量大；砂带宽，磨削面积大，生产率比用砂轮磨削高 5～20 倍。二是砂带磨削能耗低。由于砂带重量轻，接触轮与张紧轮尺寸小，高速转动惯性小，所以功率损失小。三是加工质量好。它能保证恒速工作，不需修整，磨粒锋利，发热少，砂带散热条件好，能保证高精度和小的表面粗糙度值。此外，砂带柔软，能贴住成形表面进行磨削，因此适于磨削各种复杂的型面。砂带磨削还有一个优点是砂带磨床结构简单，操作安全。砂带磨削的缺点是砂带消耗较快，不能加工小直径孔、盲孔，也不能加工阶梯外圆和齿轮。

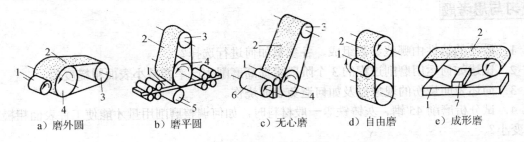

a）磨外圆　　　b）磨平圆　　　c）无心磨　　　d）自由磨　　　e）成形磨

图 4-18　砂带磨削

四、磨削自动化

1．数控磨床

数控磨床在 20 世纪 90 年代才真正进入普及实用期。利用磨削加工中心（GC）具有的数控功能，进行三轴同时控制，可磨削加工三维复杂表面，实现磨削加工的复合化与集约化。其主要技术内容如下：

（1）控制功能。除具有像其他数控设备高性能的数控系统以外，高精密伺服技术是重要环节。采用完全数字式伺服系统使机床在高精度高速（如 56 m/min）送进时达到 0.1 μm 的控制。该类机床的（最小输入单位）分辨力一般小于 0.001 mm。

（2）机械结构。①砂轮轴：主轴高速化、高刚性、高精度化。磨床主轴的高速化采用空气轴承及磁力轴承支承，特别是磁力轴承的优点在超高速磨削中引人注目。②导轨：高性能的磨床导轨主要采用油静压导轨和空气静压导轨。

（3）热变形对策。热变形对策是进行高精度化、系统自动化磨削加工中的主要技术。一般采用减少发热、隔离、热对称结构、应用低膨胀材料、环境恒温控制、控制软件等措施。

（4）砂轮、工件的自动交换。包括砂轮（工具）高精度自动交换，砂轮自动修整和整形技术，工具寿命判定及磨损补偿；工件高精度自动交换。

2．磨削加工智能化

磨削过程是一个多变量影响过程，对其信息的智能化处理和决策，是实现柔性自动化和最优化的重要基础。目前磨削中人工智能的主要应用包括磨削过程建模、砂轮及磨削参数合理选择、磨削过程监测预报和控制、自适应控制优化、智能化工艺设计和智能工艺库等。

近几年来，磨削过程建模、模拟和仿真技术有很大的发展，并已达到实用水平，在磨削过程智能监测方面，声发射技术应用较多，它与力、尺寸、表面完整性微观参数的测量相结合，通过"中性网络"和"模糊推理"对磨削过程已能提取全面的在线信息，用于过程监测与控制。此外，神经网络系统、自适应控制、磁力轴承轴心偏移实施补偿、分子动力学计算机仿真等均有一定的发展。

复习与思考题

1．砂轮的特性由哪些参数组成，各参数如何进行选择？

2．试述如何运用磨削过程的 3 个阶段来提高磨削生产率和减小表面粗糙度值。

3．简述表面烧伤的现象以及如何避免表面烧伤。

4．试分析磨削 45 钢、灰铸铁等一般材料时，如何调整磨削用量才能使工件表面粗糙度值变小？

5．人造金刚石砂轮和立方氮化硼砂轮各有什么特性，各适用于磨削哪些材料？

6．M1432B 型磨床砂轮主轴轴承的工作原理是什么？

7．万能外圆磨床上磨削圆锥面有哪几种方法，各适用于何种情况？机床应如何调整？

8．无心外圆磨床的磨削特点是什么？

第五章　钻削、铰削和镗削加工

学习指导

　　本章讲述了圆柱（锥）孔加工最基本、最常见的工艺方法，以钻削为主介绍麻花钻的结构和几何参数的分析，以铰削和镗削为主介绍孔的精加工方法。学习本章要结合加工实践，分析加工原理和实质，领会钻削、铰削和镗削各自的加工工艺系统、加工过程特点，掌握麻花钻的分析方法。进而能够初步根据所加工孔的要求，选择加工装备、方法和参数，能够了解习具的结构与几何参数对加工的影响。

第一节　孔加工概述

　　金属切削加工中，孔加工占有很大比重，约占机械加工总量的1/3。其中，在实心材料上钻孔约占25%，其余约占13%。内孔是零件最常见的表面要素之一，零件及孔精度和表面质量要求随着产品中的功用、结构不同而千差万别。按与其他零件的相对连接关系的不同，孔可分为配合孔和非配合孔；按几何特征的不同，孔可分为通孔、盲孔、阶梯孔、锥孔等；按几何形状不同，孔又可分为圆孔和非圆孔等。

　　机械加工要按照孔的结构和技术要求而采用不同的加工方法，这些方法归纳起来可以分为两类：一类是在实体工件上加工孔，即从无孔开创出孔；另一类是对已有的孔进行半精加工和精加工。非配合孔一般采用钻头在实体工件上直接把孔钻出来，而配合孔则需要在钻孔的基础上，根据被加工孔的精度和表面质量要求，采用铰削、镗削、磨削等方法对孔进一步精加工。铰削、镗削是对已有孔进行精加工的典型工艺方法。对于孔的精密加工，主要方法就是磨削。当孔的表面要求质量较高时，还需要采用精细镗、研磨、珩磨、滚压等表面光整加工技术；对非圆孔的加工则需采用插削、拉削以及特种加工方法。

　　由于孔加工刀具的切削工作是在工件内表面进行的，加工时不易观察，并且刀具的尺寸受到工件孔径尺寸、长度和形状的限制，故要比外圆表面等开放型表面的加工难度大得多。孔加工过程的主要特点是：

　　（1）受被加工孔尺寸的限制，切削速度很难提高，这影响了加工生产率和加工表面质量，尤其是对较小的孔进行精密加工时，为达到所需的速度，需要使用专门的装置，对机床的性能也有很高的要求。

（2）钻头、铰刀等孔加工刀具多为定尺寸刀具，在加工过程中，磨损造成的刀具形状和尺寸变化直接影响被加工孔的精度。

（3）孔加工时，刀具一般是在半封闭的空间下工作，排屑困难；冷却液难以进入切削区域，散热条件差，切削区热量集中，温度较高，影响刀具的耐用度和钻孔加工质量。

（4）刀具的结构受孔的直径和长度限制，刚性较差。加工时由于轴向力的影响，容易产生弯曲变形和振动，孔的长径比（孔深度与直径之比）越大，刀具刚性对加工精度的影响就越大。

在孔加工中，必须解决好冷却问题、排屑问题、刚性导向问题和速度问题等。这也是本章讨论各种孔加工方法的要点。

在对实体零件进行钻孔加工时，对应被加工孔的大小和深度不同，有各种结构的钻头，其中，最常用的是标准麻花钻，孔系的位置精度主要由钻床夹具和钻模板保证。用麻花钻在钻床上钻孔，加工精度一般为 IT13～IT10，表面粗糙度为 R_a=20～10μm。

对已有孔进行精加工时，代表性的精加工方法是铰削和镗削。铰削加工适用于对较小孔的精加工，铰孔后的精度可达 IT8～IT6，表面粗糙度值为 R_a=1.6～0.4μm。但铰削加工的效率一般不高，而且不能提高位置精度。镗削加工能获得较高的精度和较小的表面粗糙度值。一般尺寸公差等级为 IT8～IT7，表面粗糙度值为 R_a=6.3～0.8μm。若用金刚镗床和坐标镗床加工则质量可以更好。镗孔加工可以用一种刀具加工不同直径的孔。对于大直径孔和有较严格位置精度要求的孔系，镗削是主要的精加工方法。镗孔可以在车床、钻床、铣床、镗床和加工中心等不同类型的机床上进行。在镗削加工中，镗床和镗床夹具是保证加工精度的主要因素。

第二节　钻削加工和钻头

一、钻削加工

1. 钻削工艺特点

以钻头或工件的旋转为主运动，两者的相对轴向运动为进给运动，对实体工件进行孔加工的切削加工方法称为钻削加工。位于钻头端部的切削部分主切削刃切除工件上的材料，形成所要求的内孔。

钻削加工具有如下工艺特点：钻削时，钻头的工作部分大都处于已加工表面的包围中，切削部分始终处于一种半封闭状态，切削产生的热量不能及时散发，切削区特别是工件温度高；由于切削液最先接触的是正在排出的热切屑，达到切削区的切削液量有限，且温度已显著升高，因此冷却效果不好；切屑只能沿已加工孔与钻头之间的螺旋槽流出，容屑空间小，排屑比较困难；钻头的直径尺寸受孔径限制，还要开出用于排屑的螺旋槽，导致钻头本身的强度及刚度都比较差，在径向切削力的作用下，钻削过程中导向性差，易引偏。钻削加工出的孔尺寸精度低，表面质量较差，精度等级一般在 IT13～IT11，表面粗糙度为

及 $R_a50\sim12.5\mu m$，常用于孔的粗加工。加工孔系时，孔系的精度由钻削夹具保证。

钻削加工必须重视的问题是保证孔的加工质量，冷却、排屑和导向定心。在深孔加工中，这些问题更为突出。实际应用中在钻头结构、工艺装备、切削条件等方面采用的措施都是围绕这 3 个方面的问题而提出的。

针对钻削加工中存在的问题，常采取的工艺措施如下：

（1）导向定心问题。

①预钻锥形定心孔，即先用小顶角（$2\varphi=90°\sim100°$）、大直径短麻花钻或中心钻一个锥形坑，再用所需尺寸的钻头钻孔。

②刃磨钻头应尽可能使两主切削刃对称，使径向切削力互相抵消，减小径向引偏。

③对于大直径孔（$\phi>30$ mm），常采取在钻床上分两次钻孔的方法，即第二次按要求尺寸 d 钻孔，由于横刃未参加工作，因而钻头不会出现由此引起的弯曲。对于小孔和深孔，为避免孔的轴线偏斜，尽可能在车床上钻削。

④在钻头上设计导向结构或利用夹具上的钻套提高钻头的刚性，起到导向作用。

（2）冷却问题。为保证冷却效果，在实际生产中，可根据具体的加工条件，采用大流量冷却或压力冷却的方法。在普通钻削加工中，常采月分段钻削、定时推出的方法对钻头和钻削区进行冷却。此外，还可以从钻头的结构入手提高冷却效果。

（3）排屑问题。普通钻削加工常采用定时回退的方法排除切屑。在深孔加工中，要通过钻头的结构和冷却措施结合，由压力冷却液把切屑强制排除。另一种改善排屑效果的方法是在主切削刃上开分屑槽，减小切削宽度，使切屑便于卷曲。

2. 钻削用量

（1）钻削速度 v_c。钻削速度是钻头外径处的主运动线速度 v_c（m/min）。

$$v_c=\pi dn/1\ 000$$

式中，d——钻头直径，mm；n——钻头或工件转速，r/min。

（2）钻削深度 a_p。钻削深度是钻头的半径，即 $a_p=d/2$。当孔径较大时，可采用钻—扩加工，这时钻头直径取孔径的 70%左右。

（3）进给量 f 和每刃进给量。a_f 钻头（或工件）每转一转，钻头在进给方向相对于工件的位移量称进给量 f（mm/r）。由于麻花钻有两个刀齿（即 $z=2$），故每个齿的进给量（mm/齿）为：$a_f=f/2$。

小直径钻头进给量主要受钻头的刚性或强度限制，大直径钻头受机床进给机构动力及工艺系统刚性限制。普通麻花钻进给量可按 $f=(0.01\sim0.02)d$ 选择。直径小于 $3\sim5$ mm 小钻头，一般用手动进给。

二、麻花钻的结构与几何参数

在钻孔刀具中，麻花钻应用最广泛，它是一种粗加工用定尺寸刀具，大部分已标准化，由工具厂大量生产，供应市场。它能加工的孔径范围为 0.1～100mm。高速钢麻花钻的加工精度为 IT13～IT11，表面粗糙度为 $R_a25\sim6.3\mu m$；硬质合金麻花钻的加工精度为 IT11～IT10，表面粗糙度为 $R_a12.5\sim3.2\mu m$。

1. 麻花钻的结构

标准麻花钻各组成部分如图 5-1 所示，其作用如下：

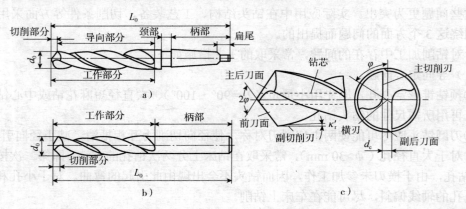

图 5-1　麻花钻的结构

（1）切削部分。切削部分是具有切削刃的部分，由两个螺旋前刀面、两个圆锥后刀面（随刃磨方法不同，也可能是其他表面）和两个副后刀面（即刃带棱面）组成。前、后面相交处为主切削刃，两后刀面在钻心处相交形成的切削刃称为横刃，标准麻花钻的主切削刃为直线，横刃近似为直线。前面与刃带相交的棱边称为副切削刃，它是一条螺旋线。

（2）导向部分。钻头的导向部分就是它的螺旋排屑槽部分，它起导向和排屑作用，也是切削部分的后备部分。两条螺旋槽是排出切屑并流入切削液的通道，其端部同时也是前刀面。钻体中心有钻芯，用于连结两刃瓣。外圆柱上两条螺旋形棱面称为刃带，起到减少钻头与孔壁摩擦、控制孔的廓形和导向作用。麻花钻的导向部分具有倒锥，即外径从切削部分向柄部逐渐减小，从而形成很小的副偏角，以减小棱边与孔壁的摩擦。标准麻花钻的倒锥量是每 100mm 长度上减少 0.03～0.12mm。

（3）夹持部分。夹持部分用于装夹钻头和传递动力，包括颈部和柄部。颈部是钻柄与工作部分的连接部分，可供磨削外径时砂轮退刀。此外，钻头的尺寸标记也打印在此处。麻花钻的柄部有圆锥柄和圆柱直柄两种。直径≤12mm 使用圆柱直柄，12mm 以上使用莫氏锥柄。在锥柄的后端做出扁尾，以供使用斜铁将钻头从钻套中取出。

2. 麻花钻的几何参数

（1）度量麻花钻几何角度的测量平面。钻孔时钻头主切削刃上每一点都绕钻头轴线作圆周运动（忽略进给运动），它的速度方向就是该点所在圆的切线方向。如图 5-2 所示，麻花钻主切削刃上任意一点 A 的切削平面 p_{sA} 是包含该点切削速度方向，且又切于该点加工表面的平面；切削刃上任意一点 A 的基面 p_{sA} 就是通过该点而又包括钻头轴线的平面。由于切削刃上各点的切削速度方向不同，所以基面也就不同，如图 5-3 所示。麻花钻切削刃上各点的切削平面与基面在空间互相垂直，但不同点上的位置是变化的。切削刃上任意一点 A 的正交平面 p_{oA} 就是同时与以上两个平面垂直的平面。

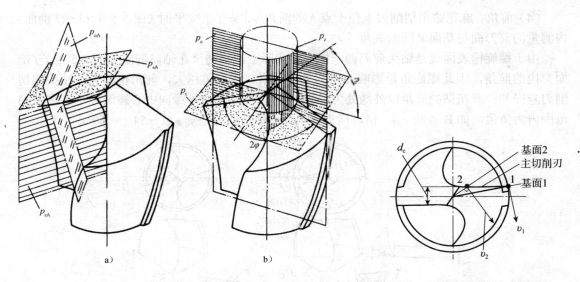

图 5-2　麻花钻的测量平面　　　　　　图 5-3　钻头切削刃上各点的切削速度
　　　　　　　　　　　　　　　　　　　　　　　　和基面的改变

（2）螺旋角。钻头外缘表面与螺旋槽的交线为螺旋线，螺旋线与钻头轴线的夹角为螺旋角 β，如图 5-4 所示。螺旋角的大小由钻头直径 d_x 和螺旋槽的导程 S 决定，其关系式为：

$$\tan\beta_x=\frac{\pi d_x}{S}$$

式中：d_x——钻头直径（mm）；S——螺旋槽导程（mm）。

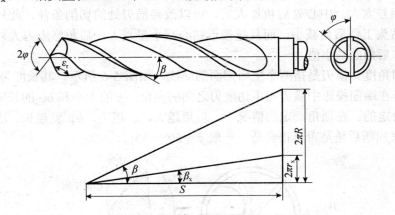

图 5-4　标准麻花钻的螺旋角

由于螺旋槽上各点的导程 S 相等，故在不同直径处螺旋角 β 就不相等了，钻头的外缘处 β 最大；越靠近钻心，β 越小。标准麻花钻的螺旋角在 18°～30°之间，大直径钻头取大值。

（3）顶角及主偏角。钻头的顶角（又称锋角）是两主切削刃在它们平行的平面上投影的夹角。标准麻花钻的顶角为 $2\varphi=118°$，此时主切削刃为直线，切削刃上各点顶角不变。而各点上的主偏角略有变化，为了方便起见，取顶角的一半作为主偏角 κ_r 的值。

（4）前角。麻花钻主切削刃上任一点 A 的前角 γ_{oA} 是在正交平面（图 5-5 中 $O-O$ 剖面）内测量的前刀面与基面之间的夹角。

由于螺旋槽表面就是钻头前刀面，螺旋角实际上就是钻头在轴向剖面（图 5-5 中 f-f 剖面）内的前角，因此螺旋角是影响前角的主要因素。螺旋角越大，前角也越大，钻头的切削刃越锋利。麻花钻的前角以外缘处为最大（约为 30°），自外缘向中心逐渐减小。在 $d_o/3$ 范围内为负值，如 B 点的 γ_{oB}，接近横刃处 $\gamma_o = -30°$，横刃处 $\gamma_{o横} = \sim 54° \sim -60°$。

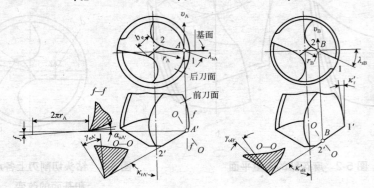

图 5-5　钻头前角、后角、主偏角和刃倾角

（5）后角。为了测量方便，钻头主切削刃上任意一点的后角 α_0 是在轴向剖面内测量的，它是该点的切削平面与后刀面之间的夹角（图 5-5 中 A 点的后角为 f-f 剖面）中的 α_{oA}。

钻头的后角是沿着主切削刃变化的，名义后角是指外缘处的后角（8°～10°）；靠近中心接近横刃处的后角最大，可达 20°～25°，这是为与前角的变化相适应，以使切削刃上各点的楔角不致相差太大。中心处后角加大后，可以改善横刃处的切削条件。此外，进给运动的影响，使钻头工件后角减小，而且越接近钻心减小量越大，后角磨成内大外小，也正是为了弥补工作后角的减小值。

（6）横刃角度。横刃是指两个主后刀面的交线，如图 5-6 所示，其长度为 b_φ，φ 称为横刃斜角，是在端面投影中横刃与主切削刃之间的夹角。φ 的大小和 b_φ 的长短，是由后角和顶角大小决定的。在顶角一定的情况下，后角越大，φ 越小，b_φ 就越长。因此，在刃磨时可用 φ 角来判断后角是否磨得合适，一般 $\varphi = 50° \sim 55°$。

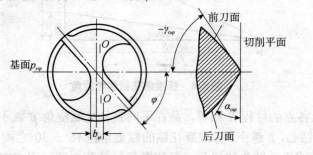

图 5-6　横刃切削长度

三、标准麻花钻的缺陷及修磨

1. 缺陷

标准参数的麻花钻由于其自身结构的原因，存在以下几种缺陷：

（1）主切削刃上各点处前角的数值相差很大。由于主切削刃上各点处前角的数值相差很大，在钻头直径 1/3 范围内的前角都是小于零度的，切削条件很差。

（2）横刃太长定心差。横刃太长使引钻时不易定心，工作时钻头旋转轴线不稳定，容易造成钻孔精度低和钻头刃带磨损的结果。同时，由于位于钻心的横刃所形成的前角是较大负值的前角，所以钻心处切削条件很差，轴向抗力大。

（3）大直径钻头主切削刃较长。由于大直径钻头主切削刃较长，主切削刃上各点切削速度不等，钻钢时切屑宽，卷不紧，占空间大，排屑与冷却均不顺利。

（4）外刃与棱边转角处磨损较快。由于麻花钻外刃与棱边处的刀尖角 ε_r 较小，前角较大，刀齿强度低。该点切削速度最高，棱边后角为零度，因此转角处磨损最快。

（5）不能适应不同的工件材料。标准麻花钻的顶角为 118°，螺旋角为 30°，若用来钻硬材料，就会显得顶角过小，而螺旋角过大；若用来钻薄板时，由于钻尖钻透后失去定心，孔形质量难以保证。

2. 修磨

以上标准麻花钻几何参数的缺陷，影响了钻削生产率和刀具的耐用度，故有必要对其工艺进行革。麻花钻的革新可从多方面入手，如选用性能优良的高速钢制造钻头和不断改进工艺，改进钻头的结构参数与几何参数，改进钻头沟槽截形等来提高钻孔效率。在使用过程中，更可采用修磨麻花钻的刃形及几何角度的方法来充分发挥钻头的切削性能，保证加工质量提高效率。这种方法简单易行、使用灵活，收效也很显著。常用的修磨方法有以下几种：

（1）修磨横刃。将钻心部分前刀面磨出新的较大前角（如图 5-7 所示），同时将横刃缩短到原来长度的 1/3～1/5，在主切削刃上形成转折点。修磨后的横刃前角为 0°～-15°，横刃斜角为 20°～30°。这种修磨能显著减小轴向力，有利于分屑与断屑，并能保持一定的钻尖强度，是一种使用较广的手工修磨方法。

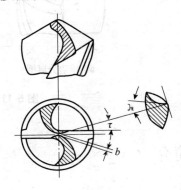

图 5-7　修磨横刃

（2）修磨螺旋槽前刀面。将螺旋槽前刀面外缘刃磨出倒棱前刀面（如图 5-8 所示），这种修磨目的是改变前角的不合理分布，以满足不同的加工要求。一般有特殊要求时才进行这项修磨。钻黄铜和塑料时，为避免产生"扎刀"现象，应使外缘处前角减小到 5°～10°；钻胶木时为-5°～-10°；钻有机玻璃时，应使外缘处前角再进一步增大。

（3）修磨棱边。在靠近主切削刃的一段棱边上，磨出副后角 $\alpha_1=6°\sim8°$（如图 5-9 所示），并缩短棱边的宽度，使棱边的宽度为原来的 1/3～1/2。这样做的目的是减少棱边与孔壁的摩擦。这种方法适合加工韧性材料或软金属，以提高加工表面质量。

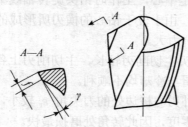

图 5-8　修磨前刀面

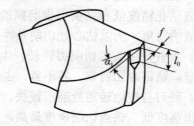

图 5-9　修磨棱边

（4）磨出双重顶角。由于麻花钻外缘处刀尖角 ε_r 较小，该点切削速度最高，转角处磨损最快。采用双重刃磨（如图 5-10 所示），即磨出第二顶角（$2\varphi_0=70°\sim75°$），增大了转角处的刀尖角，可有效地增加这部分的强度，减少钻头的磨损，并可减小孔的表面粗糙度。这种方法适用于加工铸铁。

（5）开分屑槽。当在钢材上钻削直径较大的孔时，可在钻头的前刀面或后刀面上交错磨出小狭槽（如图 5-11 所示），使切屑变窄，有利于排出。分屑槽可以交错开、单边或磨出阶梯刃等。

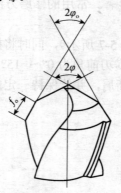

图 5-10　双重顶角

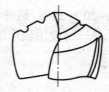

a）单边分屑槽　　　　　b）错开分屑槽

图 5-11　开分屑槽

四、其他类型钻头简介

1. 群钻

群钻是我国机械工人在生产实践中总结创造的，用标准麻花钻经过合理修磨的先进钻型，如图 5-12 所示为标准型群钻切削部分的形状和几何参数。标准型群钻综合了上述各种修磨钻头的优点，群钻的几何角度和刃形都比较合理，刃削刃锋利，切屑变形小，扭矩约减小 10%～30%，轴向力可降低 35%～50%，使群钻的耐用度比标准麻花钻提高 3～5 倍。主要包括磨出月牙槽、修磨横刃处前刀面和开分屑槽等。其主要修磨和作用如下：

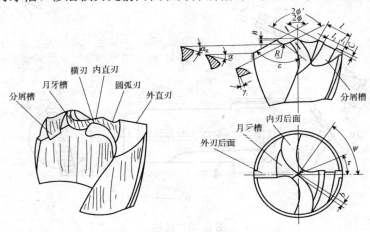

图 5-12　标准型群钻的切削部分

（1）增大钻心附近切削刃的前角。群钻在钻心附近磨出月牙槽，每个主切削刃磨成三段，即外直刃、圆弧刃和内直刃，两边则共有七刃（含横刃）。增大了钻心附近主切削刃上各点的前角，使群钻有较锋利的刃口和较好的切削性能。除原有钻尖外，圆弧刃与外直刃的交点又形成了新的钻尖，故群钻具有"三尖"，这种结构显著增强了钻头的定心和导向性能。

（2）降低横刃高度并修短横刃。群钻中心高 $h=0.03d_0$，横刃长度为修磨前的 1/4～1/6。这增加了钻心的强度，大大减小了横刃对钻削的不利因素。

（3）便于分屑排屑。当钻头直径大于 15mm 时，群钻磨出单边分屑槽，便于分屑排屑。

2. 扁钻

扁钻的切削部分一般用高速钢制造，其结构如图 5-13a 所示，切削部分磨成扁平体，主切削刃磨出顶角、后角，并形成横刃。由于扁钻前角小，排屑困难，导向性差，可重磨次数少，过去曾逐渐被其他钻头替代。但扁钻结构简单、制造方便、成本低廉，轴向尺寸小，刚性好，近年来又引起广泛的重视，常用于仪表车床上加工黄铜等脆性材料或在钻床上加工 0.1～0.5mm 的小孔。当钻孔直径大于 38mm 时，用扁钻比用麻花钻经济。

孔径超过 25mm 时，可使用装配式扁钻。它的结构与参数如图 5-13b 所示。其主要特点是：

（1）可快速更换刀片进行体外重磨，以节省换刀时间。

（2）能方便地更换刀片材料，满足不同加工条件的要求。

（3）刀杆刚性好，能在杆内注入冷却液，有利于提高钻孔效率和钻头耐用度。

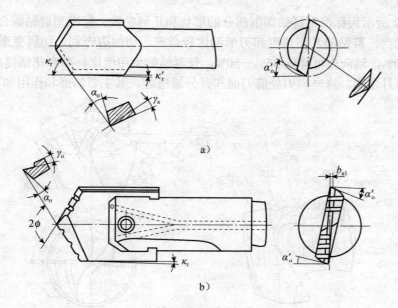

图 5-13　扁钻

3. 四刃复合钻

这是我国近年来研制的一种新型钻头。该钻头有两条钻孔刃（如图 5-14 中的 1、2 所示）和两条扩孔刃（如图 5-14 中的 3、4 所示）。钻孔刃大部分长度为径向配置，横刃很短，因此改善了前角分布，使钻孔刃大部分为正前角。钻孔及扩孔余量的分配，通过修磨钻孔刃外缘部倒角处的 1 值来确定。一般取 $\delta = 20° \sim 30°$。钻孔刃的刃带与扩孔刃直径相同，这样可提高钻头的刚性，并增强钻削的导向性能。这种钻头可用于粗加工，也可用于半精加工。它的生产效率、加工精度和刀具耐用度比普通麻花钻要高。

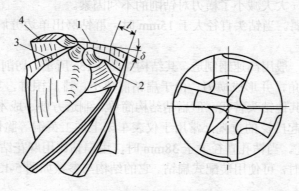

图 5-14　四刃复合钻

第三节 铰削加工和铰刀

铰削是半精加工和精加工中小直径孔的常用方法，铰削时铰刀从工件的孔壁上切除微量的金属层，使被加工孔的精度和表面质量得到提高。铰孔之前，被加工孔一般需经过钻孔或经过钻、扩孔加工。根据铰刀的结构不同，铰削可以加工圆柱孔、圆锥孔；可以用手操作，也可以在车床、钻床、镗床数控机床等多种机床上进行。

一、铰削加工

1. 铰削过程特点

（1）铰削的加工余量一般小于 0.1 mm，铰刀的主偏角 κ_r，一般都小于 45°，铰削时的切削厚度 a_c 很小，约 0.01～0.03 mm。如图 5-15 所示，除主切削刃正常的切削作用外，在主切削刃与校准部分之间的过渡部分上，形成一段切削厚度极薄的区域。当切削厚度小于刃口钝圆半径时，起作用的前角为负值，切削层没有被切除，而是产生弹、塑性变形后被挤压在已加工表面上，这时刀具对工件的作用是挤刮作用。这个极薄切削厚度区域的变形情况决定铰孔加工精度的表面粗糙度。由于已加工表面的弹性恢复，校准部分也对已加工表面进行挤压。当铰刀磨损后，刃口钝圆半径增大，切削刃也会有挤刮的现象存在。由此可见，铰削过程是个复杂的切削和挤压摩擦过程。

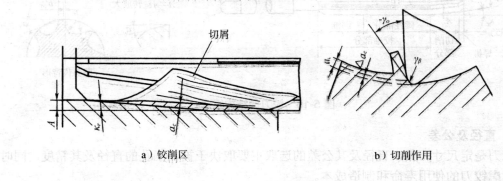

a）铰削区　　　　　　　　　　　　b）切削作用

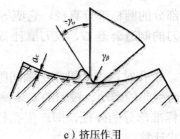

c）挤压作用

图 5-15 铰刀的工作情况

（2）铰削过程所采用的切削速度一般都较低，因而切削变形较大。当加工塑性金属材料时会产生积屑瘤。使用切削液，可以避免积屑瘤并使切削力矩减小。若切削厚度过小，受到切削液润滑作用的切削刃无法切入工件，只能在加工表面滑动，使加工表面受到严重的挤压和摩擦，从而显著地增加了挤压摩擦力矩，因此，总的转矩反而增加。

（3）在切削液的润滑作用下，切削刃的钝圆部分只在加工表面上滑动，使工件表面受到熨压作用，熨压后已加工表面发生弹性恢复。熨压作用愈大，其表面粗糙度就愈小，弹性恢复愈大，其加工后的孔径就愈小。此时，铰刀钝化也愈快。铰孔时，应根据工件材料、结构和铰削余量的大小，综合分析决定切削液的使用。

二、铰刀的结构

如图 5-16 所示，铰刀由柄部、颈部和工作部组成。工作部包括导锥、切削部分和校准部分。切削部分担任主要的切削工作，校准部分起导向、校准和修光作用。为减小校准部分刀齿与已加工孔壁的摩擦，并防止孔径扩大，校准部分的后端为倒锥形状。

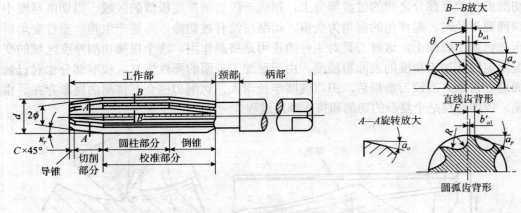

图 5-16　铰刀的结构组成

1. 直径及公差

铰刀是定尺寸刀具，直径及其公差的选取主要取决于被加工孔的直径及其精度。同时，也要考虑铰刀的使用寿命和制造成本。

铰刀的直径是指校准部分的圆柱部分直径，它应等于被加工孔的基本尺寸 d_W，而其公差则与被铰孔的公差、铰刀的制造公差 G、铰刀磨耗备量 N 和铰削过程中孔径的变形性质有关。

（1）加工后孔径扩大。铰孔时，由于机床主轴间隙产生径向圆跳动、铰刀刀齿的径向圆跳动、铰孔余量不均匀而引起的颤动、铰刀的安装偏差、切削液和积屑瘤等因素的影响，会使铰出的孔径大于铰刀标准部分的外径，即产生孔径扩张。这时，铰刀的直径就应减小一些。其极限尺寸可由下式计算：

$$d_{0\max}=D_{\max}-P_{\max}$$
$$d_{0\min}=D_{\max}-P_{\min}-G$$

式中，d_{0max}，d_{0min}——分别为铰刀的最大、最小极限尺寸；

　　　　D_{max}——孔的最大极限尺寸；

　　　　P_{max}——铰孔时孔的直径最大扩张量。

（2）加工后孔径缩小。铰削力较大后工件壁较薄时，由于工件的弹性变形或者热变形的恢复，铰孔后孔径常会缩小。这时，选用的铰刀的直径应大一些。

$$d_{0max}=D_{max}+P_{max}$$

$$d_{0max}=D_{max}+P_{min}-G$$

式中，P_{min}——铰孔后孔的最小收缩量。

2. 齿数 Z 及槽形

铰刀齿数一般为 4～12 个齿。齿数多，则导向性好，刀齿负荷轻，铰孔质量高。但齿数过多，会降低铰刀的刀齿强度和减小容屑空间，故通常根据直径和工件材料性质选取铰刀齿数。大直径铰刀取较多齿数，加工韧性材料取较少齿数，加工脆性材料取较多齿数。为了便于测量直径，铰刀齿数一般取偶数。刀齿在圆周上一般为等齿距分布，在某些情况下，为避免周期性切削负荷对孔表面的影响，也选用不等齿距结构。

铰刀的齿槽形式有直线型、折线型和圆弧型 3 种。直线型齿槽制造容易，一般用于 d_0=1～20 mm 的铰刀；圆弧型齿槽具有较大的容屑空间和较好的刀齿强度，一般用于 d_0>20 mm 的铰刀；折线齿槽常用于硬质合金铰刀，以保证硬质合金刀片有足够的刚性支撑面和刀齿强度。

铰刀齿槽方向有直槽和螺旋槽两种。直槽铰刀刃磨常用于生产，螺旋槽铰刀切削过程平稳。螺旋槽铰刀的螺旋角根据被加工材料选取：加工铸铁等取 β=7°～8°，加工钢件取 β=12°～20°，加工铝等轻金属取 β=35°～45°。

3. 铰刀的几何角度

（1）前角 γ_o 和后角 α_o。铰削时由于切削厚度小，切屑与前刀面只有在切削刃附近接触，前角对切削变形的影响不显著。为了便于制造，一般取 γ_o=0°。粗铰塑性材料时，为了减小变形及抑制积屑瘤的产生，可取 γ_o=5°～10°；硬质合金铰刀为防止崩刃，取 γ_o=0°～5°。为使铰刀重磨后直径尺寸变化小些，取较小的后角，一般取 6°～8°。

切削部分的刀齿刃磨后应锋利，不留刃带，校准部分刀齿则必须留有 0.05～0.3 mm 宽的刃带，以起修光和导向作用，也便于铰刀制造和检验。

（2）切削锥角 2φ。主要影响进给抗力的大小、孔的加工精度和表面粗糙度以及刀具耐用度。2φ取得小时，进给力小，切入时的导向性好，但由于切削厚度过小产生较大的切削变形，同时切削宽度增大、排屑产生困难，并且切入切出时间增长。手用铰刀为了减轻劳动强度，减小进给力及改善切入时的导向性，取较小的 2φ值，通常 φ=1°～3°。对于机用铰刀，工作时的导向由机床及夹具来保证，故可选较大的 φ值，以减小切削长度和机动时间。加工钢料时 φ=30°，加工铸铁等脆性材料时 φ=6°～10°，加工盲孔时 φ=90°。

（3）刃倾角 λ_s。在铰削塑性材料时，高速钢直槽铰刀切削部分的切削刃沿轴线倾斜 15°～20°形成刃倾角 λ_s，它适用于加工余量较大的通孔。硬质合金铰刀便于制造，一般取 λ_s=10°。铰削盲孔时仍使用带刃倾角的铰刀，但在铰刀端部开一沉头孔以容纳切屑，如图 5-17 中虚线所示。

除了常见的整体高速钢铰刀和硬质合金焊接式铰刀外，对于较大的孔，还有装配式铰刀、可调式铰刀等，可以用一把铰刀适应不同直径或不同公差要求的孔的加工。

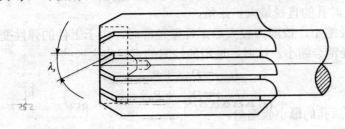

图 5-17　铰刀的刃倾角

第四节　镗削加工和镗刀

一、镗削的工艺特点

（1）镗削是孔加工的主要方法之一。在镗床上镗孔是以刀具的回转为主运动，与以工件回转为主运动的孔加工方式比较，特别适合箱体、机架等结构复杂的大型零件上的孔加工，这是因为一方面大型工件回转做主运动时，由于工件外形尺寸大，转速不宜太高，工件上的孔或孔系直径相对较小，不易实现高速切削；另一方面工件结构复杂，外形不规则，孔或孔系在工件上往往不处于对称中心，工件回转时平衡较困难，容易因平衡不良而引起加工中的振动。

（2）镗削可以方便地加工直径很大的孔。

（3）镗削能方便地实现对孔系的加工。用坐标镗床、数控镗床进行孔系加工，可以获得很高的孔距精度。

（4）镗床多种部件能实现进给运动，因此工艺适应能力强，能加工形状多样、大小不一的各种工件的多种表面。

（5）镗孔的经济精度等级为 IT9～IT7，表面粗糙度 R_a 值为 3.2～0.8μm。

二、镗削加工

镗削是用镗刀在镗床上进行切削的一种加工方法。与钻床比较，镗床可以加工直径较大的孔，精度较高，且孔与孔轴心线的同轴度、垂直度、平行度及孔间距离的精确性都较高。因此，镗床特别适用于加工变速箱箱体、机架等结构复杂、尺寸较大的零件，在这类零件上往往需要加工一系列分布在不同平面、不同轴线上的孔，而且精度要求一般比较高。

镗削加工的主运动由刀具的旋转运动来完成，进给运动由刀具或工件的移动来完成。在镗床上除镗孔外，还可以进行钻孔、铰孔，以及用多种刀具进行平面、沟槽和螺纹的加工。如图 5-18 所示为卧式镗床上镗削的主要内容。

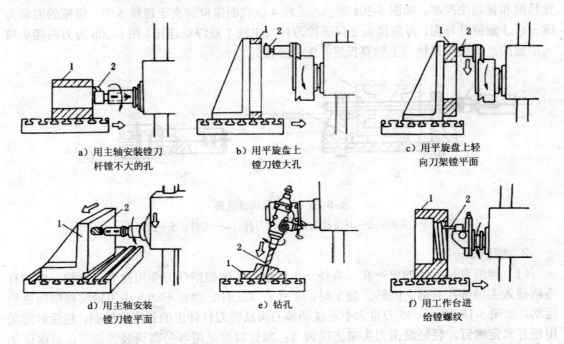

图 5-18 卧式镗床上镗削的主要内容
1—工件；2—刀具

a）用主轴安装镗刀杆镗不大的孔

b）用平旋盘上镗刀镗大孔

c）用平旋盘上轻向刀架镗平面

d）用主轴安装镗刀镗平面

e）钻孔

f）用工作台进给镗螺纹

1. 工件的装夹

在镗床上主要是加工箱体类零件上的孔或孔系（即同轴、相互平行或垂直的若干个孔）。在镗削前的工序中应将箱体类零件的基准平面（通常为底平面）加工好，镗削时用作定位基准。当被加工孔的轴线与基准平面平行时，可将工件直接用压板、螺栓固定在镗床工作台上。当被加工孔的轴线与基准平面垂直时，则可在工作台上用弯板（角铁）装夹工件，如图 5-19 所示。工件 2 以左端短圆柱面和阶台端面定位，用压板 1 夹紧在角铁 5 上，以保证被加工孔 3 的轴线与阶台端面垂直。

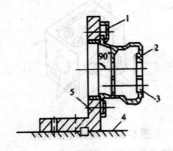

图 5-19 工件在角铁上装夹
1—压板；2—工件；3—被加工孔；4—工作台；5—角铁

在成批生产中，对孔系的镗削常将工件装夹于镗床夹具（镗模）内，以保证孔系的位置精度和提高生产率。如图5-20a所示，工件4以底面定位装夹于镗模5中，镗模的刀套为镗刀杆3定位并导向，万向接头2保证镗刀杆与主轴1成浮动连接。图5-20b为万向接头放大示意图，其莫氏锥柄与主轴莫氏锥孔配合连接。

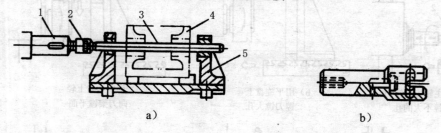

a)　　　　　　　　　　　　　b)

图 5-20　工件用镗模装夹

1—主轴；2—万向接头；3—镗刀杆；4—工件；5—镗模

2. 镗削单一孔

（1）镗削直径不大的单一孔。直径不大的单一孔的镗削，刀头用镗刀杆夹持，镗刀杆锥柄插入主轴锥孔并随之回转。加工时，工作台（工件）固定不动，由主轴实现轴向进给运动，如图5-18a所示。吃刀量大小通过调节刀头从镗刀杆伸出的长度来控制：粗镗时常采用松开紧定螺钉，轻轻敲击刀头来实现调节；精镗时常采用各种微调装置调节，以保证加工精度。

（2）镗削深度不大而直径较大的单一孔。镗削深度不大而直径较大的孔时，可使用平旋盘，其上安装刀架与镗刀，由平旋盘回转带动刀架和镗刀回转作主运动，工件由工作台带动作纵向进给运动，如图5-18b所示。吃刀量用移动刀架溜板调节。此外，移动刀架溜板作径向进给，还可以加工孔边端面，如图5-18c所示。

3. 镗削孔系

孔系是指两个或两个以上在空间具有一定相对位置的孔。常见的孔系有同轴孔系、平行孔系和垂直孔系，如图5-21所示。

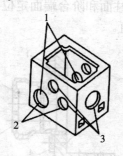

图 5-21　箱体上的孔系

1—同轴孔系；2—平行孔系；3—垂直孔系

（1）镗削同轴孔系。镗削同轴孔系使用长镗刀杆，一端插入主轴锥孔，另一端穿越工件预加工孔由后立柱支承，主轴带动镗刀回转作主运动，工作台带动工件作纵向进给运动，即可镗出直径相同的（两）同轴孔，如图 5-22 所示。镗钊单一深度大的孔方法与此相同。若同轴孔系诸孔直径不等，可在镗刀杆轴向相应位置安装几把镗刀，将同轴孔按先后或同时镗出。

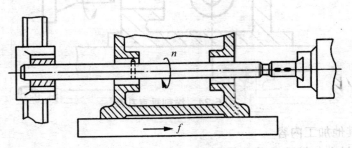

图 5-22 镗削同轴孔系

（2）镗削平行孔系。镗削平行孔系时，若两平行孔的轴线在同一水平面内，可在镗削完一个孔后，将工作台（工件）横向移动一个孔距，即可进行另一孔的镗削。若两平行孔轴线在同一垂直平面内，则在镗削完一个孔后，将主轴箱沿立柱垂直移动一个孔距，即可对另一个孔进行镗削，如图 5-23 所示。若两平行孔轴线既不在同一水平面内，又不在同一垂直平面内，可在加工完后，用横向移动工作台、再垂直移动主轴箱的方法，确定工件与刀具的相对位置。

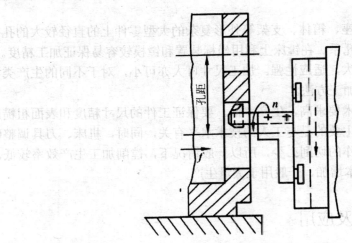

图 5-23 镗削轴线在同一垂直平面内的平行孔系

（3）镗削垂直孔系。镗削垂直孔系时，若两孔轴线在同一水平面内相交垂直，在镗削完第一个孔后，将工作台连同工件回转 90°，再按需要横向移动一定距离，即可镗削第二个孔，如图 5-24 所示。若两孔轴线呈空间交错垂直，则在上述调整方法的基础上，再将主轴箱沿立柱向上（下）移动一定距离后进行第二个孔的镗削。

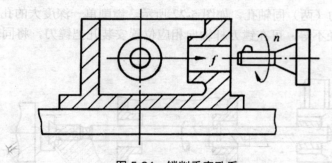

图 5-24　镗削垂直孔系

4．镗床的其他加工内容

（1）钻孔、扩孔与铰孔。若孔径不大，可在镗床主轴上安装钻头、扩孔钻和铰刀等工具，由主轴带动刃具回转作主运动，主轴在轴向的移动实现进给运动，实现对箱体工件的钻孔、扩孔与铰孔。

（2）镗削螺纹。将螺纹镗刀装夹于可调节切削深度的特制刀架（或刀夹）上，再将刀架安装在平旋盘上，由主轴箱带动回转、工作台带动工件沿床身按刀具每回转一周移动一个导程的规律作进给运动，便可以镗出箱体工件上的螺纹孔，如图 5-18f 所示。

（3）用镗床铣削。在镗床主轴锥孔内装上立铣刀或端铣刀，可进行箱体工件侧面上平面和沟槽的铣削。

5．镗削加工特点

（1）镗削可以加工机座、箱体、支架等外形复杂的大型零件上的直径较大的孔，特别是有位置精度要求的孔和孔系。在镗床上利用坐标装置和镗模较容易保证加工精度。

（2）镗削加工灵活性大，适应性强。加工尺寸可大亦可小，对于不同的生产类型和精度要求的孔可以采用这种加工方法。

（3）镗削加工操作技术要求高，生产率低。要保证工件的尺寸精度和表面粗糙度，除取决于所用的设备外，更主要的是与工人的技术水平有关，同时，机床、刀具调整时间亦较多。镗削加工时参加工作的切削刃少，所以一般情况下，镗削加工生产效率较低。使用镗模可提高生产率，但成本增加，一般用于大量生产。

三、镗刀的类型及应用

按切削刃数量可分为单刃镗刀、双刃镗刀和多刃镗刀，按工件的加工表面可分为通孔镗刀、盲孔镗刀、阶梯镗刀和端面镗刀，按刀具结构可分为整体式、装配式和可调式。

1．单刃镗刀

普通单刃镗刀只有一条主切削刃在单方向参加切削，其结构简单、制造方便、通用性强，但刚性差，镗孔尺寸调节不方便，生产效率低，对工人操作技术要求高。如图 5-25 所示为不同结构的单刃镗刀。加工小直径孔的镗刀通常做成整体式，加工大直径孔的镗刀可做成机夹式或机夹可转位式。镗杆不宜太细太长，以免切削时产生振动。镗杆、镗刀头尺寸与镗孔直径的关系见表 5-1。为了使刀头在镗杆内有较大的安装长度，并具有足够的位置压紧螺钉和调节螺钉，在镗盲孔或阶梯孔时，镗刀头在镗杆上的安装倾斜角 δ 一般取 $10°\sim$ $45°$，镗通孔时取 $\delta=0°$，以便于镗杆的制造。通常压紧螺钉从镗杆端面或顶面来压紧镗刀头。新型的微调镗刀调节方便，调节精度高，适用于坐标镗床、自动线和数控机床上使用。

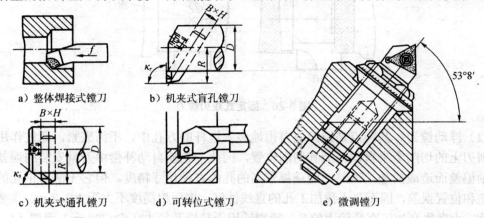

a）整体焊接式镗刀　　b）机夹式盲孔镗刀

c）机夹式通孔镗刀　　d）可转位式镗刀　　e）微调镗刀

图 5-25　单刃镗刀

表 5-1　镗杆与镗刀头尺寸

单位：mm

工件孔径	32～39	40～50	51～70	71～85	86～100	101～140	141～200
镗杆直径	24	32	40	50	60	80	100
镗刀头直径或长度	8	10	12	16	18	20	24

镗刀的刚性差，切削时易引起振动，所以镗刀的主偏角选得较大，以减小径向力 F_p。镗铸件孔或精镗时，一般取 $\kappa_r=90°$；粗镗钢件孔时，取 $\kappa_r=60°\sim75°$，以提高刀具的耐用度。镗杆上装刀孔通常对称于镗杆轴线，因而，镗刀头装入刀孔后，刀尖一定高于工件中心，使切削时工作前角减小，工作后角增大，所以在选择镗刀的前、后角时要相应地增大前角，减小后角。

2. 双刃镗刀

双刃镗刀是定尺寸的镗孔刀具，通过改变两刀刃之间的距离，实现对不同直径孔的加工。常用的双刃镗刀有固定式镗刀和浮动镗刀两种。

（1）固定式镗刀。如图 5-26 所示，工作时，镗刀块可以通过斜锲或者在两个方面倾斜的螺钉等夹紧在镗杆上。镗刀块相对轴线的位置误差会造成孔径的误差。所以，镗刀块与镗杆上方孔的配合要求较高，刀块安装方孔对轴线的垂直度与对称度误差不大于 0.01 mm。固定式镗刀块用于粗镗或半精镗直径大于 40 mm 的孔。

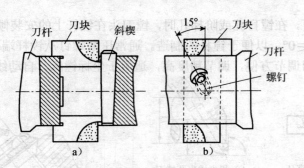

图 5-26　固定式双刃镗刀

（2）浮动镗刀。其特点是镗刀块自由地装入镗杆的方孔中，不需夹紧，通过作用在两个切削刃上的切削力来自动平衡其切削位置，因此，它能自动补偿由刀具安装的误差，机床主轴偏差而造成的加工误差，能获得较高的孔的直径尺寸精度。但它无法纠正孔的直线度误差和位置误差，因而要求预加工孔的直线性好，表面粗糙度不大于 $R_a3.2\mu m$。主要适用于单件，小批生产加工直径较大的孔，特别适用于精镗孔径大（$d>200\,mm$）而深（$L/d>5$）的管筒件的孔。

浮动镗刀的主偏角 κ_r，通常取 $1°30'\sim2°30'$，κ_r 角过大，会使轴向力增大，镗刀在刀孔中摩擦力过大，会失去浮动作用。由于镗杆上装浮动镗刀的方孔对称于镗杆中心线，所以在选择前角后角时，必须考虑工作角度的变化值，以保证切削轻快和加工表面质量。浮动镗削的切削用量一般取为：$v_c=5\sim8m/min$，$f=0.5\sim1\,mm/r$，$a_p=0.03\sim0.06\,mm$。

第五节　镗床和钻床

一、镗床

镗床主要用于镗孔，也可以进行钻孔、铣平面和车削等加工。镗床可以加工工件上尺寸较大、精度较高的直径孔和有较高位置精度要求的孔系。镗床分为卧式镗床、坐标镗床以及金刚镗床等。镗床工作时，刀具旋转作为主运动，进给运动则根据机床类型不同，可由刀具或工件来实现。

1. 卧式镗床

镗床种类很多，有卧式镗床、立式镗床、坐标镗床和金刚镗床等。其中，卧式镗床应用最广。

如图 5-28 所示为卧式镗床外形图。图中主轴箱 8 可沿立柱 9 的导轨上下移动，工件安装在工作台 5 上，可与工作台一起随下滑座 3 或上滑座 4 作纵向或横向移动。此外，工作台还可以绕上滑座的圆导轨在水平面内调整至一定角度的位置，以便加工成一定角度的孔或平面。加工时，刀具安装在主轴 7 或平旋盘 6 上，由主轴获得各种转速。镗刀还可以随主轴作轴向移动，实现轴向进给运动或调整运动。当镗杆或刀杆伸出较长时，可用后立柱 1

上的镗杆支承 2 来支持镗杆的另一端，以加强刚性。当刀具装在平旋盘上的径向刀架上时，径向刀架带着刀具作径向进给，完成车削端面的工序。

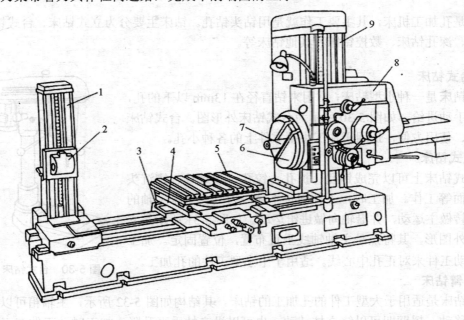

图 5-28　卧式镗床

1—后立柱；2—镗杆支承；3—下滑座；4—上滑座；5—工作台

6—平旋盘；7—主轴；8—主轴箱；9—立柱

2. 坐标镗床

坐标镗床是一种高精密机床，主要用于镗削高精度的孔，特别适于加工相互位置精度很高的孔系，如钻模、镗模等的孔系。由机床上具有坐标位置的精密测量装置，加工孔时，按直角坐标来精密定位，所以称为坐标镗床。坐标镗床还可以做钻孔、扩孔、铰孔以及较轻的精铣工作。此外，还可以做精密刻度、样板划线、孔距及直线尺寸的测量等工作。

坐标镗床有立式和卧式的。立式坐标镗床适宜于加工轴线与安装基面垂直的孔系和铣削顶面，卧式坐标镗床适宜于加工轴线与安装基面平行的孔系和铣削侧面。立式坐标镗床还有单柱、双柱之分，如图 5-29 所示为立式单柱坐标镗床外形图。

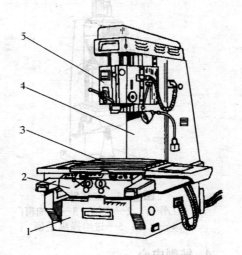

图 5-29　立式单柱坐标镗床

1—底座；2—滑座；3—工作台；

4—立柱；5—主轴箱

二、钻床

钻床是孔加工机床，其主要工作就是用钻头钻孔。钻床主要分为立式钻床、台式钻床、摇臂钻床、深孔钻床、数控钻床和其他钻床等。

1. 台式钻床

台式钻床是一种小型钻床，常用来钻直径在 13mm 以下的孔，一般采用手动进给。如图 5-30 所示为台式钻床外形图。台式钻床小巧灵活、使用方便，适用于加工小型零件上的各种小孔。

2. 立式钻床

在立式钻床上可以完成钻孔、扩孔、铰孔、攻螺纹、锪沉头孔、锪端面等工作。加工时，工件固定不动，刀具在钻床主轴的带动下旋转做主运动，并沿轴向做进给运动。如图 5-31 所示是立式钻床的外图形，其特点是主轴轴线垂直布置，位置固定。加工时通过移动工件来对正孔中心线。适用于中小型工件的孔加工。

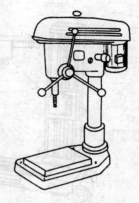

图 5-30　台式钻床

3. 摇臂钻床

摇臂钻床是适用于大型工件的孔加工的钻床。其结构如图 5-32 所示，主轴箱可以在摇臂上水平移动，摇臂即可以绕立柱转动，也可以沿立柱垂直升降。加工时，工件在工作台或底座上安装固定，通过调整摇臂和主轴箱的位置来对正被加工孔的中心。

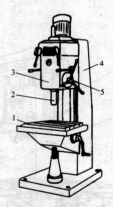

图 5-31　立式钻床
1—工作台；2—主轴；3—主轴箱；
4—立柱；5—进给操纵手柄

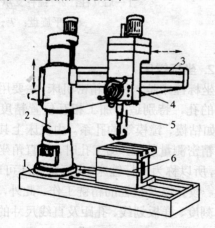

图 5-32　摇臂钻床
1—底座；2—立柱；3—摇臂；
4—主轴箱；5—主轴；6—工作台

4. 钻削中心

如图 5-33 所示是带转塔式刀库的数控钻削中心的外形图。它可以在工件的一次装夹中实现孔系的加工，并可以通过自动换刀实现不同类型和大小的孔的加工，具有较高的加工精度和加工生产率。

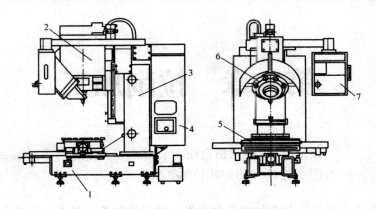

图 5-33 数控钻削中心

1—床身；2—主轴箱；3—立柱；4—电控箱；5—X—Y 工作台；
6—转塔式刀库；7—操纵箱

复习与思考题

1. 钻孔加工有哪些特点？

2. 简述麻花钻各部分及其作用。

3. 麻花钻钻心的正锥和外廓直径的倒锥起何作用？

4. 深孔加工要解决的主要问题是什么？

5. 标准麻花钻在结构上存在什么问题，怎样加以改进？

6. 标准群钻有何特点，为什么？

7. 为什么手用铰刀的切削锥角比机用铰刀小？

8. 为什么用高速钢铰刀铰削铸铁时易出现孔径扩大的现象，而用硬质合金铰刀铰削钢件时易出现孔径收缩的现象？

9. 镗刀头的几何角度和一般普通车刀有什么差别？

10. 固定式镗刀和浮动镗刀有什么区别？它们各用在什么场合？浮动镗刀对镗杆有哪些严格要求？

11. 卧式铣镗床有哪些成形运动？能完成哪些加工工作？

12. 简述坐标镗床的特点和用途。

13. 钻床和镗床在加工工艺上有什么不同？

第六章 拉削加工

　　本章主要介绍拉削加工的特点和应用，拉刀的种类、组成和几何参数，拉削方式以及拉刀的使用和刃磨等。学习本章在了解拉削基本概念及方法的同时，学会运用拉削原理解决拉削表面缺陷。

第一节　拉削概述

　　拉刀是一种高生产率、高精度的多齿刀具。用拉刀拉削时由于后一刀齿（或后一组刀齿）高于前一刀齿（或前一组刀齿），从而能一层层地从工件上切下很薄的金属层，加工质量好，加工精度高，如图 6-1 所示。

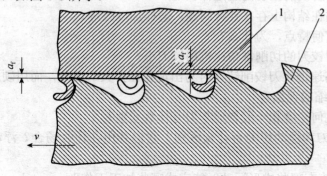

图 6-1　拉削过程

一、拉削的特点

　　拉削与其他金属切削加工相比较，有以下特点：
　　（1）生产率高。拉刀同时参加工作的刀齿多、切削刃长，一次行程能够完成粗、半精、精加工，生产率很高。
　　（2）加工精度高且表面粗糙度小。由于拉削速度低（0.04～0.13m/s），拉削过程平稳，切削厚度薄，因此拉削精度高，R_a 为 3.2～0.8μm。

（3）刀具寿命长。拉削速度低，切削温度低，刀齿磨损慢，故拉刀的耐用度高，且能多次重磨，使用寿命长。

（4）应用范围广。拉刀可加工其他加工方法难以加工的表面及各种形状的通孔和无障碍外表面，其应用范围很广。如图 6-2 所示为拉削加工的典型工件截面形状。

（5）拉刀结构复杂、切削条件差。拉刀的结构比一般刀具复杂，制造成本高。拉削属于封闭式切削，排屑困难。

拉刀由于制造比较麻烦，价格较高，因而多用于成批、大量生产中的精加工。

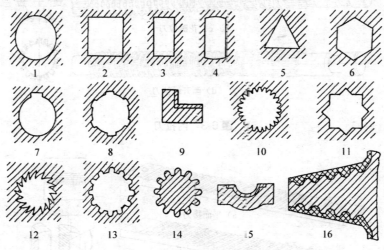

图 6-2　拉削加工的典型工件截面形状

二、拉刀的种类和用途

拉刀种类很多，通常按以下几方面来分类：

1. 内拉刀与外拉刀

按加工表面不同，拉刀可分为内拉刀和外拉刀。

（1）内拉刀。如图 6-3 所示，根据孔的形状不同，有圆孔拉刀、方孔拉刀、花键拉刀、渐开线拉刀及其他成形孔的拉刀。

（2）外拉刀。如图 6-4 所示，根据外表面的形状不同，有平面拉刀、齿槽拉刀及直角平面拉刀等。

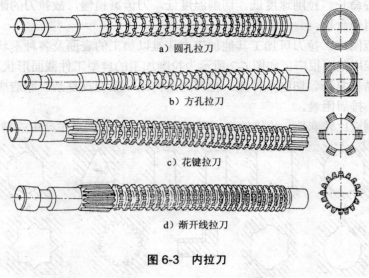

a) 圆孔拉刀

b) 方孔拉刀

c) 花键拉刀

d) 渐开线拉刀

图 6-3　内拉刀

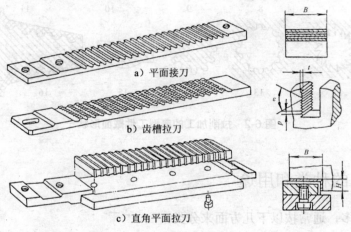

a) 平面接刀

b) 齿槽拉刀

c) 直角平面拉刀

图 6-4　外拉刀

2. 整体式拉刀与装配式拉刀

按拉刀的结构不同，可分为整体式拉刀和装配式拉刀。中小尺寸的高速钢拉刀大多数做成整体式，大尺寸拉刀和硬质合金拉刀为节约刀具材料，延长拉刀寿命，大多数是装配式。如图 6-4c 所示为装配式直角平面拉刀，用螺钉将拉刀工作部分固定在刀体上，制造简便又省料。

3. 拉刀与推刀

按切削时承受力状态不同，可分为拉刀和推刀。拉刀在工作时承受拉力，是在拉伸状态下工作的，如图 6-5a 所示；而推刀在工作时承受压力，是在压缩状态下工作的，如图 6-5b 所示。推刀主要用于校正与修光硬度低于 45HRC 且变形量小于 0.1mm 的孔。

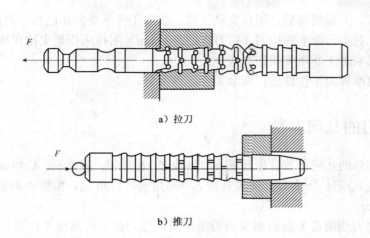

a）拉刀

b）推刀

图 6-5 拉刀与推刀的工作状况

第二节 拉刀的组成及几何参数

一、拉刀的组成

以圆孔拉刀为例，拉刀的组成如图 6-6 所示。

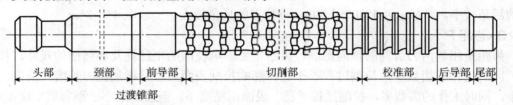

图 6-6 圆孔拉刀的组成

（1）头部。拉刀的夹持部分，供拉床夹头夹持以传递动力。

（2）颈部。连接头部与过渡锥，其长度能使拉刀第一刀齿未进入工件孔之前，拉床夹头可以夹住头部。拉刀材料、尺寸规格等标记就在颈部。

（3）过渡锥部。使拉刀前导部能顺利进入工件孔中，并起对准中心的作用。

（4）前导部。起导向和定心作用。工件预制孔套在前导部上，防止拉刀歪斜，并引导拉刀以正确方向进入孔中。

（5）切削部。负担切削工作，刀齿分粗切齿、过渡齿和精切齿 3 部分，各齿直径依次增大，可切去全部加工余量。

（6）校准部。起修光和校准作用，齿数少且各齿形状与直径均相同，基本上等于拉削后的孔径，并作为精切齿的后备齿。

（7）后导部。刀齿切离后，用以支承工件，以防工件下垂损坏已加工表面及切齿。

（8）尾部。对于长而重的拉刀（拉刀直径≥60mm）用拉床托架支撑在尾部，防止因拉刀自重下垂，影响加工质量和损伤刀齿。

切削部和校准部为工作部分，其余为非工作部分。

二、拉刀的几何参数

拉刀工作部分的几何参数有齿升量 a_r、齿数 Z、齿距 P、前角 γ_0、后角 a_0、容屑槽、分屑槽和刃带宽度 b_{a1} 等。下面只介绍齿升量 a_f、前角 γ_0、后角 a_0、齿矩 P 和刃带宽度 b_{a1}。

1. 齿升量 a_f

齿升量是拉刀切削部分前后相邻两刀齿（或两组刀齿）的高度差，是拉刀的重要设计参数。齿升量的大小影响切削力、拉削表面质量和拉刀耐用度等，故应选择适当。

在拉削余量一定的条件下，增大齿升量，可减少切削齿数，使拉刀长度缩短，提高拉削生产率。但齿升量过大，拉削力也增大，影响拉刀强度及拉床负荷，拉削后的表面较粗糙。但齿升量太小，会由于刃口圆弧半径的存在很难切下太薄的金属层，造成对加工表面的挤压和摩擦，加剧刀具磨损，也会使加工表面质量恶化。

一般粗刀齿要切去拉削余量的 80% 左右，故齿升量较大，每齿齿升量相等，取 $a_f = 0.03 \sim 0.06$mm；过渡齿的齿升量由粗切齿的齿升量逐齿递减至精切齿的齿升量；粗切齿齿升量较小，取 $a_f = 0.005 \sim 0.025$mm。校准齿的齿升量为零。

2. 前角 γ_0 和后角 a_0

前角按工件材料的性质在 5°～18°之间选取。强度高、硬度大的材料前角宜小。内孔拉刀的后角较小，一般 $a_0 = 1°30' \sim 2°30'$；外拉刀的后角较大，一般取 4°～7°。

3. 齿距 P

齿距是相邻两刀齿间的轴向距离。齿距主要影响拉削的平稳性及容屑槽的尺寸。齿距大，同时工作的齿数少，拉削过程不平稳，影响拉削表面质量且增加拉刀长度。反之，齿距小，同时工作的齿数多，拉削过程平稳，表面粗糙度小。但齿距过小，则容屑空间太小，切屑易堵塞，会严重影响拉削表面质量和刀齿强度。故确定齿距大小时，应首先满足容屑空间的需要，其次考虑拉削加工的平稳性，一般应有 3～8 个刀齿同时工作为宜。

齿距 P 可按公式计算：

$$P = (1.25 \sim 1.9)\sqrt{L}$$

式中：L——拉削长度（mm）。

系数 1.25～1.5 适用于分层式拉削方式，系数 1.45～1.9 适用于分块式拉削方式。

粗切齿和校准齿的齿距可适当减小，取 $(0.6 \sim 0.8)P$。

4. 刃带宽度

刀齿后刀面上留有宽度为 b_{ao} 的刃带，其作用是在拉削时支撑刀齿，重磨后保持直径不变和制造拉刀时便于检测刀齿直径。但刃带不宜过宽，否则拉削时会加剧摩擦，引起振动。一般取 $b_{a1} = 0.1 \sim 0.3$mm，$a_{b1} = 0°$。

第三节 拉削方式

拉削方式是指拉刀逐齿从工件表面上切除加工余量的方式。选用不同的拉削方式对拉刀的结构形式、拉刀制造的难易程度、拉刀耐用度、拉削表面质量和生产率均有不同影响。

拉削方式主要有分层式、分块式和综合式 3 种，如图 6-7 所示。

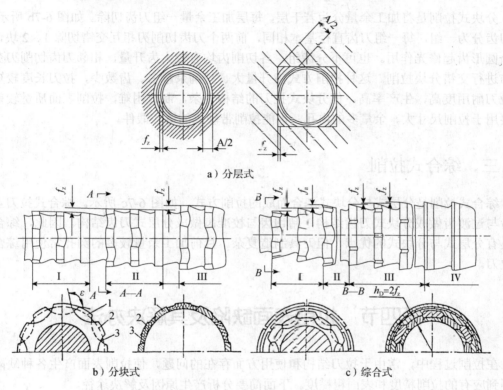

a) 分层式

b) 分块式　　　　　　　　c) 综合式

图 6-7　拉削方式

一、分层式拉削

分层式拉削是每层加工余量各用一个刀齿切除，如图 6-7a 所示。根据工件表面最终廓形的形成过程不同，分层式又分为同廓式拉削和渐成式拉削两种。

1. 同廓式拉削

各刀齿形状与加工表面最终廓形相似，已加工表面的最终廓形是经过最后一个切削齿切削后形成的，如图 6-7a 中左图所示。这种拉削方式的拉削余量少、齿升量小，拉刀齿数较多，获得的表面质量较高，常用来拉削加工余量较少且较均匀的中小尺寸的圆孔和形状简单的成形表面。

2. 渐成式拉削

刀齿形状与被拉削表面的形状不同，工件的最终廓形是经各刀齿切削刃先后切出衔接而成的，如图 6-7a 中右图所示。渐成式的拉刀较易制造，但拉削表面较为粗糙，常用于拉削花键、多边孔等成形表面。

二、分块式（轮切式）拉削

分块式拉削是将加工余量分为若干层，每层加工余量一组刀齿切除。如图 6-7b 所示，3 个刀齿分为一组，每一组刀齿直径基本相同，前两个刀齿切削刃相互交错切除 1、2 块，第三个圆形齿起修光作用。也可不分齿组，各切削齿均有较大齿升量，相邻刀齿切削刃交错分布进行交错分块拉削。这种拉削方式齿升量大、拉削余量多、齿数少，拉刀长度较短，且拉刀耐用度高，生产率高。但分块式拉刀的结构复杂，制造困难，拉削表面质量较差。主要用于拉削尺寸大、余量多的内孔，也能拉削带硬皮的铸、锻件。

三、综合式拉削

综合式拉削是分层式与分块式综合而成的拉削方式，如图 6-7c 所示。综合式拉刀上粗切齿与过渡齿做成分块式刀齿结构，精切齿与校准齿做成分层式刀齿结构。因此，综合拉刀具有分层式与分块式的优点，但刀具制造复杂。目前加工余量较多的圆孔常使用综合式圆拉刀。

第四节　拉削表面缺陷及其解决办法

在拉削过程中，常由于拉刀结构和使用方面存在的问题，使拉削表面产生各种缺陷，达不到应有的拉削精度和表面粗糙度。下面简要分析产生原因及解决途径。

一、被加工表面粗糙及解决途径

1. 产生鳞刺

拉削过程中，如果拉刀齿升量较大，刀齿切削刃钝化，前角过小，且工件材料塑性大，拉削速度选择不合适，容易产生鳞刺。为抑制鳞刺的产生，常采用的措施是合理选择前角，提高刀齿刃磨质量，对工件进行热处理改善其切削加工性，降低切削速度，采用润滑性能良好的切削液等。

2. 产生环状波纹

拉削表面产生环状波纹的主要原因是拉刀齿距分布不合理，使得拉削过程中产生周期性振动；切削齿和校准齿上没有适当的刃带，造成同时工作齿数发生变化时，拉削不平稳；

校准齿前面的几个精切齿齿升量不是光滑过渡等。以下措施可有效地防止拉削表面产生环状波纹：拉刀齿距采用不等距分布；保证过渡齿、精切齿和校准齿有适当的刃带；校准齿前的精切齿的齿升量应圆滑过渡，最后递减到 0.005mm 等。

3．产生划伤

拉削表面纵向划痕主要是由刀齿刃口微小崩裂，容屑槽的容屑条件不好或精切齿上附着未被清除干净的刀屑等原因造成。因此，应保持刃口的锋利性，合理重磨前刀面以保证有足够的容屑空间及拉刀使用前应将残屑清除干净，以避免拉削表面划伤。

4．有挤亮点

工件材料硬度过高或切削液冷却润滑条件不好，拉刀后角又太小，使得刀齿后刀面与已加工表面产生剧烈挤压、摩擦等，这些都会造成拉削表面出现挤压伤痕。解决的措施是采取热处理措施适当降低工件材料的硬度，充分供应润滑性能良好的切削液，适当增大拉刀后角等。

二、工件孔径尺寸与形状不符合要求及其解决途径

1．拉削后孔径扩大

有效地避免工件孔径扩大的措施：使用新拉刀时，外径是上限尺寸，工件很短或孔壁很薄，拉削速度选择不当产生积屑瘤等原因都可能使拉削后孔径扩大。故在使用新拉刀前，应先检测其外径尺寸，如过大，应研磨到适当的尺寸；应选择合适的切削液及切削速度，以避免积屑瘤的产生。

2．拉削后孔径缩小

拉刀钝化后继续使用，与工件摩擦严重产生高温，拉削后工件冷却孔径缩小；拉削长度为 600mm 以上的薄壁件，拉削后往往产生弹性恢复孔径缩小；当拉刀校准齿的直径减小接近报废尺寸时，拉出的孔径可能会小于最小极限尺寸。因此，拉削时应选用油类切削液，以改善孔径缩小现象；对于校准齿的直径接近或达到报废尺寸的拉刀，可在车床上用硬质合金成形工具挤压前刀面，以增大拉刀外径。

3．拉削后工件孔径两端尺寸大小不等

由于工件孔壁不均匀，拉削后孔径往往产生局部变形。若工件两端孔壁过薄，拉削后薄壁处由于弹性恢复孔径收缩，使整个工件孔呈"腰鼓形"；若工件中间孔壁过薄，拉孔后便呈"喇叭形"。因此，对于孔的壁厚相差悬殊的工件不宜采用拉削。

第五节　拉刀的使用与刃磨

一、拉刀的合理使用

为尽量延长拉刀的使用寿命，在拉刀的使用和保管中应注意以下几点：

（1）严格检查拉刀的制造精度，对于外购拉刀应进行工作齿数、齿升量、容屑空间和拉刀强度校核。

（2）拉刀在使用前应洗净油污，检查刀齿。如发现有缺口和崩刃现象，可用油石研去凸点或在凸点处开分屑槽。油石研磨移动方向应与拉削运动方向一致，不能往复或转动研磨。

（3）要求工件预制孔精度 IT10～IT8，表面粗糙度 $R_a \leq 5\mu m$，预制孔与定位端面垂直度偏差不超过 0.05mm。

（4）拉削前，应调整拉床托架，使其与工件孔同轴，若拉刀前导部与工件预制孔的间隙较大时，应将工件移至与孔径一致的刀齿上才可开始切削，以防造成孔的偏移和拉刀折断。

（5）对于长而重的拉刀，从拉削开始到行程一半左右为止，都应采用带有顶尖的中心架，顶住拉刀后部的顶尖孔，随拉刀一起运动，以消除拉刀摆尾现象，避免拉刀因自重下垂弯曲或折断，影响拉削质量。

（6）在拉削过程中，自始至终要用切削液进行连续充分冷却润滑。

（7）拉削完一个工件后，应用铜丝刷顺向将附着在刀齿上的切屑刷去。严禁用钢丝刷，也不可用棉纱，以免棉纱纤维缠绕在刀齿上或刀齿把手划破，若有铜丝刷难以除去的切屑，可用油石轻轻擦，但不能损坏刀齿。

（8）合理选用拉削速度。考虑到拉床结构，为保证拉削过程平稳及拉刀的耐用度，一般拉削速度较低，$v_c < 8m/min$。若采用硬质合金拉刀，涂层拉刀或其他高性能刀具材料的拉刀可大大提高拉削速度，且拉削表面质量高，拉刀寿命长。目前，国内的高速拉削 $v_c = 16\sim 30m/min$，最高可达 45m/min。

（9）拉床拉力不够或工件偏斜等，造成拉床声音沉重或拉刀被卡在工件里时，应立即停车检查。若是拉力不足，则可设法增加拉力后重新安装拉制；若是拉刀卡在工件中，应将拉刀连工件一同取下，装在铣床上用片铣刀沿纵向剖开工件将拉刀取出，且不能损坏拉刀；若拉圆孔，为避免铣刀刀齿碰上拉刀刀齿，可装在车床上用切断刀将工件横向切断或切至一定深度后再进行拉削，亦不能损坏拉刀。严禁用手锤或压力机等强迫卸下工件，以免造成拉刀损坏。

（10）拉刀用完后，应垂直悬挂并严防刀齿与其他金属物碰撞。

二、拉刀的修复

1. 拉刀直径变小后的修复方法

将拉刀置于卧式车床上，一端用三爪卡盘夹牢，一端用活顶尖顶住，拉刀的回转速度控制在 60m/min 左右，用负前角的硬质合金车刀逐齿挤压，其示意图如图 6-8 所示，可使刀齿直径增大 0.02～0.03mm，如果挤压

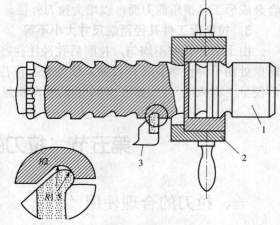

图 6-8　挤压刀齿法

后的直径超过最大极限尺寸，则可用研磨工具研磨至规定尺寸。

2. 校准齿严重磨损后的修复方法

如图 6-9 所示，将拉刀校齿全部磨去，并在端部切出螺纹，再套上新的校准齿，用螺母压紧，然后进行刃磨刀齿，以保证新装校准齿的同轴度。

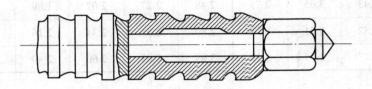

图 6-9　校准齿修复法

三、拉刀的重新刃磨

在生产中，若发生达不到拉削质量要求，拉刀后刀面磨损量 $V_B \geqslant 0.3mm$ 和切削刃局部崩刃长 $\Delta_\lambda \geqslant 0.1mm$ 等情况时，均应对拉刀重新刃磨。

如图 6-10 所示为在拉刀磨床上对圆孔拉刀或花键拉刀的刃磨方法。砂轮与拉刀绕各自轴线转动，利用砂轮周边与槽底圆弧接点 m 接触进行磨削。磨削时，砂轮锥面与前刀面间夹角为 5°～15°，砂轮轴线与拉刀轴线间夹角 $\beta = 35° \sim 55°$，且要求两轴线保持在同一垂直平面内。

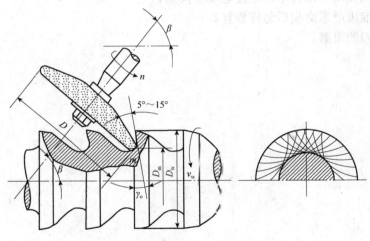

图 6-10　圆孔拉刀的重磨

砂轮选用白刚玉或铬刚玉的碟形砂轮，为避免对拉刀槽底产生过切现象，砂轮直径不宜太大，通常可按下列经验公式计算：

$$D = K \cdot D_w$$

式中：D——砂轮直径；

D_w——拉刀直径；

K——修正系数，可按表 11-1 选取。

表 11-1 修磨圆孔拉刀的 *K* 值

β	10°	11°	12°	13°	14°	15°	16°	17°	18°
45°	3.43	3.05	2.75	2.48	2.27	2.07	1.89	1.74	1.61
50°	3.82	3.41	3.08t	2.80	2.55	2.34	2.16	1.99	1.84
55°	4.17	3.75	3.39	3.08	2.83	2.60	2.40	2.23	2.07

磨削时，选用每次切深量 0.005～0.008mm，并进行 3～4 次清磨，每磨一齿，需将砂轮修正一次。可通过观察拉刀前刀面上磨削轨迹的对称性来识别和控制重磨质量。

复习与思考题

1. 简述拉削加工的特点与应用。
2. 简述拉刀种类及用途。
3. 简述拉削的几种方式、各自的特点及适用范围。
4. 简述圆孔拉刀的组成及各部分的作用。
5. 简述拉削工件表面粗糙的种类、产生原因及解决措施。
6. 在拉刀的使用和保管中，应注意哪些问题？
7. 拉刀校准齿严重磨损后怎样修复？
8. 简述拉刀的重磨。

第七章　其他加工方法

学习指导

　　本章主要简介生产中常用的切削加工方法。主要介绍螺纹加工、铣削加工、刨削加工与插削加工等加工方法的原理及应用。学习本章重点要掌握这些方法的工艺特点及应用。建议结合生产实践学习。

第一节　螺纹加工和螺纹刀具

一、螺纹加工

1. 螺纹的车削加工

　　螺纹车削加工是指在卧式车床或丝杠车床上采用螺纹车刀或螺纹梳刀车削螺纹。如图 7-1 所示，螺纹的廓形由车刀的刃形决定，螺距依靠调整机床的运动来保证，刀具结构简单。该方法是单件和小批生产螺纹工件的常用方法。螺纹梳刀实质是多齿的螺纹车刀，一般有 6～8 个刀齿，分为车削与校准两部分，如图 7-2 所示。螺纹梳刀切削部分带有切削锥，担负主要的切削工作；校准部分廓形完整，起校准作用。由于有了切削锥，切削负荷均匀地分配在几个刀齿上，刀具磨损均匀，一般一次进给便能成形。用螺纹梳刀车削螺纹，生产效率高，但刀具结构复杂，适于中、大批量生产中车削细牙的短螺纹工件。普通车床车削梯形螺纹的螺距精度一般只能达到 IT8～9 级，在专门化的螺纹车床上加工螺纹，生产率或精度可显著提高。

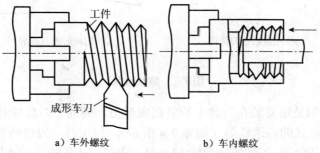

　　　a）车外螺纹　　　　　　　　　b）车内螺纹

图 7-1　螺纹车削加工

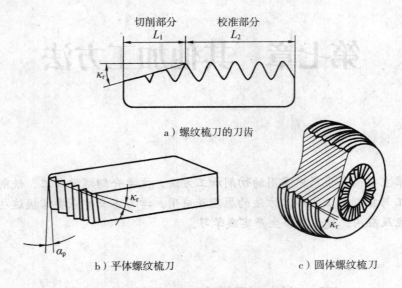

a）螺纹梳刀的刀齿

b）平体螺纹梳刀　　　　　　　　c）圆体螺纹梳刀

图 7-2　螺纹梳刀结构

2．螺纹的铣削加工

螺纹铣削在螺纹铣床上用盘形铣刀或梳形铣刀进行（如图 7-3 所示）。盘形铣刀主要用于铣削丝杠、蜗杆等工件的梯形外螺纹。梳形铣刀用于铣削内、外普通螺纹和锥螺纹，由于是用多刃铣刀铣削，其工作部分的长度又大于被加工螺纹的长度，故工件只需要旋转 $1.25 \sim 1.5$ 转就可加工完成，生产率很高。螺纹铣削的螺距精度一般能达到 $9 \sim 8$ 级，表面粗糙度为 $R_a 6.3 \sim 3.2 \mu m$。这种方法适用于成批生产一般精度的螺纹工件或磨削前的粗加工。

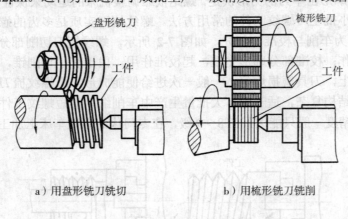

a）用盘形铣刀铣切　　　　　　　b）用梳形铣刀铣削

图 7-3　螺纹铣削

螺纹的旋风铣削是用安装在刀盘上的多把成形刀，借助于刀盘旋转中心与工件中心的偏心量 e 来完成渐进式的高速铣削（如图 7-4 所示）。加工时，刀盘的旋转轴线相对于工件轴线倾斜一个螺旋升角 φ，工件低速旋转（$4 \sim 25$ r/min），刀盘与工件同向高速旋转（$\geqslant 1\,000$ r/min），工件每转 $360°$，刀盘纵向进给一个导程，从而铣出螺纹，一般均为一次进给完成加工，生产率较盘铣刀铣削高 $3 \sim 8$ 倍。在旋风铣削过程中，切出时切削厚度由大变小，切削最终表面时切削厚度很小，所以加工表面质量比普通铣削质量高；普通旋风法铣削螺纹常在改装的车床上进行，主要用于大批量生产螺杆或作为精密丝杠的粗加工。

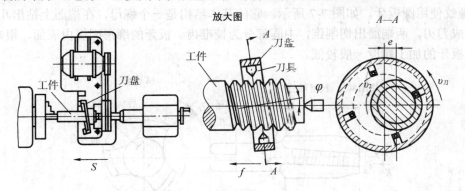

图 7-4　旋风法铣削螺纹

3. 攻螺纹和套螺纹

用丝锥加工内螺纹称为攻螺纹，用板牙加工外螺纹称为套螺纹。如图 7-5a 所示，用一定的扭矩将丝锥旋入工件上预钻的底孔中加工内螺纹。图 7-5b 为用板牙套螺纹的示意图，板牙在棒料（或管料）工件上切出外螺纹。攻螺纹或套螺纹的加工精度取决于丝锥或板牙的精度。攻螺纹和套螺纹可用手工操作，亦可用攻螺纹夹头在车床、钻床、攻丝机和套丝机等专用机床上进行。箱体等零件上的小螺孔，在单件小批生产时，多用手工攻螺纹；成批或大批量生产时则采用攻螺纹夹头在普通钻床或专业组合机床上进行。

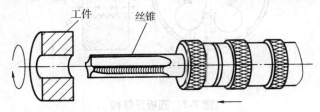

a）用丝锥攻螺纹

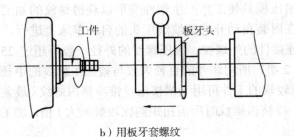

b）用板牙套螺纹

图 7-5　攻螺纹与套螺纹

丝锥的外形结构如图 7-6 所示，它由工作部分和尾柄组成。工作部分和尾柄实际上是一个轴向开槽的外螺纹，分切削和校准两部分。切削部分担负着整个丝锥的切削工作，为使切削负荷能分配在各个刀齿上,切削部分一般做成圆锥形;校准部分有完整的廓形,用以校准螺纹廓形和起结向作用。柄部用以传递扭矩,其形状和尺寸视丝锥用途的不同而不同。

　　套螺纹使用圆板牙,如图 7-7 所示。它的基本结构是一个螺母,在端面上钻出几个排屑孔以形成刀刃,两端磨出切削锥,中间部分为校准齿。板牙的廓形因属内表面,很难磨制,因此,板牙的加工精度一般较低。

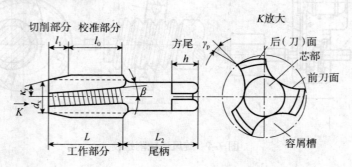

图 7-6　丝锥的结构

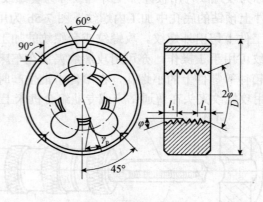

图 7-7　圆板牙结构

4. 螺纹滚压

　　螺纹滚压是用成形滚压模具使工件产生塑性变形以获得螺纹的加工方法。螺纹滚压一般在滚丝机、搓丝机或在附装自动开合螺纹滚压头的自动车床上进行,适用于大批量生产标准紧固件和其他螺纹连接件的外螺纹。滚压螺纹的外径一般不超过 25 mm,长度不大于 100 mm,螺纹精度可达 2 级,所用坯件的直径大致与被加工螺纹的中径相等。滚压一般不能加工内螺纹,但对材质较软的工件可用无槽挤压丝锥冷挤内螺纹(最大直径可达 30 mm),工作原理与攻螺纹类似。冷挤内螺纹时所需扭矩约比攻螺纹大 1 倍,加工精度和表面质量比攻螺纹略高。

　　螺纹滚压表面粗糙度值小于车削、铣削和磨削,滚压后的螺纹表面因冷作硬化而能提高强度和硬度,材料利用率高,生产率比切削加工成倍增长,且易于实现自动化,滚压模具寿命很长。但滚压螺纹要求工件材料的硬度不超过 40HRC,对毛坯尺寸精度要求较高,对滚压模具的精度和硬度要求也高,制造模具比较困难,不适于滚压牙形不对称的螺纹。按滚压模具的不同，螺纹滚压可分搓螺纹和滚螺纹两类。

搓螺纹如图 7-8 所示，两块带螺纹牙形的搓螺纹板错开 1/2 螺距相对布置，静板固定不动，动板作平行于静板的往复直线运动。当工件送入两板之间时，动板前进搓压工件，使其表面塑性变形而成螺纹。搓螺纹的直径范围为 2.6~25mm，中径公差等级为 7~5 级，R_a 值为 1.6~0.8μm。

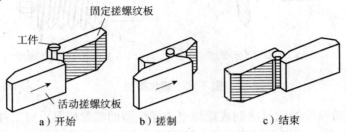

图 7-8　搓螺纹原理

滚螺纹如图 7-9 所示，滚螺纹轮外圆周上具有与工件螺纹截面形状完全相同，但旋向相反的螺纹。滚螺纹时工件放在两个滚螺纹轮之间。两滚螺纹轮作同向等速旋转，带动工件旋转，同时一滚螺纹轮向另一滚螺纹轮作径向进给，从而逐渐挤压螺纹。滚螺纹的工件直径为 0.3~120mm，精度可达 3 级，表面粗糙度 R_a 值为 0.8~0.2μm。滚螺纹生产率较搓螺纹低，可用来滚制螺钉、丝锥等。利用三个或两个滚轮，并使工件作轴向移动，可滚制线杠。

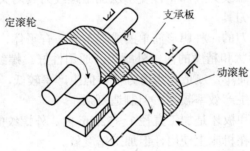

图 7-9　滚螺纹原理

5. 螺纹磨削

螺纹磨削是在螺纹磨床厂加工精密螺纹，如螺纹量规、丝锥、精密丝杠及滚刀等，在车削或铣削之后，需在专用螺纹磨床上进行磨削。按砂轮截面形状不同，分单片砂轮和多片砂轮磨削两种，如图 7-10 所示。

单片砂轮磨削能达到的螺距精度为 5~6 级，表面粗糙度为 R_a1.25~0.08μm，砂轮修整较方便。这种方法适于磨削精密丝杠、螺纹量规、蜗杆、小批量的螺纹工件和铲磨精密滚刀。多片砂轮磨削又分纵磨法和切入磨法两种。纵磨法的砂轮宽度小于被磨螺纹长度，砂轮纵向移动一次或数次行程即可把螺纹磨到最终尺寸。切入磨法的砂轮宽度大于被磨螺纹长度，砂轮径向切入工件表面，工件约转 1.25 转就可磨好，生产率较高，但精度稍低，砂轮修整比较复杂。切入磨法适于铲磨批量较大的丝锥和磨削某些紧固用的螺纹。

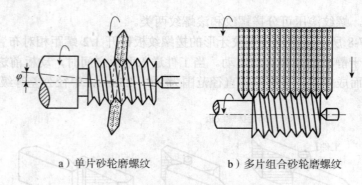

a）单片砂轮磨螺纹　　　　　　b）多片组合砂轮磨螺纹

图 7-10　螺纹磨削

螺纹研磨采用铸铁等较软材料制成螺母型或螺杆型的螺纹研具，对工件上已加工的螺纹进行正反向旋转研磨，以提高螺距精度。淬硬的内螺纹通常也用研磨的方法消除变形，提高精度。

二、螺纹刀具

1．螺纹刀具的种类及用途

螺纹刀具是用来加工各种内外螺纹表面的刀具。螺纹刀具种类很多，按加工方式的特点主要可分为切削法加工螺纹刀具和塑性变形法加工螺纹刀具两大类。

（1）切削法加工螺纹刀具

①螺纹车刀。螺纹车刀的一种廓形简单的成形车刀，有平体、棱体和圆体 3 种形式。可用于加工各种尺寸、形状和精度的内、外螺纹，通用性好。螺纹车刀的刀齿有单齿和多齿两种类型。单齿的结构简单，制造、刃磨方便，但生产率较低，仅适用于单件小批生产。多齿的也称作螺纹梳刀，生产效率较高，但制造复杂。

②丝锥和板牙。丝锥和板牙是加工直径 1～52mm 内、外螺纹的标准刀具，应用非常广泛，可用手工操作，也可在机床上使用，但加工精度低。

③螺纹铣刀。用铣刀方式加工内、外螺纹的刀具，按结构不同，有盘形螺纹铣刀、梳形螺纹铣刀以及高速铣削螺纹刀盘。螺纹铣刀通常用于加工直径较大的圆柱及圆锥形内、外螺纹，生产效率较高。

④螺纹切头。一种高精度、高生产率的自动开合螺纹刀具。其结构复杂，制造成本较高，一般用于大批生产中加工精度较高的螺纹。

（2）塑性变形法加工螺纹刀具

①滚丝轮。滚丝轮成对地在滚丝机上使用，滚丝轮制造容易，生产效率高，一般用来加工精度较高的外螺纹。

②搓丝板。搓丝板由静板和动板组成一对进行工作。生产效率极高，但加上精度不如滚丝轮。

③挤压丝锥。是一种没有容屑槽和刃口的丝锥。可高速攻螺纹，生产率高，刀具寿命长，但制造困难。一般用于加工 M1～M22、P≤2mm 的高精度内螺纹。

2. 螺纹车刀

螺纹车刀是一种廓形简单的成形车刀。由于刀具结构简单，故广泛应用于各类普通车床或专门的螺纹车床进行各种精度的非淬硬工件的螺纹加工，尤其是适用于加工大尺寸螺纹。主要用高速钢和硬质合金制造，车削螺纹精度可达 4～6H，表面粗糙度可达劫难逃 R_a=0.8～3.2μm。下面介绍平体单齿螺纹车刀。

（1）螺纹车刀的几何参数

①侧刃前角和侧刃后角。如图 7-11 所示为螺纹车刀的侧刃前、后角，是在刀刃正交平面内度量的角度。当车削的螺纹导程较大时，应考虑螺纹升角对其的影响。

②切深前角。对于普通螺纹车刀，切深前角（背前角）是刀尖圆弧刃顶点处的前角；对于梯形螺纹，就是顶刃前角。

螺纹车刀的背前角主要影响切削力的分配及刀刃强度。如图 7-12a 所示，背前角为正值，背向力 F_p 指向工件。随前角的增大，F_p 也增大，切削也就越轻快，但刀刃强度削弱，故适合切削强度、硬度不高的材料，如一般结构钢、有色金属等。前角不宜过大，否则引起扎刀或崩刃，一般取 $\gamma_p \leqslant 15°$。

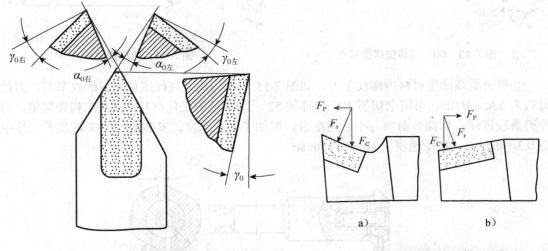

图 7-11　螺纹车刀　　　　　　　　　图 7-12　背前角对切削分力的影响

如图 7-12b 所示，背前角为负值，径向力背离工件，可消除中拖板丝杠与螺母之间的间隙，减小振动。负的背前角可提高刀刃强度，适宜切削硬度、强度都比较高的材料。一般取 $\gamma_p = -(5°～10°)$。

③刀尖角 ε_r。当背前角 $\gamma_p=0°$ 时，其刀尖角 ε_r 应等于螺纹的牙形角，且刀尖角的等分线应与被切螺纹的轴线垂直。

④顶刃宽度。顶刃形状与宽度取决于被切螺纹的种类。三角形螺纹车刀的顶刃为圆弧刃，圆弧半径的大小视工件螺距大小而定，螺距大的刀尖圆弧半径大。对于梯形螺纹车刀，顶刃为直线刃，其宽度等于梯形螺纹牙底的宽度。

（2）几种高效率螺纹车刀

①60° 可转位螺纹车刀。如图 7-13 所示为 60° 可转位螺纹车刀，其特点是刀片采用立

装式，用 YTl5，T31605 改磨，提高了刀片承受冲击的能力；刀头尺寸小，可用来加工带台阶、空刀槽的螺纹；刀体结构简单、制造方便，采用弹性夹紧，适用于高速切削，v_c=1.3～1.7m/s。

②梯形螺纹精车刀。如图 7-14 所示为梯形螺纹精车刀，刀片材料为 YTl5。为使切削轻快，磨出 4°～6° 的背前角；为改善排屑和增加两侧刃的强度，把刀具前刀面磨成鱼背形；安装时，刀尖略高于工件中心 0.4～1mm；粗车背吃刀量在 1mm 之内，精车背吃刀量 0.25mm。切削速度 V_c=0.4～0.8m/s。

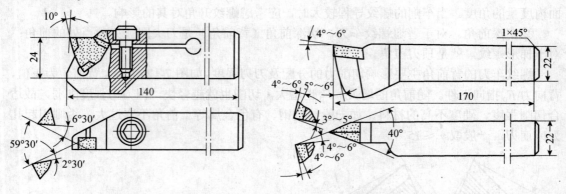

图 7-13　60°可转位螺纹车刀　　　　　图 7-14　梯形螺纹车刀

③机夹类高硬度材料内螺纹车刀。如图 7-15 所示为机夹高硬度材料内螺纹车刀，刀片材料为 YA_6、B103，可用来切削 40Cr、淬硬 52～57HRC 的工件材料。机夹结构较简单，刀片刃磨较方便。切深负前角与小后角配合，增加了刀头强度。安装时，刀尖略高于工件中心 0.3～0.5mm。切削速度 V_c=0.4～0.8m/s。

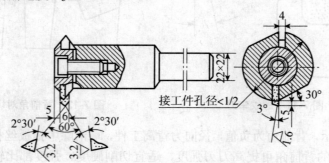

图 7-15　机夹高硬度材料内螺纹车刀

车削、铣削、滚压、磨削螺纹时，工件每转一转，机床的传动链保证车刀、铣刀或砂轮沿工件轴向准确而均匀地移动一个导程。在攻螺纹或套螺纹时，刀具（丝锥或板牙）与工件作相对旋转运动，并由先形成的螺纹沟槽引导刀具（或工件）作轴向移动。螺纹切削一般指用成形刀具或磨具在工件上加工螺纹的方法，主要有车削、铣削、攻螺纹和套螺纹、滚压、磨削与研磨等。

第二节　铣削加工和铣削刀具

使用旋转的多刃刀具（铣刀）加工工件的过程称为铣削。铣削是一种应用非常广泛的切削加工方法，可以对许多不同几何形状的表面进行粗加工、半精加工和精加工。

铣削使用多刃刀具，间断切削。由于同时参加切削的刀齿数较多，所以生产率高，刀刃的散热条件也好。但刀齿每次切入与切离时产生的冲击和刀齿周期性工作时的切削厚度（铣刀每个刀齿切下的金属层在铣刀半径方向的厚度，单位为 mm）的变化，容易引起振动，使铣削生产率的进一步提高受到限制，同时也影响到铣削加工的精度和表面粗糙度。

一、铣削加工概述

1. 铣削时的运动与铣削用量

铣削时，一般情况下铣刀作旋转运动（主运动），工件作直线或曲线进给运动，如图 7-16 所示。

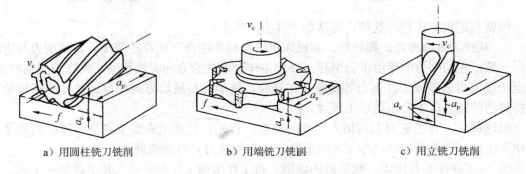

a）用圆柱铣刀铣削　　　　b）用端铣刀铣削　　　　c）用立铣刀铣削

图 7-16　铣削时的运动与铣削用量

铣削时的切削用量包括铣削速度 v_c 和进给量 f。

（1）铣削速度 v_c。铣刀最大直径处切削刃的线速度。

（2）进给量 f。铣削中的进给量有 3 种表示方法：

① 每齿进给量 f_z。铣刀每转过一个刀齿时，工件沿进给方向移动的距离，单位为 mm/z（z 为铣刀齿数）。f_z 选择进给量的依据。

② 每转进给量 f_r。铣刀每转过一个刀齿时，工件沿进给方向所移动的距离，单位为 mm/r。

③ 每分钟进给量 f_m。铣刀每旋转一分钟，工件沿进给方向所移动的距离，单位为 mm/min。在实际工作中，一般按 f_m 来调整机床进给量的大小。

f_z、f_r、f_m 之间有如下关系：

$$f_r = f_z Z$$
$$f_m = f_r n = f_z z n$$

式中：n——铣刀转速（r/min）；

z——铣刀齿数。

④吃刀量 a_p。铣削中的吃刀量为待加工表面与已加工表面间的垂直距离（mm）。

2．铣削方式

铣削方式不同对刀具耐用度、已加工表面质量和铣削平稳性等有重要影响。

（1）周铣。周铣是使用铣刀圆周上的切削刃进行切削加工的方式。周铣可分为逆铣和顺铣两种。当铣刀旋转方向与工件进给方向相同时称顺铣，如图 7-17 所示；若相反时称逆铣，如图 7-18 所示。

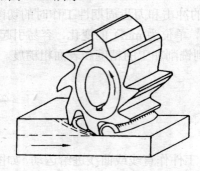

图 7-17　顺铣

图 7-18　逆铣

顺铣与逆铣相比较，其特点可从如下几方面考虑：

① 从铣刀寿命考虑。顺铣时，因机床进给机构和螺母之间存在间隙，而切削力与进给方向一致，在切削力的作用下会引起工件和工作台沿进给方向突然移动，使铣刀受到冲击，甚至出现刀齿崩毁或工件飞出等现象；逆铣时，铣削力与进给方向相反，丝杠和螺母总是保持紧密的接触，不会出现以上现象。

但逆铣时，每当铣刀刀齿切入工件的初期，首先在已加工表面上滑行一段距离后才真正切入工件，这样会破坏已加工表面质量，还会加速刀具后面的磨损。

② 从工作平稳性考虑。顺铣时的切削力将工件压向工作台导轨，使工件装夹牢固，能够提高加工表面质量；而逆铣时，铣削力有将工件及工作台上抬的趋势，加大了工作台与导轨之间的间隙，容易引起振动。

③ 从工作效率考虑。顺铣可以提高铣削速度，节省机床动力，较之逆铣的生产效率高。

由此可知，顺铣和逆铣各有特点，应根据具体情况予以选择。当零件表面有硬皮、切削厚度很大或零件硬度较高时，采用逆铣较为适宜，生产中广泛采用逆铣。只有精加工时，切削力小，为了细化表面粗糙度，才采用顺铣。

（2）端铣。使用端铣刀的端齿进行切削加工的称为端铣。按铣刀对加工平面的位置对称与否，铣削方式可分为对称铣削和不对称铣削。如图 7-19a 所示，为对称端铣，它可看成一半顺铣、一半逆铣；图 7-19b、8-19c 为不对称端铣，其中，图 7-19b 可看成逆铣，图 7-19c 可看成顺铣。

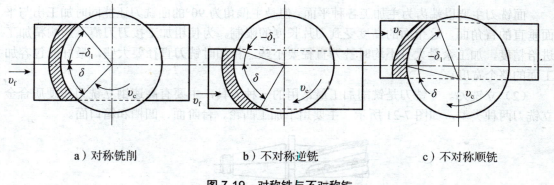

a）对称铣削　　　　　　　b）不对称逆铣　　　　　　　c）不对称顺铣

图 7-19　对称铣与不对称铣

二、铣削的刀具与选用

根据被加工工件材料的热处理状态、切削性能以及加工余量，选择刚性好、耐用度高的铣刀，是充分发挥数控铣床的生产率和获得满意加工质量的前提。

1. 常用铣刀的种类及选用

铣削加工可应用于各种几何形状表面加工，这些表面的获得除了需要机床提供必要的运动外，还须依靠多种多样的铣刀。常用带柄铣刀有立铣刀、键槽铣刀、T形槽铣刀和指状铣刀等，其共同点是都有供夹持用的刀柄，带柄铣刀还分为直柄和锥柄两类；常用带孔铣刀包括圆柱铣刀、圆盘铣刀（含三面刃铣刀、锯片状铣刀）、角度铣刀等。但因少数控铣床的主轴内有特殊的拉刀位置或因主轴内孔锥度有别，须配置过渡套和拉杆。除上述几种类型的铣刀外，数控铣床上还常用以下一些刀具。

（1）面铣刀。面铣刀的圆周表面和端面上都有切削刃，端部切削刃为副切削刃。由于面铣刀的直径一般较大，为 50～500mm，故常制成套式镶齿结构，即将刀齿和刀体分开，刀体采用 40Cr 制作，可长期使用。目前最常用的面铣刀为硬质合金可转位式面铣刀（可转位式端铣刀），如图 7-20 所示。这种结构成本低、制作方便，刀刃用钝后可直接在机床上转换刀刃和更换刀片，因而生产效率高、应用广泛。

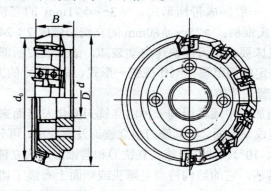

图 7-20　硬质合金可转位式面铣刀

面铣刀主要以端齿为主加工各种平面。但是主偏角为 90°的面铣刀还能同时加工出与平面垂直的直角面，这个面的高度受到刀片长度的限制。为使粗加工接刀刀痕不影响精加工进给精度，加工余量大且不均时铣刀直径要小些，精加时铣刀直径要大些，最好能包容加工面的整个宽度。

（2）立铣刀。立铣刀是铣削加工最常用的一种刀具，主要有高速钢立铣刀和硬质合金立铣刀两种类型，如图 7-21 所示，主要用于加工凸轮、台阶面、凹槽和箱口面。

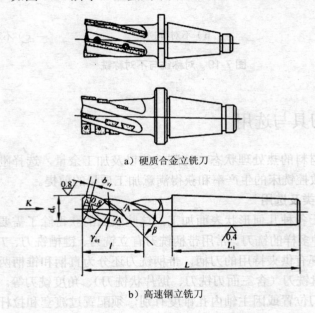

a) 硬质合金立铣刀

b) 高速钢立铣刀

图 7-21　立铣刀

立铣刀一般由 3～6 个刀齿组成，圆柱表面的切削刃为主切削刃，做成螺旋状，其螺旋角在 30°～50°之间，这样可以增加切削平稳性，提高加工精度；端面上的切削刃为副切削刃，主要用来加工与侧面相垂直的底平面。立铣刀的主切削刃和副切削刃可同时进行铣削，也可以单独进行铣削。

直径较小的立铣刀，一般制成带柄形式。$\phi 2～\phi 71mm$ 的立铣刀制成直柄；$\phi 6～\phi 63mm$ 的立铣刀制成莫氏锥柄；$\phi 25～\phi 80mm$ 的立铣刀做成 7：24 锥柄，内有螺孔用来拉紧刀具。但由于数控机床要求铣刀能快速自动装卸，故立铣刀柄部形式也有很大不同，一般是由专业厂家按照一定的规范设计制作成统一形式、统一尺寸的刀柄。直径大于 $\phi 40～\phi 60mm$ 的立铣刀可做成套式结构。

（3）模具铣刀。铣削加工中还常用到一种由立铣刀变化发展而来的模具铣刀，主要用于加工模具型腔或凸凹模成型表面。模具铣刀由立铣刀发展而成，可分为圆锥形立铣刀（圆锥半角 $\alpha/2$ 为 3°、5°、7°、10°）、圆柱形球头立铣刀和圆锥形球头立铣刀 3 种，其柄部有直柄、削平型直柄和莫氏锥柄。它的结构特点是球头或端面上布满了切削刃，圆周刃与球头刃圆弧连接，可以作径向和轴向进给。铣刀工作部分用高速钢或硬质合金制造，国家标准规定直径 d 为 4～63mm。图 7-22 所示为高速钢制造的模具铣刀，如图 7-23 所示为用硬质合金制造的模具铣刀。小规格的硬质合金模具铣刀多制成整体结构；φ6mm 以上直径的，制成焊接或机夹可转位刀片结构。

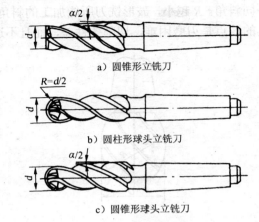

a）圆锥形立铣刀

b）圆柱形球头立铣刀

c）圆锥形球头立铣刀

图 7-22　高速钢模具铣刀

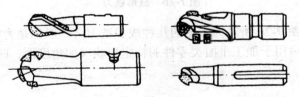

图 7-23　硬质合金模具铣刀

（4）键槽铣刀。键槽铣刀如图 7-24 所示，有两个刀齿，圆柱面和端面都有切削刃，端面刃延至中心，既像立铣刀，又像钻头。加工时先轴向进给达到槽深，然后沿键槽方向铣出键槽全长。按国家标准规定，直柄键槽铣刀直径 d 为 2～22mm，锥柄键槽铣刀直径 d 为 14～50mm。键槽铣刀直径的偏差有 $e8$ 和 $d8$ 两种。键槽铣刀的圆周切削刃仅在靠近端面的一小段长度内发生磨损，重磨时只需刃磨端面切削刃。因此重磨后铣刀直径不变。

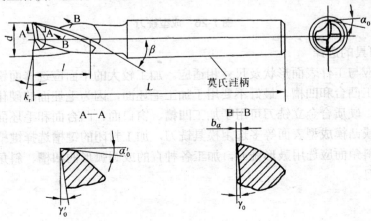

图 7-24　键槽铣刀

（5）鼓形铣刀。如图 7-25 所示是一种典型的鼓形铣刀，它的切削刃分布在半径为 R 的圆弧向上，端面无切削刃，加工时控制刀具上下位置，相应改变刀刃的切削部位，可以在工件上切出从负到正的不同斜角。R 越小，鼓形铣刀所能加工的斜角范围越广，但所获得的表面质量越差。这种刀具的缺点是刃磨困难，切削条件差，而且不适于加工有底的轮廓。

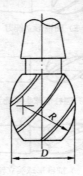

图 7-25　鼓形铣刀

（6）成型铣刀。图 7-26 所示为常见的几种成型铣刀，一般都是为特定的工件或加工内容专门设计制造的，适用于加工平面类零件的特定形状（如角度面、凹槽面等），也适于加工特形孔和凸台。

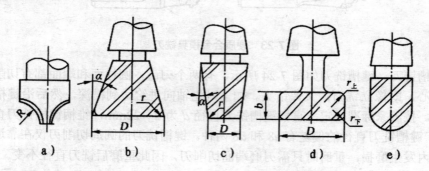

图 7-26　成型铣刀

2．铣削刀具的选择

铣刀类型应与工件表面形状及尺寸相适应。加工较大的平面应选择面铣刀；高速钢立铣刀多用于加工凸台和凹槽，最好不要用于加工毛坯面，因为毛坯面的硬化层和夹砂会使刀具很快磨损。硬质合金立铣刀可用于加工凹槽、窗口面、凸台面和毛坯面，加工空间曲面、模具型腔或凸模成型表面等多选用模具铣刀，加工封闭的键槽选择键槽铣刀，加工变斜角零件的变斜角面应选用鼓形铣刀，加工各种直的或圆弧形的凹槽、斜角面和特殊孔等应选用成型铣刀。

第三节　刨削加工

刨削主要用于加工平面和沟槽。刨削可分为粗刨和精刨，精刨后的表面粗糙度及 R_a 值可达 3.2~1.6μm，两平面之间的尺寸精度可达工 IT9~IT7，直线度可达 0.04~0.12mm/m。

一、刨削加工方法

刨削加工是在刨床上通过刀具与工件之间的相对直线运动，切除工件上的余量，形成平面的加工方法，是平面加工的主要方法之一。常用的刨床有牛头刨床和龙门刨床。牛头刨床主要用于加工中小型零件，龙门刨床则用于大型零牛或同时加工多个中型零件。如图7-27 所示为牛头刨床外形图。

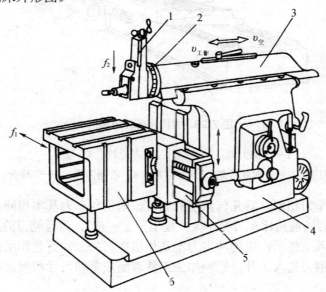

图 7-27　牛头刨床外形图
1—刀架；2—转盘；3—滑枕；4—床身；5—横梁；6—工作台

在牛头刨床上加工时，常采用平口钳或螺栓压板将工件装夹在工作台上，刨刀装在滑枕的刀架上。滑枕带动刨刀往复直线运动为主切削运动，工作台带动工件沿垂直于主运动方向间歇运动为进给运动。刀架的转盘可绕水平轴线扳转角度，这样在牛头刨床上不仅可以加工水平和竖直面，还可以加工各种斜面和沟槽，如图 7-28 所示。

如图 7-29 所示为龙门刨床外形图。在龙门刨床上加工时，工件用螺栓压板直接安装在工作台上或用专用夹具安装，刨刀安装在横梁上的垂直刀架上或工作台两侧的侧刀架上。工作台带动工件的往复直线运动为主切削运动，刀具沿垂直于主运动方向的间歇运动为进给运动。各刀架也绕水平轴线扳转角度，因此同样可以加工平面、斜面及沟槽。

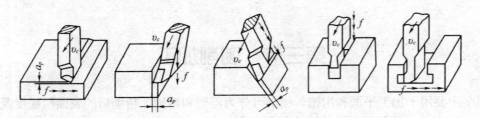

图 7-28　牛头刨的加工类型

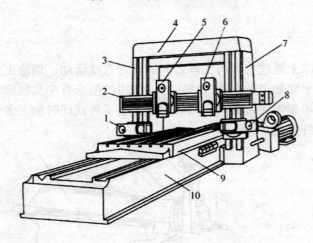

图 7-29　龙门刨床外形图

1—左侧刀架；2—横梁；3—左立柱；4—顶梁；

5—左垂直刀架；6—右垂直刀架；7—右立柱；8—右侧刀架；9—工作台；10—床身

刨刀的结构与车刀相似，其几何角度的选取原则也与车刀基本相同。但是由于刨削过程有冲击，所以刨刀的前角比车刀要小（一般小于 5°～6°），而且刨刀的刃倾角也应取较大的负值，以使刀切入工件所产生的冲击力不是作用在刀尖上，而是作用在离刀尖稍远的切削刃上。为了避免刨刀扎入工件，影响加工工件表面质量和尺寸精度，在生产中常把刨刀刀杆做成弯头结构。

二、刨削加工的特点

刨削和铣削都是以加工平面和沟槽为主的切削加工方法，刨削与铣削相比有如下特点。

（1）加工质量。刨削加工的精度和表面粗糙度与铣削大致相当，但刨削主运动为往复直线运动，只能中低速切削。当用中等切削速度刨削钢件时，易出现积屑瘤，影响表面粗糙度；而硬质合金镶齿面铣刀可采用高速铣削，表面粗糙度较小。加工大平面时，刨削进给运动可不停地进行，刀痕均匀；而铣削时若铣刀直径（面铣）或铣刀宽度（周铣）小于工件宽度，需要多次走刀，会有明显的接刀痕。

（2）加工范围。刨削不如铣削加工范围广泛，铣削的许多加工内容是刨削无法代替的，例如，加工内凹平面、型腔、封闭型沟槽以及有分度要求的平面沟槽等。但对于 V 形槽、T 型槽和燕尾槽的加工，铣削由于受定尺寸铣刀尺寸的限剀，一般适宜加工小型的工件，而刨削可以加工大型的工件。

（3）生产率。刨削生产率一般低于铣削，因为铣削是多刃刀具的连续切削，无空程损失，硬质合金面铣刀还可以高速切削。但加工窄长平面，刨削的生产率则高于铣削，这是由于铣削不会因为工件较窄而改变铣削进给的长度，而刨削却因工件较窄而减少走刀次数。因此，机床导轨面等窄平面的加工多采用刨削。

（4）加工成本。由于牛头刨床结构比铣床简单，刨刀的制造和刃磨较铣刀容易，因此，一般刨削的成本比铣削低。

（5）实际应用。牛头刨床刨削多用于单件小批生产和修配工作中，在中型和重型机械的生产中龙门刨床则使用较多。

三、宽刃细刨

宽刃细刨是在普通精刨基础上，使用高精度的龙门刨床和宽刃细刨刀，以低速和大进给量在工件表面切去一层极薄的金属。由于切削力、切削热和工件变形都很小，从而可获得比普通精刨更高的加工质量。表面粗糙度可达 $1.6 \sim 0.8\mu m$，直线度可达 0.02 mm/m。

宽刃细刨主要用来代替手工刮削各种导轨平面，可使生产率提高几倍，应用较为广泛。

宽刃细刨对机床、刀具、工件、加工余量、切削厚量和切削液要求严格：

（1）刨床的精度要求高，运动平稳性要好。为了维护机床精度，细刨机床不能用于粗加工。

（2）细刨刀刃宽小于 50 mm 时，用硬质合金刀片；刃宽大于 50 mm 时，用高速钢刀片。刀刃要平整光洁，前后刀面的 R_a 值要小于 $0.1\mu m$。选取 $-10° \sim -20°$ 的负值刃倾角，以使刀具逐渐切入工件，减少冲击，使切削平稳。如图 7-30 所示。

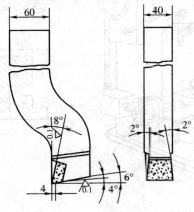

图 7-30　宽刃细刨刀

（3）工件材料组织和硬度要均匀，粗刨和普通精刨后都要进行时效处理。工件定位基面要平整光洁，表面粗糙度及 R_a 要小于 $3.2\mu m$，工件的装夹方式和夹紧力的大小要适当，以防止变形。

（4）总的加工余量为 0.3～0.4mm，每次进给的背吃刀量为 0.04～0.05 mm，进给量根据刃宽或圆弧半径确定，一般切削速度选取 $v_c = 2～10$ m/min。

（5）宽刃细刨时要加切削液：加工铸铁常用煤油，加工钢件常用机油和煤油（2∶1）的混合剂。

第四节　插削加工

插削和刨削的切削方式基本相同，只是插削是在竖直方向进行切削。因此，插削加工可以认为是立式刨削加工。它主要用于单件小批生产中加工零件的内表面，例如孔内键槽、方孔、多边形孔和花键孔等，也可以加工某些不便于铣削或刨削的外表面（平面或成形面）。其中，用得最多的是插削各种盘类零件的内键槽。

插削加工是在插床上进行的，插床外形如图 7-31a 所示。工件安装在插床圆工作台上，插刀装在滑枕的刀架上。滑枕带动插刀在竖直方向的往复直线运动为主切削运动，工作台带动工件沿垂直于主运动方向的间歇运动为进给运动，圆工作台还可绕垂直轴线回转，实现圆周进给和分度。滑枕导轨座可绕水平轴线在前后小范围内调整角度，以便加工斜面和沟槽。插削前需在工件端面上画出键槽加工线，以便对刀和加工，工件用三爪卡撤和四爪卡盘夹持在工作台上，插削速度一般为 20～40 m/min。

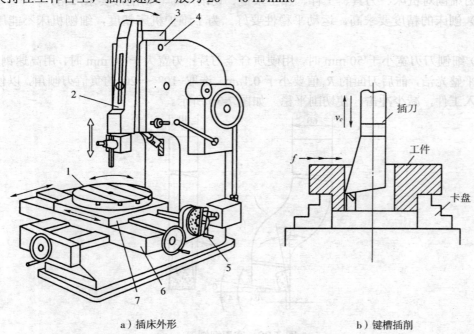

a）插床外形　　　　　　　　　　　　　　b）键槽插削

图 7-31　插床与插削

1—圆工作台；2—滑枕；3—滑枕导轨座；4—床身；5—分度装置；6—床鞍；7—溜板

键槽插刀的种类如图 7-32 所示。图 7-32a 为高速钢整体插刀，一般用于插削较大孔径内的键槽；图 7-32b 为圆柱型刀杆，在径向方孔内安装高速钢刀头，刚性较好，可以用于加工各种孔径的内键槽。插刀材料可为高速钢和硬质合金。为避免回程时插刀后刀面与工件已加工表面发生剧烈摩擦，插削时需采用活动刀杆，如图 7-32c 所示。当刀杆回程时，夹刀板 3 在摩擦力作用下绕转轴 2 沿逆时针方向稍许转动，后刀面只在工件已加工表面轻轻擦过，可避免刀具损坏。回程终了时，弹簧 1 的弹力使夹刀板恢复原位。

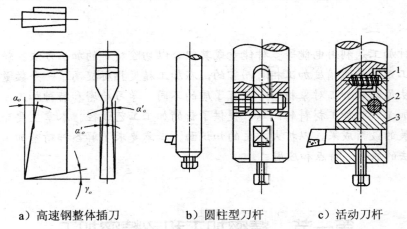

　　a）高速钢整体插刀　　　　b）圆柱型刀杆　　　c）活动刀杆

图 7-32　键槽插刀的种类

1—弹簧；2—轻轴；3—夹刀板

在插床上加工内表面，比刨床方便，但插刀刀杆刚性差，为防止"扎刀"，前角不宜过大，因此加工精度比刨削低。

复习与思考题

1. 螺纹刀具有哪些类型，有何特点及应用范围？
2. 何谓顺铣、逆铣？简述顺铣和逆铣的应用。
3. 简述常用铣削刀具的种类及如何选择铣削刀具。
4. 有哪几种高效率螺纹车刀？各自的加工原理是什么？
5. 在牛头刨床上如何加工 T 形槽和燕尾槽？
6. 试比较刨削加工与铣削加工在加工平面和沟槽时的各自特点。

第八章　精密加工和特种加工

学习指导

　　特种加工是利用电能等多种能量或其组合以切除材料的加工方法。精密、超精密加工是与普通精度加工相对而言的，在加工精度指标提高了一个数量级后，加工方法原理和加工对象材料等就有了质的不同。学习精密和特种加工，为解决高精度加工或难加工材料的问题，提供了新的加工工艺途径。本章主要介绍制造技术发展的最新成果，以扩大学生的知识面。本章要求了解各种精密加工和特种加工方法的原理、特点和应用。

第一节　精密加工和超精密加工

一、概述

　　机械加工按精度可以分为一般加工、精密加工与超精密加工。精密加工和超精密加工代表了加工精度发展的不同阶段，高精度加工由普通精度加工发展而来，高精度与普通精度也是相对的。随着科学技术的发展，划分界限也逐渐向前推移，过去的精密加工对今天来说已是一般加工。就当前世界工业发达国家制造水平而言，基本达到稳定掌握 $3\mu m$（我国为 $5\mu m$）制造公差的加工技术，如果以此为区分，制造公差大于此值的可称为普通精度加工，制造公差小于此值的可称为高精度加工。

　　超精密加工技术（SPDT）是美国在 20 世纪 60 年代初用单刃金刚石车刀镜面切削铝合金和无氧铜开始的。当前超精密加工已进入纳米尺度，纳米制造是超精密加工最前沿的课题。纳米加工技术的加工精度可达到 $0.001\mu m$，比一根头发丝的十万分之一还小，用高倍显微镜才能看得见。这是微细加工技术的发展目标。由于固体原子晶格间距为 $0.1\sim0.2nm$，也就是说，纳米加工精度相当于晶格间距的 10 倍左右，即是 10 个原子的大小。所以，可以认为这已接近了对材料进行微细加工的极限。

　　就目前而言，一般加工、精密加工和超精密加工的划分方法如下：

（1）一般加工

精度在 $10\mu m$ 左右，相当于 IT5～IT7 级精度，表面粗糙度 R_a 值 $0.2\sim0.8\mu m$ 的加工方法

称为一般加工。如车、铣、刨、镗、磨等。在汽车制造、拖拉机制造、模具制造和机床制造等工业上比较适用。

（2）精密加工

加工精度为 1～0.1μm，表面粗糙度为 R_a0.1～0.01μm 的加工技术为精密加工。如金刚车、高精密磨削、研磨、珩磨、冷压加工、电火花加工、超声波加工、激光加工等。适用于对精密机床、精密测量仪器等制造业中的关键零件加工，如精密丝杠、精密齿轮、精密蜗轮、精密导轨、微型精密轴承、宝石等。

（3）超精密加工

加工精度高于 0.1μm，表面粗糙度小于 R_a0.025μm 的加工技术为超精密加工。如金刚石精密切削、超精密磨料加工、电子束加工、离子束加工等。如上所述，目前超精密加工的水平已达到纳米级，并向更高水平发展。超精密加工多用来制造精密元件、计量标准元件、集成电路、高密度硬磁盘等，是国家制造工业水平的重要标志之一。

二、精密加工与超精密加工的特点

1. 加工对象

均以精密元件为加工对象，与精密元件密切结合而发展起来的。精密加工的方法、设备和对象是有机结合在一起的。例如，精密加工技术本身的复杂性决定了金刚石刀具切削机床多用来加工天文、激光仪器中的一些零件等。

2. 加工环境

由于加工环境的极微小变化都可能影响加工精度，故精密加工和超精密加工必须具有超稳定的加工环境。超稳定加工环境主要包括恒温、防振、超净 3 个方面的要求。

（1）恒温。温度增加 1℃时，100 mm 长的钢件就会产生 1μm 的伸长，精密加工和超精密加工的加工精度一般都在微米级、亚微米级或更高的精度，因此，加工区必须保证高度的恒温稳定性。

超精密加工必须在严密的多层恒温条件下进行，不仅放置机床的房间应保持恒温，还要对机床采取特殊的恒温措施。例如，美国 LLL 实验室的一台双轴超精密车床安装在恒温车间内，机床外部罩有透明塑料罩，罩内设有油管，对整个机床喷射恒温油，加工区温度可以保持在（20±0.06）℃。

（2）防振。机床振动对精密加工和超精密加工有很大的危害，为了提高加工系统的动态稳定性，须在机床设计和制造上采取各种措施，还须用隔振系统来保证机床不受或少受外界振动的影响。例如，某精密刻线机安装在工字钢和混凝土防振床上，再利用 4 个气垫支撑约 7.5t 的机床和防振床，气垫由气泵供给恒定压力的氮气，这种隔振方法能有效地隔离频率为 6～9Hz、振幅为 0.1～0.2μm 的外来振动。

（3）超净。精密加工和超精密加工必须有与加工相对应的超净工作环境。一般环境由于未经净化，尘埃数量极大。绝大部分尘埃的直径小于 1μm，但也有不少直径在 1μm 以上甚至超过 10μm 的尘埃。这些尘埃可以致使加工表面拉伤，如果落在量具测量表面上，就会造成检测的错误判断。

3. 切削性能

精密加工和超精密加工的重要特点之一是必须能均匀地去除不大于工件加工精度要求的极薄金属层。

当精密切削（或磨削）的背吃刀量 a_p 在 1μm 以下时，这时背吃刀量可能小于工件材料晶粒的尺寸，因此，切削就在晶粒内进行，这样，切削动力一定要超过晶粒内部非常大的原子结合力才能切除切屑。刀具上承受的剪切应力就变得非常大，刀具的切削刃必须能够承受这个巨大的剪切应力和由此而产生的很大的热量，普通材料的刀具，其切削刃的刃口不可能刃磨得非常锋利，平刃性也不可能足够好，在高应力高温下会快速磨损和软化，因此，这对于一般的刀具或磨粒材料是无法承受的。而且经受高应力高温作用的一般磨粒也会快速磨损，切削刃可能被剪切，平刃性被破坏，产生随机分布的峰谷，不能得到真正的镜面切除表面。因此，需要对精密切削刀具的微切削性能认真研究，找到满足加工精度要求的刀具材料、结构，并研究与之相适应的新型切削技术。

4. 加工设备

精密加工和超精密加工的实施必须依靠高精密加工设备。

如图 8-1 所示为日本研制的一台盒式超精密立式车床，其特点是：采用盒式结构，加工区域形成封闭空间，不受外界影响；采用热对称结构、低热变形复合材料，从结构上抑制热变形；采用冷却淋浴、恒温油循环、热源隔离等措施，保证整机处于恒温状态；采用有效隔振措施。

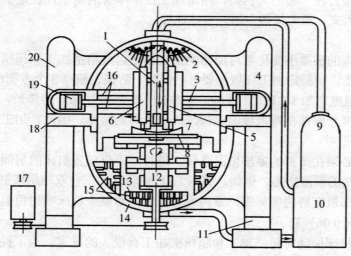

图 8-1　盒式超精密立式车床

1—低热变形材料拖板；2—淋浴冷却液；3—陶瓷滚珠丝杠；4—对称热源；5—冷却液喷射装置；
6，9—切屑回收装置；7—微位移工作台；8—卡盘；10—油温控制；11—隔振与调平装置；
12—空气静压轴承；13—散热片；14—热对称壳体；15—恒温循环装置；16—热对称圆导轨；
17—隔热装置；18—热流控制；19—丝杠用电子冷却轴；20—热对称三点支承结构

5. 工件材料

精密加工和超精密加工对工件材质的要求很高。材料的选择，不仅要从强度、刚度方面考虑，更要注重材料加工的工艺性。为了满足加工要求，工件材料本身必须具有均匀性和性能的一致性，不允许存在内部或外部的微观缺陷。有些零件甚至对材料组织的纤维化也有一定要求，如制造精密硬磁盘的铝合金盘基就不允许有组织纤维化。

6. 测量技术匹配

精密测量是精密加工和超精密加工的必要条件，为保证加工精度要求，有时要采用在线检测、在位检测以及在线补偿等技术。

三、超精密加工工艺必须遵循的原则

超精密加工工艺必须遵循以下 3 个原则。

1. 超微量切除的原则

任何工件的尺寸精度、几何形状精度和其表面粗糙度有着极密切的关系，欲使工件达到 $0.1\mu m$ 以下的加工精度，通常其表面粗糙度值不大于 $R_a0.01\mu m$，即表面粗糙度要求必须比加工精度高，这就要求在选择加工方法时，必须考虑到最后一道工序能从工件表面上除去小于或等于最后精度等级的表面层。例如，工件加工精度要求为 $0.1\mu m$。则最后一道加工工序切削层的厚度应不大于 $0.1\mu m$。因此，要达到零件精度在 $0.1\sim0.01\mu m$，应采用的工艺必须是与其相应的超微量切除工艺，超微量切除必须由超微量进给来实现。

2. 预加工原则

在超精加工中，最后一道工序除去的金属层厚度极薄，因此在预加工中必须保证工件的尺寸精度、几何形状精度和表面粗糙度都不应超出这一极薄的金属层的厚度范围，也即预加工后零件尺寸偏差和表面粗糙度值均应小于留给最后一道工序的余量。

3. 超级稳定的原则

机床—工具—工件系统及加工过程中产生的干扰，对超精密加工工件的尺寸精度、几何形状精度以及表面粗糙度都有极大的影响。其中加工工艺系统的弹性变形、热变形，以及工具同工件之间的振动位移是 3 个主要干扰因素。徐了消除机床内部的振动外，还必须对来自机床外部的振源采取严格的防振与隔振措施。热变形对超精密加工的影响很大。如 100 mm 长的钢材，温度每增加 1℃，其线性伸长量约为 $1\mu m$。为了保证超精密加工，机床的工作环境必须采取严格的恒温措施，达到 20℃±（0.01～0.005）℃。另外对环境的空气清洁度也有很严格的要求。

四、超精密机械加工方法

根据加工方法的机理和特点，超精密机械加工方法有以下几种。

1. 超精密切削加工方法

超精密切削加工工艺主要是超精密车削，例如美国研制成功的小型超精密车床，可以实现 1 nm 的切削厚度或吃刀深度，LLL 国家试验室研制的大型光学金刚石立式车床，最大加工直径为 1.625 m，定位精度可达 28 nm，借助在线误差补偿能力，可实现长度超过 1 m、直线度误差只有 ±25 nm 的加工。其关键技术是超精密加工的刀具，它确保在亚微米和纳米条件下能够精确地切除一层极薄的材料。SPDT 技术中大块金刚石单晶刀具刃口半径极小（约为 20 nm），微小零件（如微机电系统）的加工需要微小刀具，目前微小刀具的尺寸可达 50～100μm，如果加工几何特征在亚微米甚至纳米级，刀具直径必须再缩小。超精密加工还必须有高精度的机床来保证，机床最重要的元件是轴承和移动工作台。目前已广泛使用静压空气轴承和液压轴承，其回转精度在 0.1μm 以内，刚度为 $10^2 \sim 10^3$N/μm。在短时间运动中精度可达数纳米。移动工作台的定位精度和直线性要求很高。现在多数超精密加工机床实现了纳米级的定位分辨率。大都采用热变形元件、弹性变形元件和压电变形元件等实现微量进给，以保证最后工序极薄的切削厚度。支撑机床的基础件应具有很好的热稳定性和抗振性，现在普遍采用性能优越的合成花岗岩。

2. 超精密磨削

超精密加工发展初期，磨削这种加工方法是被忽略的，因为砂轮中磨粒切削刃高度沿径向分布的随机性和磨损的不规则性限制了磨削加工精度的提高。随着超硬磨料砂轮及砂轮修整技术的发展，超精密磨削技术逐渐成形并迅速发展。超硬磨料砂轮是指由金刚石或 CBN 磨料制成的砂轮，它们相互补充几乎涵盖了所有被加工材料。超硬磨料砂轮具有优良的耐磨能力，不需要经常修整，但在初始安装和使用磨钝后修整却比较困难。国内外学者提出了多种修整方法，其中以电解在线修整（ELID）技术最为典型，应用最为成熟。其原理如图 8-2 所示，这是一种利用普通磨削液的微弱电解现象对砂轮进行适度修锐的方法。电解作用使砂轮的结合剂熔化蚀除，漏出锋利的金刚石磨粒，它可实现磨削加工过程对金属结合剂砂轮在线精修整，使磨粒始终在具有锋利微刃状态下进行加工。微刃的数量多且具有等高性，磨削痕迹微细，从而在保持高效率的情况下获得极高的加工精度。如用粒度 4μm 金刚石砂轮加工硅片可获得 R_{max}48 nm、R_a4 nm 的表面，用亚微米级金刚石砂轮加工可获得 R_{max}8.92 nm、R_a1.21 nm 的表面。

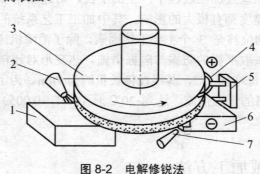

图 8-2　电解修锐法

1—工件；2—冷却液；3—超硬磨料砂轮；4—电刷；5—支架；6—负电极；7—电解液

3. 超精密研磨与抛光

研磨、抛光属于最古老的加工工艺，也一直都是超精密加工最主要的加工方法。通常，研磨为次终加工工序，它将磨料及其附加剂涂于或嵌在研磨工具的表面，在一定的压力下压向被研磨工件，并借助工具与工件表面间的相对运动. 从被研磨工件表面除去极薄的金属层，将平面度降低至数微米以下，并去除前道工序（通常为磨削）产生的损伤层。典型的超精密研磨方法有油石研磨、弹性发射加工、磁力研磨、电解研磨、浮动研磨抛光等。如图 8-3 所示为磁性研磨加工原理，工件放在两磁极之间，工件和磁极间放入含铁的刚玉等磁性磨料，在直流磁场的作用下，磁性磨料沿磁感线方向整齐排列，如同刷子一般对被加工表面施加压力，并保持加工间隙。研磨压力随磁场中磁通密度及磁性磨料填充量的增大而增大，因此可以调节。研磨时，工件一面旋转，一面沿轴线方向振动，使磁性磨料与被加工表面之间产生相对运动。这种方法可以研磨轴类零件内外圆表面，也可以用来去毛刺，对钛合金的研磨效果较好。

目前我国精密研磨在长度尺寸上能达到 $0.01\mu m$ 的精度，在分度精度上可达到 $0.1''$，能制出表面粗糙度不大于 $R_a 0.01\mu m$ 的镜面、$0.01\mu m$ 级的圆度误差和 $1\mu m$ 级的直线度误差。精密研磨广泛应用于航天技术、电子工业、精密仪器和量具的制造业中。

抛光是目前主要的终加工手段，目的是降低表面粗糙度值并去除研磨形成的损伤层，获得光滑、无损伤的加工表面。抛光过程中材料去除量十分微小，约为 $5\mu m$。在众多学者提出的多种抛光方法中应用最为广泛、技术最为成熟的是化学机械抛光技术（CMP）。CMP 是 IBM 公司于 20 世纪 80 年代中期开发的一项技术，最先用于 64 位 RAM 的生产，而后扩大至整个半导体行业。其原理如图 8-4 所示，它利用磨损中的"软磨硬"原理，即用较软的材料来进行抛光以实现高质量的表面抛光。在 CMP 中，旋转的被抛光晶片被压在旋转的弹性抛光垫（多孔层）上，两者通常有相同的旋转方向，而含有磨粒和化学反应物的抛光液则在晶片与底板之间流动。材料的切除和晶片表面的抛光是衬底、磨粒和化学反应剂联合作用的结果。

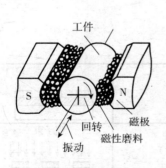

图 8-3 磁性研磨原理

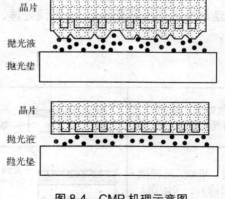

图 8-4 CMP 机理示意图

第二节　微细加工技术

一、概念及特点

微细加工技术是指制造微小尺寸零件的生产加工技术。从广义上说，微细加工包括了各种传统的精密加工方法（如切削加工、磨料加工等）及特种加工方法（如外延生长、光刻加工、电铸、激光束加工、电子束加工、离子束加工等），属于精密加工和超精密加工范畴。从狭义上说，由于微细加工技术的出现和发展与大规模集成电路有密切关系，微细加工主要指半导体集成电路制造技术，其主要技术有外延生长、氧化、光刻、选择扩散和真空镀膜等。

二、微细加工方法

微细加工方法与精密加工方法一样，也可分为切削加工、磨料加工、特种加工和复合加工，大多数方法是共同的。由于微细加工与集成电路的制造关系密切，因此通常从机理上来分类，包括分离（如去除）加工、附着（如镀膜）、注入（如渗碳）、接合（如焊接）加工、变形加工（如压力加工）几种方法。

在微细加工中，光刻加工是主要方法之一，主要是制作由高精度微细线条所构成的高密度微细复杂图形。光刻加工可分为两个阶段：第一阶段为原版制作，生成工作原版或工作掩膜，是光刻时的模板；第二阶段为光刻。

光刻加工过程见表 8-1，分为预处理、涂胶、曝光、显影与烘片、刻蚀、剥膜与检查等工序。

表 8-1　光刻加工过程

预处理、脱脂、抛光、酸洗、水洗	氧化膜 基片	显影 烘片	窗口
涂胶、甩涂、（浸渍）（喷涂）、（印刷）	光致抗蚀剂	刻蚀（化学）离子束（电解）	离子束
曝 光 电子束（X 射线）（远紫外线）（离子束）	电子束 掩膜	剥膜 检查	

（1）预处理。通过抛光、酸洗等方法去除基片氧化膜表面的杂质。

（2）涂胶。把光致抗蚀剂涂敷在已镀有氧化膜的半导本基片上。

（3）曝光。由光源发出的光束，经掩膜在光致抗蚀齐涂层上成像，称为投影曝光。或将光束聚焦形成细小束斑，通过扫描在光致抗蚀剂涂层上绘刉图形，称为扫描曝光。两者统称为曝光。常用的电源有电子束、离子束等。

（4）显影与烘片。曝光后的光致抗蚀剂在特定溶剂中把曝光图形显示出来，称为显影。其后进行 200℃～250℃的高温处理以提高光致抗蚀剂的强度，称为烘片。

（5）刻蚀。利用化学或物理方法，将没有光致抗蚀剂部分的氧化膜除去，称之为刻蚀，刻蚀的方法有化学腐蚀、离子刻蚀、电解刻蚀等。

（6）剥膜与检查。用剥膜液去除光致抗蚀剂的处理为剥膜，剥膜后进行外观、线条、断面形状、物理性能和电子特性等检查。

第三节　特种加工

一、特种加工概述

特种加工是相对于传统切削加工而言的，是指那些除了车、铣、刨、磨、钻等传统的切削加工之外的一些新的加工方法。特种加工与传统加工区别在于用以切除材料的能量形式不同，主要是利用电能、光能、声能、热能和化学能来去除材料。特种加工的类别很多，根据所采用的能源，可以分为以下几类：

（1）力学加工。应用机械能来进行加工，如超声波加工、喷射加工、水射流加工等。

（2）电物理加工。利用电能转化为热能、机械能和光能等进行加工，如电火花成形加工、电火花线切割加工、电子束加工、离子束加工等。

（3）电化学加工。利用电能转化为化学能进行加工，如电解加工、电镀、刷镀、镀膜和电铸加工等。

（4）激光加工。利用激光光能转化为热能进行加工。

（5）化学加工。利用化学能或光能转换为化学能进行加工，如化学铣削和化学刻蚀（即光刻加工）等。

（6）复合加工。将机械加工和特种加工叠加在一起就形成复合加工，如电解磨削、超声电解磨削等，最多有 4 种加工方法叠加在一起的复合加工，如超声电火花电解磨削。

二、特种加工的特点及应用范围

传统机械加工的特点：一是刀具材料比工件材料硬，二是机械能把工件上多余的材料切除。但是在工件材料越来越硬、加工表面越来越复杂的情况下，原来行之有效的方法就转化为限制生产率和影响加工质量的不利因素了。在某科场合，特种加工是一般传统切削加工的补充，扩大了机械加工的领域。其主要特点为：

（1）特种加工时工件和工具之间无明显的切削力，只有微小的作用力，在机理上与传统加工方法有很大不同。

（2）特种加工的内容包括去除和结合等加工。去除加工即分离加工，如电火花成形加工等是从工件上去除一部分材料。结合加工是使两个工件或两种材料结合在一起，如激光焊接、化学粘接等。结合加工还包括附着结合与注入结合。附着结合是使工件表面覆盖一层材料，如镀膜等；注入加工是将某些元素离子注入到工件表层，以改变工件表层的材料结构，达到所要求的物理力学性能，如离子注入、化学镀、氧化等。因此，在加工概念的范围上有很大的扩展。

（3）特种加工中，工具的硬度和强度可以低于工件的硬度和强度，因为它主要不是靠机械力来切削。同时对工具的损耗很小，甚至零损耗，如激光加工、电子束加工、离子束加工等，适于脆性材料、高硬材料、精密微细零件、薄壁零件、弹性零件等易变形零件的加工。

（4）加工中的能量易于转换与控制，工件一次装夹中可实现粗、精加工，有利于保证加工精度，提高生产率。

三、特种加工方法

1. 电火花加工

在一定介质中，通过工具电极和工件之间脉冲放电的电蚀作用对工件进行加工的方法，称为电火花加工，又称电蚀加工。

（1）加工原理。由于电火花加工是利用脉冲放电对导电材料的腐蚀作用去除材料，以满足一定形状和尺寸要求的一种加工方法，其原理如图 8-6 所示。

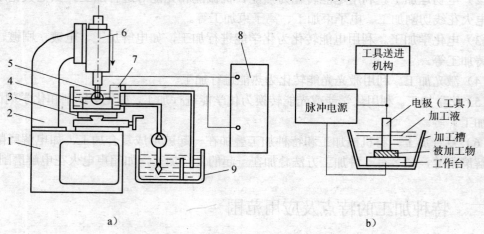

图 8-6　电火花加工原理示意图

1—床身；2—立柱；3—工作台；4—工件电极；5—工具电极；6—进给结构及间隙调节器；
7—工作液；8—脉冲电源；9—工作液箱

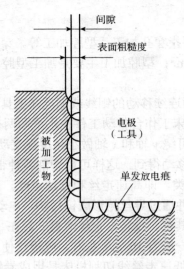

图 8-7　电火花加工时工件表面形成过程

在充满液体介质的工具电极和工件电极之间的很小间隙上（一般为 0.01～0.02 mm），施加脉冲电压，于是间隙中就产生很强的脉冲电压，使两极间的液体介质按脉冲电压的频率不断被电离击穿，产生脉冲放电。由于放电时间很短 10^{-8}～10^{-6}s，且发生在放电区的局部区域上，所以能量高度集中，使放电区的温度高达 10 000℃～12 000℃。于是工件上的这一小部分金属材料被迅速熔化和汽化。由于熔化和汽化的速度很快，故带有爆炸性质。爆炸力的作用将熔化了的金属微粒迅速抛出，被液体介质冷却、凝固并从间隙中冲走。每次放电后，在工件表面会形成一个小圆坑（如图 8-7 所示），放电过程多次重复进行，随着工具电极不断进给，材料逐渐被蚀除，工具电极的轮廓形状即可精确地复印在工件上达到加工目的。

电火花加工必须采用脉冲电源，其作用是把普通 220 V 或 380 V、50 Hz 的交流电流转变成频率较高的脉冲电流，提供电火花加工所需的放电能量。在每次脉冲间隔内电极冷却，工作液恢复绝缘状态，使下一次放电能在两极间另一凸点处进行。

（2）影响电火花加工的因素。

① 极性效应。单位时间蚀除工件金属材料的体积或重量，称之为蚀除量或蚀除速度。在电火花加工的过程中，不仅工件材料被蚀除，工具电极也同样遭到蚀除，由于正负极性的接法而蚀除量不同，称之为极性效应。工件接阳极为正极性加工，工件接阴极为负极性加工。采用短脉宽（脉冲延时小于 50μs）时，由于电子质量轻、惯性小，很快就能获得高速度而轰击阳极，因此，阳极的蚀除量大于阴极。采用长脉宽（脉冲延时大于 300tzs）时，放电时间增加，离子获得较高的速度，由于离子的质量大，轰击阴极的动能较大，因此，阴极的蚀除量大于阳极。控制脉冲宽度就可以控制两极蚀除量的大小。短脉宽时，选正极性加工，适合于精加工；长脉宽时，选负极性加工，适合于粗加工和半精加工。

② 工作液。常用的工作液有煤油、去离子水、乳化液等。

③ 电极材料。电极材料必须是导电材料，要求在加工过程中损耗小，稳定，机械加工性好，常用的材料有紫铜、石墨、铸铁、钢、黄铜等。

（3）加工类型。

① 电火花成型加工。主要指穿孔加工、型腔加工等。穿孔加工主要是加工冲模、型孔和小孔（一般为 $\phi0.05\sim\phi2mm$）；型腔加工主要是加工型腔和型腔零件，相当于加工成型盲孔。

② 电火花线切割加工。用连续移动的钼线或铜丝（工具）作为阴极，工件为阳极，两极通以直流高频脉冲电源，机床工作台带动工件在水平面两个坐标方向做进给运动，就可以切割出二维图形。同时丝架可绕 y 轴和 x 轴做小角度摆支动，其中，丝架绕 z 轴摆动通过丝架上、下臂在 y 方向的相对移动得到，这样可以切割各种带斜面的平面、二次曲线型体。

电火花线切割机床有两大类，即高速走丝和低速走丝。高速走丝线切割机床如图 8-8 所示。电极丝绕在卷丝筒上，并通过导丝轮形成锯弓状，电动机带动卷丝筒进行正、反转，卷丝筒装在走丝溜板上，配合其正、反转与走丝溜板一起在 x 方向做往复移动，使电极丝得到周期往复移动，走丝速度一般为 10 m/s 左右。电极丝使用一段时间后要更换新丝，以免因损耗断丝而影响工件。而低速走丝线切割机床是用成卷铜丝作为电极，经张紧机构和导丝轮形成锯弓状，没有卷丝筒，走丝速度为 0.01～0.1 m/s，为单方向运动，电极丝走丝平稳无振动，损耗小，加工精度高，电极丝为一次性使用。现在低速走丝线切割机床是发展方向。

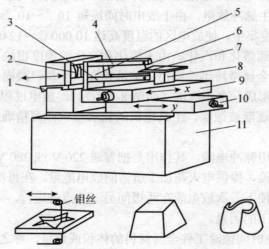

图 8-8　电火花线切割机床及加工件

1—走丝溜板；2—卷丝筒；3—丝架下臂；4—丝架上臂；5—丝架；6—钼丝；7—工件；
8—绝缘垫板；9—工作台；10—溜板；11—床身

（4）加工特点。电火花加工的一个突出特点是不论任何导电材料硬度、脆性、熔点如何，都可以加工，在一定条件下，还可以加工半导体材料及非导电材料。适于加工精密、微细、刚性差的工件，如小孔、薄壁、窄槽、复杂型孔、型面、型腔等零件。可以在一次装夹下同时进行粗、精加工。精加工精度为 0.005mm，表面粗糙度 R_a 值为 0.8μm；精密、微细加工时精度可达 0.002～0.300 1 mm，表面粗糙度 R_a 值为 0.05～0.1μm。

（5）加工应用。

①穿孔加工。可加工型孔（圆孔、方孔、条边孔、异形孔）、曲线孔（弯孔、螺纹孔）、小孔、微孔等，如落料模、复合模、级进模、喷丝孔等。

② 型腔加工。如锻模、压铸模、挤压模、胶木模以及整体式叶轮、叶片等曲面零件的加工。

③ 线切割。如切断、开槽、窄缝、型孔、样板、冲模等。

④ 回转共轭加工。将工具电极做成齿轮状和螺纹状，利用回转共轭原理，可分别加工相同模数、不同齿数的内外齿轮和相同螺距、齿形的内外螺纹。

⑤ 电火花回转加工。加工时将工具电极回转，类似钻削和磨削，可提高加工精度，这时工具电极可分别做成圆柱形和圆盘形。

⑥ 金属表面强化。

⑦ 打印标记、仿形刻字等。

2．电解加工

电解加工又称电化学加工，是利用金属在电解液中产生阳极溶解的电化学原理对工件进行成形加工的一种方法。它继电火花加工之后于 20 世纪 60 年代发展起来，目前已广泛用于枪、炮、航空、汽车、拖拉机等制造工业和模具制造行业。

（1）加工基本原理。电解加工电解加工的原理图如图 8-9 所示，工件接直流电源正极，工具接负极，两极之间保持狭小间隙（0.1～0.8 mm），具有一定压力（0.5～2.5 MPa）的电解液从两极间隙中高速流过（5～60 m/s）。当工具阴极句工件不断进给时，在相对于阴极的工件表面上，金属材料按阴极型面的形状不断溶解，电解产物被高速电解液带走，于是工具的形状就相应地"复印"在工件上，从而达到成形加工的目的。

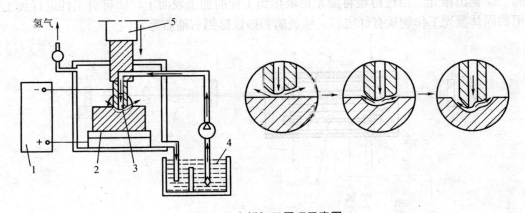

图 8-9　电解加工原理示意图

1—直流电源；2—工件；3—工具电极；4—电解液；5—进给机构

（2）特点和应用。电解加工的特点主要表现在：采用低电压（6～24 V），大电流（500～20 000 A）工作；能以简单的进给运动一次加工出形状复杂的型面或型腔（如锻膜、叶片等）；生产效率较高，约为电火花加工的 5～10 倍以上，在某些情况下比切削加工的生产效率还高；加工中无机械切削力或切削热；但加工精度不太高，平均精度为±0.1 mm；附属设备较多，造价昂贵，占地面积大；另外电解液腐蚀机床，且容易污染环境。

电解加工主要用于切削加工困难的领域，如难加工材料、形状复杂的表面和刚性较差的薄板等。主要应用于型孔、型腔、复杂型面、深小孔、套料、膛线、去毛刺、刻印等加工。可加工高硬度、高强度和高韧性等难切削的金属材料，如淬火钢，高温合金，钛合金等。适于易变形或薄壁零件的加工。

3. 激光加工

激光是 20 世纪 60 年代出现的一种新光源。与普通光源相比，它具有高方向性（几乎是一束平行准直的光束）、高亮度（比太阳表面的亮度还高 10^{10} 倍）、高单色性（光的频率单一）和能量高度集中等特点，因此它从问世以来就获得了重视，发展十分迅速，在农业生产、国防、通信、医学和科学研究等各个领域得到了广泛的应用。以下仅从机械制造工业的角度简介激光加工的原理及其应用。

（1）加工原理。激光是一种亮度高、方向性好、单色性好的相干光。由于激光发散角小和单色性好，在理论上可聚焦到尺寸与光的波长相近的小斑点上，其焦点处的功率密度可达 $10^7 \sim 10^{11} \text{W/cm}^2$，温度可高至万度左右。在此高温下，坚硬的材料将瞬时急剧熔化和蒸发，并产生强烈的冲击波，使熔化物质爆炸式地喷射去除。激光加工就是利用这个原理工作的。

如图 8-10 所示是固体激光器加工原理示意图。当激光工作物质受到光泵（即激励脉冲氙灯）的激发后，吸收特定波长的光，在一定条件下可形成工作物质中亚稳态粒子大于低能级粒子数的状态，这种现象称为粒子数反转。此时，一旦有少量激发粒子产生受激辐射跃迁，造成光放大，便通过谐振腔中的全反射镜和部分反射镜的反馈作用产生振荡，由谐振腔一端输出激光。通过透镜将激光束聚焦到工件的加工表面上，即可对工件进行加工，常用的固体激光工作物质有红宝石、钕玻璃和掺钕钇铝石榴石等。

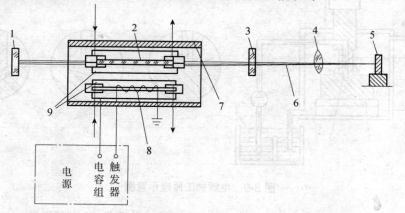

图 8-10　固体激光器加工原理示意图

1—全反射镜；2—工作物质；3—部分反射镜；4—透镜；5—工件；6—激光束；
7—聚光器；8—光泵；9—玻璃管

（2）应用。

① 激光打孔。几乎所有的金属材料和非金属材料都可以用激光打孔。特别是对坚硬材料可进行微小孔加工（$\phi 0.01 \sim \phi 1$ mm），孔的深径比可达 $50 \sim 100$，也可加工异形孔。激光打孔已经广泛应用于金刚石拉丝模、宝石轴承、陶瓷、玻璃等非金属材料和硬质合金，以及不锈钢等金属材料的小孔加工。

② 激光切割。采用激光可对许多材料进行高效的切割加工，切割速度一般超过机械切割。切割厚度对金属材料可达 10 mm 以上，非金属材料可达几十毫米。切缝宽度一般为 $0.1 \sim 0.5$ mm。激光切割切缝窄、速度快、热影响区小、省材料、成本低。它不仅可以切割金属材料，还可以切割布匹、木材、纸张、塑料等非金属材料。

③ 激光焊接。利用激光的能量把工件上加工区的材料熔化使之粘合在一起。激光焊接速度快、无焊渣，可实现同种材料、不同材料甚至金属与非金属的焊接。用于集成电路、晶体管元件等的微型精密焊接。

④ 激光雕刻。与激光切割基本相同，激光雕刻只是工件的移动由两个坐标数字控制的数控系统传动，可在平板上蚀除成所需图样，一般多用于印染行业及美术作品。

⑤ 激光热处理。通过激光束的照射，金属表面原子迅速蒸发，产生微冲击波导致大量晶格缺陷形成，实现表面的硬化。采用激光热处理不需淬火介质、硬化均匀、变形小、速度快，硬化深度可精确控制。

4. 超声波加工

声音起源于介质的振动，以波的形式传播。但人耳对声音的听觉范围约为 16Hz～16 000Hz 的声波，频率低于 16Hz 的振动波称为次声波，频率超过 16 000Hz 的振动波称为超声波。

（1）加工原理。超声波加工是利用超声频振动（$16 \sim 30$ kHz）的工具冲击磨料直接对工件进行加工的一种方法，如图 8-11 所示为超声波磨料流加工原理图。加工时，工具以一定的静压力 P 压在工件上，加工区域送入磨粒悬浮液。超声波发生器生产超声频电振荡，通过超声换能器将其转变为超声频机械振动，借助于振幅扩大棒把振动位移振动放大，驱动工具振动。材料的碎除主要靠工具端部的振动直接锤击处在被加工表面上的磨料，通过磨料的作用把加工区域的材料粉碎成很细的微粒，从材料上碎除下来。由于磨料悬浮液的循

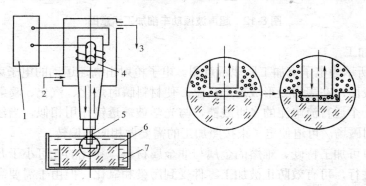

图 8-11　超声波加工示意图

1—超声波发生器；2，3—冷却液；4—变幅杆；5—工具；6—工件；7—磨料悬浮液

环流动，磨料不断更新，并带走被粉碎下来的材料微粒，工具逐渐伸入到材料中，工具形状便复现在工件上。工具材料常用不淬火的 45 钢，磨料常用碳化硼或碳化硅、氧化铝、金刚砂粉等。

（2）特点和应用。超声波人耳是听不出来的，具有的能量比声波要大得多，在工业、农业、国防和医疗等方面应用十分广泛。超声波磨料流加工适宜加工各种硬脆材料，尤其是电火花加工和电解加工无法加工的不导电材料和半导体材料，如玻璃、陶瓷、半导体、宝石、金刚石等。对于硬质的金属材料，如淬硬钢、硬质合金等，虽可进行加工，但效率低。

近十几年来，超声波加工与传统的切削加工技术相结合而形成的超声波振动切削技术得到迅速的发展，并在生产实际得到广泛的应用。超声波车削、超声波磨削、超声波钻孔等在金属材料，特别是难加工材料的加工中取得了良好效果。加工精度、加工表面质量显著提高。尤其是在有色金属、不锈钢材料、刚性差的工件和切削速度难以提高的零件加工中，体现出独特的优越性。如图 8-12 所示是超声波振动车削加工示意图。超声波加工与其他特种加工工艺相结合形成的复合特种加工技术，如超声波电解加工、超声波线切割等，可以加工各种型孔、型腔，获得较好的加工质量，一般尺寸精度可达 0.01～0.05 mm，表面粗糙度 R_a 值为 0.4～0.1μm。

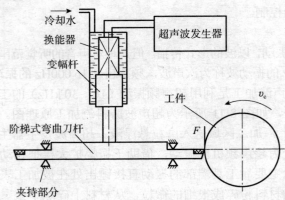

图 8-12　超声波振动车削加工示意图

5. 电子束加工

如图 8-13 所示为电子束加工原理示意图。电子枪射出高速运动的电子束经电磁透镜聚焦后轰击工件表面，在轰击处形成局部高温，使材料瞬时熔化、汽化、喷射去除。电磁透镜实质上只是一个通直流电流的多匝线圈，与光学玻璃透镜作用相似，当线圈通过电源后形成磁场，利用磁场，可迫使电子束按照加工的需要做相应的偏转。

利用电子束可加工特硬、难熔的金属与非金属材料，穿孔的孔可小于几微米。由于加工是在真空中进行，可有效防止被加工零件受到污染和氧化。但由于需要高真空和高电压的条件，且需要防止 x 射线逸出，设备较复杂，因此，电子束加工多用于微细加工和焊接等方面。

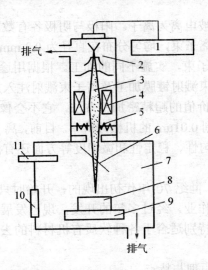

图 8-13 电子束加工原理示意图

1—高速加压；2—电子枪；3—电子束；4—电池透镜；5—偏转器；
6—反射镜；7—加工室；8—工件；9—工作台及驱动系统；10—窗口；11—观察系统

6. 离子束加工

离子束加工被认为是最有前途的超精密加工和微细加工方法。这种加工方法是利用氩（Ar）离子或其他带有 10 keV 数量级动能的惰性气体离子，在电场中加速，以其动能轰击工件表面而进行加工。如图 8-14 所示为离子束加工示意图。惰性气体由入口注入电离室，灼热的灯丝发射电子，电子在阳极的吸引和电磁线圈的偏转作用下，高速向下螺旋运动。

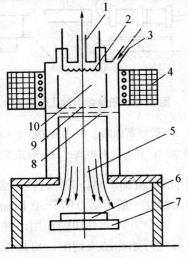

图 8-14 离子束加工示意图

1—真空抽气口；2—灯丝；3—惰性气体注入口；
4—电磁线圈；5—离子束流；6—工件；7、8—阴极；9—阳极；10—电离室惰性气体在高速电子撞击下被电离为离子。阳极与阴极各有数百个直径为 0.3 mm 的小孔，上下位置对齐，形成数百条离子束，均匀分布在直径为 0.3 mm 的小圆直径上。调整加速电压，可以得到不同速度的离子束，实施不同的加工。根据用途不同，离子束加工可以分为离子束溅射去除加工、离子束溅射镀膜加工及离子束溅射注入加工。

离子束加工是一种很有价值的超精密加工方法，它不会像电子束加工那样产生热并引起加工表面的变形，可以达到 $0.01\mu m$ 的机械分辨率。目前，离子束加工尚处于不断发展中，在高能离子发生器，它的均匀性、稳定性和微细度等方面还有待进一步研究。

7. 水射流加工

水射流加工技术是在 20 世纪 70 年代初出现的，开始时只是在大理石、玻璃等非金属材料上用做切割直缝等简单作业，经过多年的开发，现已发展成为能够切削复杂三维形状的工艺方法。这种加工方法特别适合于各种软质有机材料的去毛刺和切割等加工，是一种"绿"色加工方法。

（1）水射流加工的基本原理与特点。

①基本原理。如图 8-15 所示，水射流加工是利用水或加入添加剂的水液体，经水泵至贮液蓄能器使高压液体流动平稳，再经增压器增压，使其压力可达 $70\sim400$ MPa，最后由人造蓝宝石喷嘴形成 $300\sim900$ m/s 的高速液体射流束，喷射到工件表面，从而达到去除材料的加工目的。高速液体射流束的能量密度可达 10^{10}W/mm^2，流量为 7.5 L/min，这种液体的高速冲击，具有固体的加工作用。

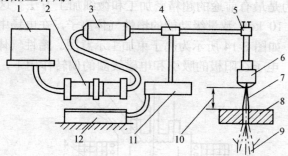

图 8-15　液体喷射加工示意图

1—带有过滤器的水箱；2—水泵；3—贮液蓄能器；4—控制器；5—阀；6—蓝宝石喷嘴；7—射流束；
8—工件；9—排水口；10—压射距离；11—液压系统；12—增压器

②水射流加工的特点。采用水射流加工时，工件材料不会受热变形，切缝很窄（$0.075\sim0.40$ mm），材料利用率高，加工精度一般可达 $0.075\sim0.1$ mm。

高压水束永不会变"钝"，各个方向都有切削作用，使用水量不多。加工开始时不需进刀槽、孔，工件上任意一点都能开始和结束切削，可加工小半径的内圆角。与数控系统相结合，可以进行复杂形状的自动加工。

加工区温度低，切削中不产生热量，无切屑、毛刺、烟尘、渣土等，加工产物混入液体排出，故无灰尘、无污染。适合木材、纸张、皮革等易燃材料的加工。

（2）水射流加工设备。水射流加工设备基本组成主要有液压系统、切割系统、控制系统、过滤设备等。国内一般都是根据具体要求设计制造的。目前，国外已有系列化的数控水射流加工机。

机床结构一般为工件不动，由切削头带动喷嘴做 3 个方向的移动。由于喷嘴口与工作表面距离必须保持恒定，才能保证加工质量，故在切削头上装一只传感器，控制喷嘴口与工件表面之间的距离。3 根轴的移动由数控系统控制，可加工出复杂的立体形状。

在加工大型工件如船体、罐体、炉体时，不能机床上进行，操作者可手持喷枪在工件上移动进行作业，对装有易燃物品的船舱、油罐，用高压水束切割，因无热量发生，则万无一失。手持喷枪可在陆地、岸滩、海上石油平台，甚至海底进行作业。

（3）水射流加工的应用。水射流加工的流束直径为 0.05～0.38 mm，加工的材料除大理石、玻璃外，还可以是很薄、很软的金属和非金属材料。已广泛应用于普通钢、装甲钢板、不锈钢、铝、铜、钛合金板，以至塑料、陶瓷、胶合板、石棉、石墨、混凝土、岩石、地毯、玻璃纤维板、橡胶、棉布、纸、塑料、皮革、软木、纸板、蜂巢结构、复合材料等近 80 种材料的切削。最大厚度可达 100 mm。例如，切削厚 19 mm 吸音天花板，水压为 310 MPa，去除速度为 76 m/min；切割玻璃绝缘材料至厚 125 mm，由于缝较窄，可节约材料，降低加工成本；用高压水喷射加工石块、钢、铝、不锈钢，工效明显提高；可代替硬质合金切槽刀具，可切材料厚几毫米至几百毫米，且切达质量很好。

用水喷射去除汽车空调机汽缸上的毛刺，由于缸体体积小、精度高、盲孔多，用手工去毛刺需工人 26 人，现用四台水喷射机在两个工位上去毛刺，每个工位可同时加工两个汽缸，由 25 只硬质合金喷嘴同时作业，实现了去毛刺自动化，使生产率大幅度提高。

用高压水间歇地向金属表面喷射，可使金属表面产生塑性变形，达到类似喷丸处理的效果。例如，在铝材表面喷射高压水，其表面可产生 5μm 硬化层，材料的屈服极限得以提高。此种表面强化方法，清洁、液体便宜、噪声低。此外，还可在经过化学加工的零件保护层表面划线。

复习与思考题

1. 试述精密和超精密加工对环境和设备的要求。
2. 联系实际，试简述电火花成型与线切割加工的异同。
3. 精密特种加工工艺有哪些，各有何特点？
4. 试论述特种加工的种类、特点与应用范围。
5. 试述电解加工的机理与特点。
6. 试比较电子束和离子束加工的原理与特点。
7. 试述超声波加工的机理、设备组成、特点及应用。
8. 试述水射流加工的基本原理与特点。

第九章 典型表面加工方法

　　本章以几种典型表面为对象，讲述各种加工方法在不同表面加工中的综合运用。针对不同的表面类型、质量要求和材料性能，合理地确定加工方法的组合。通过本章的学习，初步掌握对典型表面加工方法的选用及根据加工要求确定加工方法的合理组合。

　　机械零件的加工过程，就是零件上各种表面的加工过程。机械零件上的表面按其在机械产品中的作用不同，可分为功能性表面和非功能性表面两类。功能性表面与其他零件表面有配合要求，它的精度和表面质量决定着机器的性能，设计时需视其功能要求确定合理的精度和表面质量要求；非功能性表面与其他零件表面无配合要求，其加工精度和表面质量要求相对较低。

　　表面的类型和要求不同，所采用的加工方法也不一样。经济加工精度是指在正常加工条件下（采用符合质量标准的设备、工艺装备和标准技术等级的工人，不延长加工时间）所能保证的加工精度，简称经济精度。经济表面粗糙度的概念类同于经济精度的概念。随着技术的发展，每一种加工方法的经济精度也在不断提高。本章中的各种加工方法达到的精度和表面粗糙度值都指的是经济精度。

第一节 外圆表面加工

　　外圆表面是轴、套、盘等类零件的主要表面或辅助表面。其技术要求往往根据外圆表面在零件上的作用和部位不同而变化。

一、技术要求

　　外圆表面的技术要求，包括 4 个方面：尺寸精度指外圆表面直径和长度的尺寸精度；形状精度指外圆柱表面的圆度、圆柱度、母线直线度和轴线直线度；位置精度指外圆表面与其他表面（外圆表面或内孔表面）间的同轴度、对称度、位置度、径向圆跳动；与平面（端平面）间的垂直度、倾斜度等；表面质量主要指表面粗糙度、表面层的物理力学性能（如表层硬度、残余应力、显微组织等）。

二、加工方法

外圆表面加工常用的切削加工方法有：车削、磨削；特种加工方法有旋转电火花线切割和超声波套料等。当精度及表面质量要求很高时，还需进行光整加工；表 9-1 是外圆表面加工的常用方法。表中，R 代表回转运动，T 代表直线运动。

表 9-1　外圆表面加工方法

工件		刀具		表面成形原理图
主运动	进给运动	主运动	进给运动	
R			T	车削　成形车削　拉削　研磨
	R	R		铣削　成形磨（精磨）
	T/R	R		外圆磨　无心磨
R		R	T	车铣加工
R			T/R	滚压加工
	R		T	超精研磨

1. 外圆表面车削加工

外圆表面车削加工按其达到的精度和表面粗糙度不同，分为粗车、半精车和精车 3 种。

（1）粗车。粗车是采用大的背吃刀量、较大的进给量及中等或较低切削速度，尽快切除多余材料，提高生产率的一种加工方法。粗车后应留有半精车或精车的加工余量。粗车的尺寸精度达 IT12～IT13，表面粗糙度为 $R_a10～80\mu m$。对于要求不高的非功能性表面，粗车可作为最终加工；而对于要求高的表面，粗车作为后续工序的预加工。

（2）半精车。半精车在粗车的基础上进行，其背吃刀量和进给量均较粗车时小，可进一步提高外圆表面的尺寸精度、形状和位置精度及表面质量。半精车尺寸精度可达 IT10～IT11，表面粗糙度为 $R_a2.5～10\mu m$。半精车可作为中等精度外圆表面的终加工，也可作为高精度外圆表面磨削或精车前的预加工。

（3）精车。精车作为高精度外圆表面的终加工，其主要目的是达到零件表面的加工要求。要求使用高精度的车床，选择合理的车刀几何角度和切削用量。采用的背吃刀量和进给量比半精车还小，为避免产生积屑瘤，常采用高速精车或低速精车。精车后尺寸精度可达 IT7～IT8，表面粗糙度为 $R_a1.25～2.5\mu m$。

（4）金刚石镜面车。其尺寸精度可达 IT6～IT5，表面粗糙度低于 $R_a0.02～1.25\mu m$。一般用于单件、小批量的高精度外圆表面的终加工或无法磨削的有色金属零件的高精度外圆加工。

2. 外圆表面磨削加工

对车削后的外圆表面作进一步的精加工过程称为外圆表面的磨削加工。某些精确坯料也可不经车削加工直接进行磨削，如精密铸件、精密锻件和精密冷轧件。按照外圆表面磨削时选用砂轮的磨料粒度、砂轮修整质量以及磨削用量的不同，磨削也分为粗磨和精磨。

（1）粗磨。采用较粗磨粒的砂轮和较大的进给量，以提高生产率。粗磨的尺寸精度可达 IT8～IT9，表面粗糙度为 $R_a1.25～10\mu m$。

（2）精磨。精磨采用较细磨粒的砂轮和小进给量，以获得较高的精度和表面质量。精磨的尺寸精度可达 IT6～IT7，表面粗糙度可达 $R_a0.16～1.25\mu m$。

（3）光整加工。如果工件精度要求 IT5 以上、表面粗糙度要求达 $R_a0.1\mu m$ 以下，则在经过精车或精磨以后，还需进行表面光整加工。常用的外圆表面光整加工方法有研磨、超级光磨和抛光、滚压等。

外圆表面的车削加工，对于单件小批量生产，一般在普通车床上加工；对于大批量生产则多在转塔车床、仿形车床、自动及半自动车床上加工；重型零件多在立式车床上加工。数控车床在外圆加工中的应用也越来越普及。外圆表面的磨削可以在普通外圆磨床、万能外圆磨床或无心磨床上进行。

三、外圆表面加工方案

根据各种零件外圆表面的精度和表面粗糙度的要求，其加工方案大致可分为如下几类：

（1）低精度。对于加工精度和表面质量要求低的各种零件的外圆表面（淬火钢件除外），经粗车即可达到要求，尺寸精度达 IT12～IT13，表面粗糙度为 $R_a10～80\mu m$。

（2）中等精度。对于非淬火工件的外圆表面，粗车后再经一次半精车即可达到要求，尺寸精度达 IT10～IT11，表面粗糙度为 $R_a2.5～10\mu m$。

（3）较高精度。根据工件材料和技术要求不同可有两种加工方案。一种加工方案为"粗车－半精车－磨削"。此方案适用于加工精度较高的淬火钢件、非淬火钢件和铸铁件外圆表面，尺寸精度达 IT8～IT9，表面粗糙度为 $R_a1.25\sim10\mu m$；另一种加工方案为"粗车－半精车－精车"。该方案适用于铜、铝等有色金属件外圆表面的加工。有色金属塑性较大，其切屑易堵塞砂轮表面，影响加工质量，故以精车代替磨削，尺寸精度达 IT7～IT9，表面粗糙度为 $R_a1.25\sim5\mu m$。

（4）高精度。根据工件材料不同有两种加工方案。一种加工方案为"粗车－半精车－粗磨－精磨"。此方案适于加工各种淬火、非淬火钢件和铸铁件；另一种加工方案为"粗车－半精车－精车－金刚石车（或滚压）"。该方案适于加工有色金属零件。这两种方案加工的尺寸精度可达 IT6～IT5，表面粗糙度为 $R_a0.01\sim1.25\mu m$。

（5）精密。对于更高精度的钢件和铸铁件，除车削、磨削外，还需增加研磨或超级光磨等光整加工工序，使尺寸精度达 IT5，表面粗糙度达 $R_a0.32\sim0.008\mu m$。

常用外圆加工方案如图 9-1 所示。

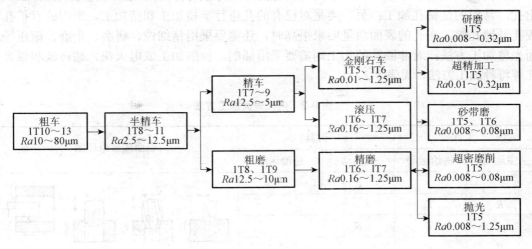

图 9-1　外圆加工方案

第二节　内孔表面加工

内孔表面（主要指光孔）是盘套、支架、箱体类零件的主要组成表面之一。以配合性质的不同内孔表面主要分为两种：即配合内孔及非配合内孔。

配合内孔是指装配中有配合要求的孔。如与轴有配合要求的套筒孔、齿轮或带轮上的孔、车床尾座体孔、主轴箱体上的主轴和传动轴的轴承孔等。其中箱体上的轴承孔孔系的加工精度要求较高；非配合用孔是指无配合要求的孔。如紧固螺栓孔、油孔、内螺纹底孔、齿轮或带轮轮辐孔等。这类孔的加工精度要求不高。

除了一般的内孔外，深孔和锥孔是特殊的内孔。深孔是长径比为 $L/D>5\sim10$ 的孔，这类孔加工难度较大，对刀具和机床均有特殊要求。如车床主轴上的轴向通孔。圆锥孔加工精度和表面质量要求均较高。如车床主轴前端的锥孔、钻床刀杆的锥孔等。

一、技术要求及加工方法

1．技术要求

技术要求是拟定工艺方案的重要依据。内孔表面的技术要求有 4 个方面：在尺寸精度上，指孔径和孔长的尺寸精度及孔系中孔与孔、孔与相关表面间的尺寸精度等；在形状精度上，指内孔表面的圆度、圆柱度及母线直线度和轴线直线度等；在位置精度上指孔与孔（或与外圆表面）间的同轴度、对称度、位置度、径向圆跳动，孔与孔（或与相关平面）间的垂直度、平行度、倾斜度等；在表面质量上，指内孔表面粗糙度、表面层物理力学性能。

2．加工方法

根据孔的结构和技术要求的不同，内孔的加工方法可分为两类：一类是从实体上加工出孔，常用的是钻孔加工；另一类是对已有的孔进行半精加工和精加工，常用的有扩孔、铰孔及镗孔等。当孔的表面质量要求很高时，还需要采用精细镗、研磨、珩磨、滚压等表面光整加工方法；对非圆孔的加工则需要采用插削、拉削加工或电火花、超声波和激光打孔等特种加工方法，见表 9-2。

表 9-2　内孔表面加工方法

工件		刀具		表面成形原理图
主运动	进给运动	主运动	进给运动	
		R	T	
R	T			
		T	R	
R			T	
			T	
			T	
	R	R	T	
		R	T/R	
		R	T	

同样的精度要求，内孔表面比外圆表面更难加工。原因在于，加工内孔表面时，刀具尺寸受被加工孔径限制，刀杆细、刚性差，容易偏斜；同时，由于刀具处于被加工孔的包围之中，切削液很难进入切削区，散热、冷却、排屑条件差，测量也不方便。在深孔和小孔的加工中尤其应该注意，孔加工中的导向、排屑和冷却问题是选择加工方法时必须考虑的问题。

钻孔、锪孔用于粗加工；扩孔、车孔、镗孔用于半精加工或精加工；铰孔、磨孔、拉孔用于精加工；研磨、珩磨、滚压主要用于高精加工。特种加工方法主要用于难加工材料的加工。

孔加工的常用设备有钻床、车床、铣床、镗床、拉床、内圆磨床、万能外圆磨床、研磨机、珩磨机以及电火花成形机床、超声波加工机床、激光加工机床等。

二、加工方案

根据各种零件内孔表面的尺寸、长径比、精度和表面粗糙度要求，在实体材料上加工内孔，其加工方案大致有 5 种。

1. 低精度加工

对精度要求不高的未淬硬钢件、铸铁件及有色金属件，经一次钻孔或者经过粗镗（已有毛坯孔）即可达到要求。尺寸精度达 IT10～IT13，表面粗糙度为 $R_a5～80\mu m$。

2. 中等精度加工

对于精度要求中等的未淬硬钢件、铸铁件及有色金属件，当孔径小于 30 mm 时，采用钻孔后扩孔（或粗拉）；孔径大于 30mm，采用钻孔后半精镗达到要求。尺寸精度达 IT9～IT13，表面粗糙度为 $R_a1.25～40\mu m$。

3. 较高精度加工

对于精度要求较高的除淬硬钢以外的内孔表面，当孔径小于 20 mm 时，采用钻孔后铰孔；孔径大于 20 mm 时，可选用下列方案之一：钻—扩—铰，钻—半精镗—精镗，钻—镗（或扩）—磨；钻—拉。尺寸精度达 IT7～IT9，表面粗糙度为 $R_a0.32～10 \mu m$。

4. 高精度加工

对于精度要求很高的内孔表面，以 12 mm 为基准。当孔小于 12 mm 时，可采用钻—粗铰—精铰方案。孔径大于 12 mm 时，可选用下列方案之一：钻—扩（或镗）—粗铰—精铰；钻—拉—推；钻—扩（或镗）—粗磨—精磨。尺寸精度达 IT6～IT8，表面粗糙度为 $R_a0.08～1.25\mu m$。

5. 精密加工

精密内孔表面对于精度要求更高。尺寸精度达 IT5～IT6 以上，表面粗糙度为 $R_a0.008～1.25\mu m$。可在高精度内孔表面加工方案的基础上，采用金刚镗、研磨、珩磨、滚压等精细加工方法加工。对于已有底孔的内孔表面，可直接采用扩孔或镗孔，孔径在 80 mm 以上时，以镗孔为宜。常用的孔加工方案如图 9-2 所示。

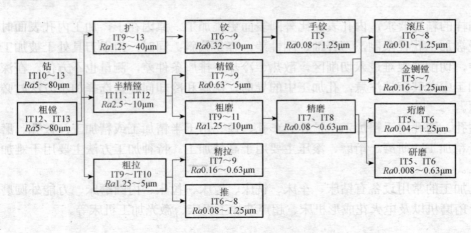

图 9-2　常用的孔加工方案

第三节　平面加工

一、概述

1. 平面类型及技术要求

平面是组成平板、支架、箱体、床身、机座、工作台以及各种六面体零件的主要表面之一。零件上常见的直槽、T形槽、V形槽、燕尾槽、平键槽等沟槽可以看做是平面（有时也有曲面）的不同组合。按照平面所起的作用不同，平面可分为五种：

（1）非结合平面。非结合平面不与任何零件相配合，一般无加工精度要求，只有当表面为了增加耐腐和美观时才进行加工。

（2）结合平面。结合平面有较高的精度和表面质量要求。多用于零部件的连接表面，如车床的主轴箱与床身的连接面。

（3）导向平面。导向平面的精度和表面质量要求很高。如各类机床的导轨面。

（4）精密量具表面。密量具表面要求精度和表面质量均很高。如钳工的平台、平尺的测量面和计量用量块的测量平面等。

平面的技术要求有 3 种：形状精度、位置尺寸、位置精度及表面质量。形状精度指平面本身的直线度、平面度公差；位置尺寸及位置精度指平面与其他表面之间的位置尺寸公差、平行度及垂直度公差；表面质量指表面粗糙度、表层硬度、残余应力和显微组织等。

二、平面加工方法

加工平面常用的切削加工方法有车削、铣削、刨削、刮削、宽刃精刨、普通磨削、导轨磨削、精密磨削、砂带磨削、研磨和抛光等；特种加工方法有电解磨削平面和电火花线切割平面等。常用的平面加工方法如表 9-3 所示。

1. 平面的车削加工

车削可以在一次安装中将回转体类零件的端面、外圆表面、内圆表面全部加工出来，保证它们之间的位置精度要求。中小型零件的端面一般在卧式车床上加工，大型零件的平面需要在立式车床上加工。平面车削一般用于加工回转本类零件的端面。

平面车削的尺寸精度可达 IT6～IT11，表面粗糙度为 $R_a1.25$～10μm。精车后的平面度误差在直径为 100 mm 的端面上最小可达 0.005～0.008 mm。采用精细车表面粗糙度可达 $R_a0.02$～1.25μm。

2. 平面的铣削加工

平面铣削分粗铣和精铣。精铣的表面粗糙度为 $R_a0.63$～5μm，两平面间的尺寸公差等级为 IT6～IT8。铣削加工适用于各种不同形状的平面、沟槽的粗、半精加工。

3. 平面的刨削加工和拉削加工

平面刨削分粗刨和精刨。精刨后的表面粗糙度为 $R_a0.63$～5μm，两平面间的尺寸公差等级可达 IT6～IT8；采用宽刀精刨技术，其表面粗糙度可达 $R_a0.16$～1.25μm；采用精拉加工，尺寸精度可达 IT6～IT9，表面粗糙度可达 $R_a0.32$～2.5μm。刨削和拉削一般适用于水平面、垂直面、斜面、直槽、V 形槽、T 形槽、燕尾槽单件小批量的粗加工、半精加工。

表 9-3　平面加工方法

工件		刀具		表面成形原理图
主运动	进给运动	主运动	进给运动	
T	T			刨（牛头刨）　　插
T		R		周铣　　磨铣　　平磨　　端面平磨
	R	T		车
		T		拉

4. 平面的磨削加工

磨削平面是平面精加工的主要方法。精磨后表面粗糙度为 $R_a0.16$～1.25μm，两平面间的尺寸公差等级可达 IT6～IT8。主要用于中、小型零件高精度表面及淬火钢等硬度较高的材料表面的加工。

5. 平面的光整加工

平面的光整加工方法主要有研磨、刮削和抛光等。研磨多用于中小型工件的最终加工，尤其当两个配合平面间要求很高的密合性时，常用研磨法加工，加工精度可达 IT5～IT6，加工表面粗糙度可达 $R_a0.008～0.63\mu m$；平面的刮削常用于工具、量具、机床导轨、滑动轴承的最终加工，加工表面粗糙度可达 $R_a0.04～1.25\mu m$。精加工后的平面经抛光后，可以去掉前工序的加工痕迹，从而获得更光泽的表面。抛光仅能降低表面粗糙度值，不能提高加工精度。

6. 其他

电解磨削平面、线切割平面适宜加工高强度、高硬度、热敏性和磁性等导电材料上的平面。

三、平面加工方案

在选择平面加工方案时，除根据平面的精度和表面粗糙度要求外，还应考虑零件的结构形状、尺寸、材料的性能和热处理要求以及生产批量等。通常有以下几种类型：

（1）低精度平面的加工。经粗刨、粗铣、粗车等即可达到要求，淬火钢零件除外。加工精度可达 IT11～IT13，表面粗糙度为 $R_a5～80\mu m$。

（2）中等精度平面的加工。中等精度平面的加工加工精度可达 IT6～IT9，表面粗糙度为 $R_a0.32～5\mu m$。视工件平面尺寸不同，对于非淬火钢件、铸铁件有四种加工方案：其中粗刨—精刨适于加工狭长平面；粗铣—精铣适于加工宽大平面；粗车—精车适于加工回转体轴、套、盘、环等类零件的端面；粗拉—精拉适于贯通的内平面加工。

（3）高精度平面的加工。高精度平面的加工方案的加工精度可达 IT6～IT7，表面粗糙度可达 $R_a0.04～1.25\ \mu m$。未淬火钢件、铸铁件、有色金属等材料工件的加工，采用三种加工方案：粗刨—精刨—宽刃精刨（代刮削）适于加工狭长平面；粗铣—精铣—高速精铣适于加工宽平面；粗铣—拉削的方案不仅生产率很高，而且加工质量也较高。

在以上的加工方案中，淬火钢和非淬火钢件、铸铁件可以采用粗铣（粗刨）—精铣（精刨）—磨削的加工方法。回转体零件的台肩平面可以采用粗车—精车—磨削的加工方法。

（4）精密平面的加工。精密平面的加工加工精度达到 IT6 以上，表面粗糙度达到 $R_a0.008～0.32\ \mu m$。对于有更高精度要求的平面，可在磨削后分别采用研磨、精密磨、导轨磨、抛光等方法。

常用的平面加工方案如图 9-3 所示。

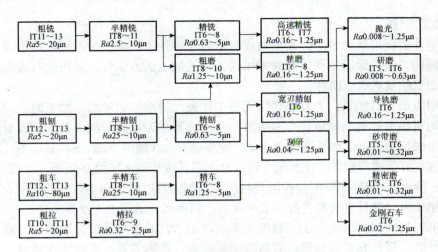

图 9-3　常用平面加工方案

第四节　成形表面加工

一、成形表面的类型及加工方法

1. 类型

成形表面是机械零件上除了内外圆和平面之外的一类形状复杂的表面。如图 9-4 所示，按照几何特征，成形表面可分为三种类型：回转成形面由一条与轴线具有确定位置关系的直线或曲线母线绕轴线旋转而成，如滚动轴承内、外圆的圆弧滚道和手柄的回转曲面（如图 9-4a 所示）；直线成形面由一条直母线沿一条曲线平行移动而成，如凸轮的廓形表面（如图 9-4b 所示）、冷冲模的凸凹模型面、齿轮的渐开线齿面（如图 9-4d 所示）等；立体成形面是由零件各个剖面具有不同的轮廓形状的三维曲面，如锻模、压铸模、塑压模的型腔（如图 9-4c 所示）。

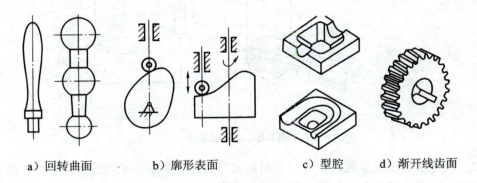

　　a）回转曲面　　　　　　b）廓形表面　　　　　　c）型腔　　　d）渐开线齿面

图 9-4　成形表面的类型

2．加工方法

根据零件表面形状的特点、加工精度要求以及零件生产类型的不同，成形表面的加工可采用不同的方法。除了单件生产时采用钳工手工加工的方法外，常用的有成形法、轨迹法、数控加工法及展成法四种。

（1）用成形刀具加工。刀具的切削刃按工件表面轮廓形状制造，加工时，刀具相对工件作简单的直线进给运动即可。车削成形面是用成形车刀可以车削内外回转成形面；铣削成形面是用成形铣刀可以加工直线成形面、螺旋成形面（如图 9-5a、b 所示）等；磨削成形面是利用修整好的成形砂轮，在磨床上可以磨削回转成形面（如图 9-6a 所示）、直线成形面（如图 9-6b 所示）；成形面刨削与拉削是利用成形刨刀可以刨削加工直线外成形表面；拉削加工可以加工内、外贯通成形表面，生产率高，精度高，适用于大批量生产。

用成形刀具加工成形面，加工精度主要取决于刀具的刃形精度，要求同一批工件表面形状、尺寸的一致性和互换性好，有较高的生产率，成形刀具可重磨的次数多，刀具的寿命长。由于成形刀具的设计、制造和刃磨都较复杂，故刀具的成本也较高。因此，用成形刀具加工成形面，适用于成形面精度要求较高、尺寸较小、批量较大的场合。

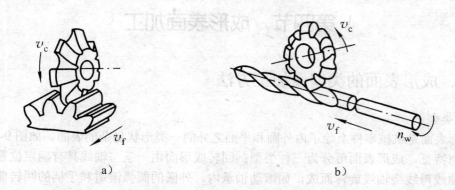

图 9-5　成形面铣削

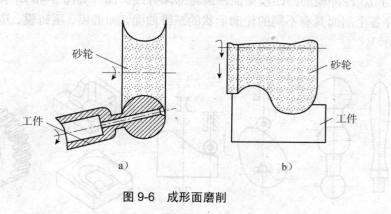

图 9-6　成形面磨削

（2）轨迹法加工成形面。轨迹法是根据成形表面的类型，采用具有简单刃形的刀具，使刀具按一定的轨迹运动，加工出所要求的成形面的方法。常用的方法有仿形法和轨迹合成法。

　　仿形法加工是通过机械、液压或电气的方法使刀具按靠模的形状作特定轨迹的运动，加工出所要求的成形曲面；轨迹合成法则是使刀具与工件按一定的轨迹运动，合成所要求的曲面成形面。如图 9-7 所示，可以通过车刀的圆弧轨迹运动和工件的回转运动合成球面，通过铣刀和工件的运动轨迹合成可以加工球面，可以应用球面砂轮和工件转动合成球面。

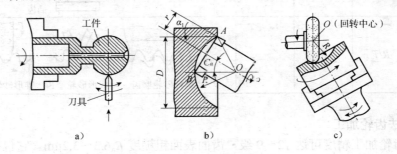

图 9-7　轨迹法加工成形面

　　（3）数控加工方法。数控加工已经普遍应用于模具三维型腔曲面加工。对于形状复杂的三维曲面，如模具型腔等，在单件小批生产时，应用数控机床的三轴或多轴联动加工可以高质量、高效地完成加工。

　　（4）展成法加工成形面。展成法是加工齿轮渐开线齿面的主要方法，此外，花键、链轮的齿面也可以采用展成法加工。

二、齿面加工方法

　　齿轮的齿面是一类特殊的成形表面。齿面加工方法很多，可分为无屑加工和有屑加工两大类。无屑加工包括热轧、冷轧、冷挤、冲压等，其加工精度一般不高；有屑加工（即切削加工）是目前齿轮加工的主要方法。

　　齿轮的切削加工方法可以分为两大类（见表 9-4）。

表 9-4　常用齿轮加工方法

工件		刀具		表面成形原理图
主运动	进给运动	主运动	进给运动	
T	R			铣齿　　指状铣刀铣齿　　成形磨齿
R/T	R			滚齿　　剃齿

续表

工件		刀具		表面成形原理图
主运动	进给运动	主运动	进给运动	
R	T	R		插齿
R/T		R		 蜗杆砂轮磨齿　　成形砂轮磨齿　　锥形砂轮磨齿

1. 成形法齿轮加工

成形法齿轮加工精度可达 12～9 级，齿面表面粗糙度 $R_a6.3～3.2\mu m$。它包括成形铣削、齿轮成形磨削和齿轮拉削。齿轮铣削方法在单件小批量生产和机修工作中应用较多，主要用于直齿、斜齿和人字齿圆柱齿轮的加工。齿轮成形磨削是把砂轮修整成与被磨齿轮齿槽一致的形状，磨齿过程与用齿轮铣刀铣齿类似。成形法磨齿的生产率高，但受砂轮修整精度与分齿精度的影响，加工精度较低。

2. 展成法齿轮加工

这种加工方法包括滚齿、插齿、剃齿、磨齿、珩齿等。

（1）滚齿加工。具有适应性好、生产率较高、分齿精度高等优点，但缺点是齿形精度较低。适于加工直齿、斜齿圆柱齿轮和蜗轮，而不能加工内齿轮、扇形齿轮和相距很近的多联齿轮。

（2）插齿加工。此种方法适于加工模数较小、齿宽较窄、工作平稳性精度要求较高而运动精度又要求不十分高的齿轮。与滚齿加工相比，插齿加工的齿形精度高，但加工后齿轮的运动精度比较差，齿向误差比较大，生产率低。它可以加工内齿轮、齿条、扇形齿轮、双联齿轮、三联齿轮等。

（3）剃齿加工。剃齿加工对齿轮的齿形误差和基节误差有较强的修正能力，但对齿轮的切向误差的修正能力差，一般在滚齿后进行。剃齿加工效率高，一般 2～4 min 便可完成一个齿轮的加工。加工成本低，平均比磨齿低 90%。剃齿加工精度主要取决于刀具，可加工表面粗糙度为 $R_a0.32～1.25\mu m$、精度为 7～6 级的齿轮。常用于大批大量生产中中等模数、非淬硬齿面的齿轮精加工。硬齿面剃齿技术采用有 CBN 镀层的剃齿刀，可精加工 60HRC 以上的渗碳淬硬齿轮，刀具转速可达 3 000～4 000 r/min，生产效率更高。

（4）珩齿加工。用于加工淬硬齿面的齿轮精加工。珩齿加工过程为低速磨削、研磨和抛光的综合作用过程，被加工齿面不会产生烧伤和裂纹，表面质量好。主要用来减小热处理后齿面的表面粗糙度值，一般可从 $R_a1.6\mu m$ 减小到 $R_a0.4\mu m$ 以下。常用于大批大量生产中 6～8 级精度淬火齿轮的加工。但珩齿修正误差的能力较差，珩磨前应采用滚齿加工。

（5）磨齿加工。磨齿加工是一种重要的齿形精加工方法。磨齿包括锥形砂轮、双碟形砂轮磨齿和蜗杆形砂轮磨齿等形式。加工精度高，一般条件下加工精度可达 6～4 级，表面粗糙

度为 $R_a0.8\sim0.2\mu m$。由于采取强制啮合方式，不仅修正误差的能力强，而且可以加工表面硬度很高的齿轮。但是，一般磨齿加工效率较低，机床结构复杂，调整困难，加工成本高。

三、齿面加工方案

随着技术的发展，磨齿加工将会在生产中应用得越来越多。如表 9-5 所示为不同精度等级的齿轮加工方案。

表 9-5　齿轮加工方案

齿轮精度等级	齿面粗糙度 Ra/μm	热处理	齿形加工方案	生产类型
9 级以下	6.3～3.2	不淬火	铣齿	单件小批
8 级	3.2～1.6	不淬火	滚齿或插齿	
		淬火	滚（插）齿—淬火—珩齿	
		不淬火	滚齿—剃齿	
7 级或 6 级	0.8～0.4	淬火	滚（插）齿—淬火—磨齿 滚齿—剃齿—淬火—珩齿	单件小批
6 级以上	0.4～0.2	不淬火	滚（插）齿—磨齿 滚（插）齿—淬火—磨齿	

注：未注生产类型的，表示适用于各种批量。此时加工方案的选择主要取决于齿轮精度等级和热处理要求。

复习与思考题

1. 为什么在零件的加工过程中，常把粗加工和精加工分开进行？
2. 简述外圆表面的加工方法的特点及加工精度与加工方案有的关系。
3. 简述内孔表面的加工方法有的特点及内孔表面的加工精度与加工方案的关系。
4. 平面加工方法的特点是什么？平面的表面粗糙度要求与加工方案有什么关系？
5. 简述插齿和滚齿的精度和生产率为什么比铣齿高。
6. 试分析以下零件的外圆表面、内孔表面用何种方案加工比较合理：
（1）45 钢轴，$\phi50h6$，$R_a0.2\mu m$，表面淬火 40～45HRC；
（2）纯铜小轴，$\phi20h7$，$R_a0.8\mu m$；
（3）大批量生产中，铸铁齿轮上的孔，$\phi50H7$，$R_a0.8\mu m$；
（4）高速钢三面刃铣刀上的孔，$\phi30H7$，$R_a0.2\mu m$。
7. 试析以下零件上的平面用何种加工方案比较合理：
（1）单件小批生产中，铸铁机座的底面，$L\times B=40mm\times200mm$，$R_a3.2\mu m$；
（2）成批生产中，镗床工作台台面（铸铁），$L\times B=1\,000\,mm\times300\,mm$，$R_a1.6\mu m$。

下　篇

机　械　制　造　工　艺

第十章　机械制造工艺规程设计

　　本章重点是按照科学的原则、方法和步骤，制定机械加工工艺规程。掌握数控加工工艺特点、了解成组技术及 CAPP 的基本原理；建议配合实习实训，熟悉机械装配工艺规程制定的方法和步骤。

第一节　机械制造工艺规程概述

　　工艺规程是在具体的生产条件下说明并规定工艺过程的权威性、纪律性工艺文件。根据生产过程的工艺性质，可分为毛坯制造、零件机械加工、热处理、表面处理以及装配等不同的工艺规程。其中，规定零件加工工艺远程和操作方法等的工艺文件称为机械加工工艺规程；用于规定产品或部件的装配工艺过程和装配方法的工艺文件是机械装配工艺规程。

　　机械加工工艺规程包括：工件加工工艺路线及所经过的车间、工段、各工序的内容及所采用的机床和工艺装备、工件的检验项目及检验方法、切削用量、工时定额及工人技术等级内容。

一、机械制造工艺规程的种类与格式

　　将工艺规程的内容，填入一定格式的卡片，就成为生产准备和施工所依据的工艺文件。

1. 机械加工工艺规程

　　（1）机械加工工艺过程卡。机械加工工艺过程卡是指以工序为单位，简要说明产品或零件、部件的加工（或装配）过程的一种工艺文件。这种卡片主要列出了整个零件加工所经过的工艺路线（包括毛坯、机械加工和热处理等），这是制定其他工艺文件的基础，也是生产技术准备、编制作业计划和组织生产的依据。在这种卡片中，各工序的说明不具体，大多作为生产管理方面使用。在单件小批生产中，通常不编制其他更详细的工艺文件，而是以这种卡片指导生产。机械加工工艺过程卡片的格式见表 10-1。

表 10-1　机械加工工艺过程卡片

（工厂名）	机械加工工艺过程卡片	产品名称及型号			零件名称		零件图号				第　页
		材料	名称		毛坯	种类	零件重量/kg	毛重			第　页
			牌号			尺寸		净重			共　页
			性能		每料件数		每台件数		每批件数		
工序号	工序内容				加工车间	设备名称及编号	工艺装备名称及编号			技术等级	时间定额/min
							夹具	刀具	量具		单件 / 准备—终结
更改内容											
编制		抄写		校对		审核			批准		

（2）机械加工工艺卡。机械加工工艺卡是以工序为单位详细说明整个工艺过程的工艺文件。内容包括：零件的材料、质量、毛坯的制造方法、各个工序的具体内容及加工后要达到的精度和表面粗糙度等。它是用来指导工人生产和帮助车间管理人员和技术人员掌握整个零件加工过程的一种主要技术文件。它广泛应用于成批生产的零件和小批量生产中的重要零件。该工艺卡片的格式见表 10-2。

表 10-2　机械加工工艺卡片

（工厂名）	机械加工工艺卡片	产品名称及型号			零件名称		零件图号				第　页
		材料	名称		毛坯	种类	零件重量/kg	毛重			第　页
			牌号			尺寸		净重			共　页
			性能		每料件数		每台件数		每批件数		
工序	安装	工步	工序内容	同时加工零件数	切削用量				设备名称及编号	工艺装备名称及编号	技术等级	工时定额/min
					背吃刀量/mm	切削速度/（m/min）	切削速度/（r/min）或双行程数/min	进给量/（mm/r）或（mm/mn）		夹具 刀具 量具		单件 / 准备—终结
更改内容											
编制		抄写		校对		审核			批准		

（3）机械加工工序卡。机械加工工序卡是用来具体指导工人进行操作的一种详细工艺文件。这种卡片每序一卡，更详细地说明零件的全部加工内容和参数。在这种卡片上，要画出工序简图，说明该工序的加工表面应达到的尺寸和公差、工件的装夹方式、刀具的类型和位置、进刀方向和切削用量等。在零件批量较大时都要采用这种卡片，其格式见表 10-3。

表 10-3　机械加工工序卡

厂名		产品型号		零（部）件图号		共　　页	
		产品名称		零（部）件名称		第　　页	
材料牌号	毛坯种类	毛坯外形尺寸		每毛坯件数	每台件数	备注	
			车　间	工序号	工序名称	材料牌号	
			毛坯种类	毛坯外形尺寸	每坯件数	每台件数	
			设备名称	设备型号	设备编号	同时加工件数	
			夹具编号	夹具名称		切削液	
						工序工时	
						准终	单件
工步号	工步内容	工艺装备	主轴转速/(r/min)	切削速度/(m/min)	进给量/(mm/r)	背吃刀量/min	进给次数	工时定额	
								机动	辅助
				编制（日期）	审核（日期）	会签（日期）			
标记	处记	更改文件号	签字	日期	标记	处记	更改文件号	签字	日期

2. 机械装配工艺规程

（1）装配工艺过程卡。在成批生产中，要根据装配工艺流程制定装配工艺过程卡。卡片上的每一工序应简要说明该工序的工作内容、所需设备、时间定额等。见表 10-4。

表 10-4　装配工艺过程卡片

装配工艺过程卡片				产品型号	零（部）件图号				
				产品名称	零（部）件名称		共（　）页		第（　）页
					设计（日期）	审核（日期）	标准化（日期）	会签（日期）	
标记	处数	更改文件号	签字	日期	标记	处数	更改文件号	签字	日期

（2）装配工序卡。在大批量生产中，要制定装配工序卡，详细说明该工序的工艺内容、装配方法、所用工艺装备，用工序卡直接指导工人进行装配。对成批生产中的关键装配工序也需要制定装配工序卡片，以保证重要装配工序的质量，从而保证整机的质量。格式见表 10-5。

表 10-5　装配工序卡片

厂名	装配工序卡	产品名称		更改标记		部件图号		—	
		每件台数				部件名称			
		第　页　共　页				部件质量			
工序号	简图	工序内容	零件		设备及夹具			工具			工序定额
			号码	数量	名称	编号	数量	名称	编号	数量	
更改根据		设计		校对		审核		会签		批准
标记数目										
签名日期										

（3）装配工艺系统图。单件、小批生产时，通常不需制定装配工艺卡片，而用装配单元系统图来指导装配过程，装配时按产品装配图和装配系统图进行装配。应用装配单元系统图可以清晰地表示装配顺序，再加注所需的工艺说明（如焊接、配钻、配刮、冷压、热压、攻螺纹、铰孔及检验等），就形成了装配工艺系统图。

二、工艺规程设计的原则与步骤

1．工艺规程设计的原则

在保证产品质量的前提下，尽量提高生产率和降低成本。要在充分利用本企业现有生产条件的基础上，尽量采用国内外先进工艺技术和经验，并保证有良好的劳动条件。工艺规程应做到正确、完整、统一和清晰，所用术语、符号、计量单位、编号等都要符合相应标准。

工艺规程设计必须具备下列原始资料：

①产品的装配图和零件的工作图。

②产品验收的质量标准。

③产品的生产纲领。

④毛坯的生产条件或协作关系。

⑤现有生产条件和资料。包括工艺装备及专用设备的制造能力、有关机械加工车间的设备和工艺装备的条件、技术工人的水平以及各种工艺资料和技术标准等。

⑥国内、外同类产品的有关工艺资料等。

2．机械加工工艺规程设计主要步骤

①分析零件图和产品的装配图；

②确定毛坯；

③选择定位基准；

④制定工艺路线；

⑤确定各工序的设备、刀具、量具和辅助工具；

⑥确定各工序的加工余量，计算工序尺寸及公差；

⑦确定各主要工序的切削用量和时间定额；

⑧确定各主要工序的技术要求及检验方法；

⑨进行技术经济分析，选择最佳方案；

⑩填写工艺文件。

3．机械装配工艺规程设计的主要步骤

①分析零件图和产品的装配图；

②确定装配组织形式；

③选择装配方法；

④划分装配单元，规定合理的装配顺序；

⑤划分装配工序；

⑥编制装配工艺文件。

第二节　机械加工工艺规程设计

一、零件图的审查分析

零件图是制定工艺规程最主要的原始资料，保质、保量、低耗地获得零件工作图的全部技术要求是制定工艺规程的核心。只有很好地分析掌握原始资料，才能完成工艺规程制定工作。对零件进行工艺分析，主要包括零件工作图分析和零件的结构工艺性分析两个方面。

1．零件工作图分析

对零件工作图的分析主要包括以下几点：

（1）完整性与正确性。在了解零件形状与各表面构成特征之后，应检查零件视图是否完整，尺寸、公差、表面粗糙度和技术要求的标注是否齐全、合理，由于主要表面的加工是零件工艺过程的主线，因此尤其要全面掌握主要表面的技术要求。

（2）技术要求的合理性。零件的技术要求主要指精度（尺寸精度、形状精度、位置精度）、热处理及其他要求（如动、静平衡等）的标注等。要科学分析这些要求在保证使用性能的前提下是否经济合理，在现有生产条件下是否实现等。

（3）选材的恰当性。零件的选材要立足国内，在能满足使用要求的前提下尽量选用我国资源丰富的材料。

2．零件的结构工艺性分析

零件结构工艺性是指所设计的零件在满足使用要求的前提下制造的可行性和经济性。结构工艺性的问题比较复杂，它涉及毛坯制造、机械加工、热处理和装配等各方面的要求。表 10-6 中列举了一些零件机械加工工艺性对比的例子，可供参考。

在实际生产中，若在对零件图审查时发现视图、尺寸标注、技术要求等有错误或遗漏，或结构工艺性不正确时，应提出修改意见。

如图 10-1 所示的车床主轴箱体，是车床的基础零件，它使其内部的轴、套、齿轮等零件保持正确的相互位置，彼此按着一定的传动关系协调地运动，构成机床主轴箱部件。箱体以基准平面安装在床身上。主轴箱体的加工质量直接影响着机床的性能、精度和寿命。

表 10-6　零件的机械加工工艺性实例

工艺性内容	不合理的结构	合理的结构	说　明
1. 加工面积应尽量小			1. 减少加工量; 2. 减少刀具及材料的消耗量
2. 钻孔的入端和出端应避免斜面			1. 避免钻头折断; 2. 提高生产率; 3. 保证精度
3. 槽宽尺寸一致			1. 减少换刀次数; 2. 提高生产率
4. 键槽布置在同一方向上			1. 减少调整次数; 2. 保证位置精度
5. 孔的位置不能距离太近		$S > D/2$	1. 可以采用标准刀具; 2. 保证加工精度
6. 槽的底面不应与其他加工面重合			1. 便于加工; 2. 避免损伤加工表面
7. 螺纹根部应有退刀槽			1. 避免损伤刀具; 2. 提高生产率
8. 凸台表面位于同一平面上			1. 生产率高; 2. 易保证精度
9. 轴上两相接精加工表面间应设刀具越程槽			1. 生产率高; 2. 易保证精度

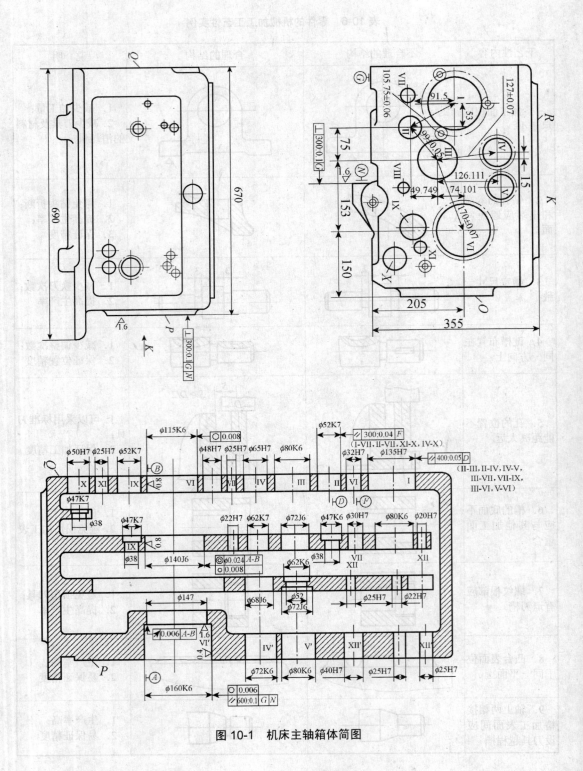

图 10-1　机床主轴箱体简图

该主轴箱体零件的主要技术要求如下：

（1）孔径的精度。孔径的尺寸误差和几何形状误差会影响轴承与孔的配合质量与工作性能。孔径过大，配合过松，使主轴回转轴线不稳定，并降低了支撑刚度，易产生振动和噪音；孔径太小，会使配合过紧，轴承将因外环变形而不能正常运转，缩短寿命。安装轴承的孔不圆，也会使轴承外环变形而引起主轴径向跳动。因此，对孔的精度要求高。其中，主轴孔的尺寸公差等级为IT6，其余孔为IT6～IT7。孔的几何形状精度一般控制在尺寸公差范围内即可。

（2）孔与孔的位置精度。同一轴线上各孔的同轴度误差和孔端面对轴线垂直度误差，会使轴和轴承装配到箱体内出现歪斜，从而使轴产生径向跳动和轴向窜动，加剧轴承磨损。孔系之间的平行度误差和中心距误差会影响齿轮的啮合质量。一般同轴上各孔的同轴度约为最小孔尺寸公差之半，中心距的精度应符合齿轮啮合的精度要求。

（3）孔和平面的位置精度。主轴孔和主轴箱安装基面的平行度决定了主轴和床身导轨的相互位置关系。这项精度是在总装时通过刮研来达到的。为了减少刮研工作量，一般都要规定主轴轴线对安装基面的平行度公差。

（4）主要平面的精度。装配基面的平面度影响主轴箱与床身连接时的接触刚度，加工过程中作为定位基面，还会影响主要孔的加工精度。因此，规定底面和导向面必须垂直，用涂色法检查接触面积或单位面积上的接触点来衡量平面度的精度。顶面的平面度要求是为了保证箱盖的密封性，防止工作时润滑油泄出。当大批量生产将其顶面用做定位基面加工孔时，对平面度要求还要提高。

（5）表面粗糙度。重要孔和主要平面的粗糙度会影响连接面的配合性质或接触刚度，其具体要求一般用 R_a 值来评价。一般主轴孔 R_a 值为 0.4μm，其他各纵向孔 R_a 值为 1.6μm，孔的内端面 R_a 值为 3.2μm，装配基准面和定位基准面 R_a 值为 0.63～2.5μm，其他平面的 R_a 值为 2.5～10μm。

二、毛坯的确定

毛坯制造是零件生产过程的一部分。根据零件的技术要求、结构特点、材料、生产纲领等方面的情况合理地确定毛坯的种类、制造方法、形状和尺寸等，不仅影响到毛坯制造的经济性，而且影响到机械加工的经济性。所以在确定毛坯的时候，既要考虑热加工方面的因素，也要兼顾冷加工方面的要求，尽量降低零件的综合机械制造成本。

1. 毛坯的种类确定

毛坯的种类有铸件、锻件、压制件、冲压件、焊接件、型材和板材等。表10-7给出了各种制坯方法的主要技术特征，具体确定时可结合有关资料进行，同时还要全面考虑下列因素的影响。

（1）零件的材料及其力学性能。当零件的材料确定后，毛坯的类型也就大致确定了。例如，零件材料为铸铁时，须用铸造毛坯；材料是钢材，且力学性能要求高时，可选锻件；当力学性能要求不高时，可选型材或铸钢。

表 10-7　各种毛坯制造方法的工艺特点

毛坯制造方法	最大重量/N	最小壁厚/mm	形状的复杂性	材料	生产方式	精度等级/IT	尺寸公差值/mm	表面粗糙度	其他
手工砂型铸造	不限制	3~5	最复杂	铁碳合金、有色金属及其合金	单件生产及小批生产	14~16	1~8	∇	余量大，一般为 1~10mm；由砂眼和气泡造成的废品率高；表面有结砂硬皮，且结构颗粒大；适用铸造大件；生产率很低
机械砂型铸造	至 2 500	3~5	最复杂	同上	大批生产及大量生产	14 级左右	1~3	∇	生产率比手制砂型高数倍至数十倍；设备复杂；但要求工人的技术低；适于制造中小型铸件
永久型铸造	至 1 000	1.5	简单或平常	同上	同上	11~12	0.1~0.5	12.5∇	生产率高，因免去每次制型；单边余量一般为 1~3mm；结够细密，能承受较大压力；占用生产面积小
离心铸造	通常 2 000	3~5	主要是旋转体	同上	同上	15~16	1~8	12.5∇	生产率高，每件只需 2~5min；机械性能好且少砂眼；避厚均匀；不需型芯和浇注系统
压铸	100~160	0.5（锌）10（其他合金）	由模子制造难易来定	锌、铝、镁、铜、锡、铅各金属的合金		11~12	0.05~0.2	3.2∇	生产率最高，每小时可达 50~500 件；设备昂贵；可直接制取零件或仅需少许加工
熔模铸造	小型零件	0.8	非常复杂	适于切削困难的材料	单件生产及成批生产		0.05~0.15	25∇	占用生产面积小，每套设备约需 30~40m²；铸件机械性能好，便于组织流水生产；铸造延续时间长，铸件可不经加工
壳模铸造	至 2 000	1.5	复杂	铁和有色金属	小批至大量生产	12~14		12.5∇ 6.3∇	生产率高，一个制砂工班产 0.5~1.7t；外表面余量 0.25~0.5mm；孔余量最小 0.08~0.25mm；便于机械化与自动化；铸件无硬皮
自由锻造	不限制	不限制	简单	碳素钢、合金钢	单件及小批生产	14~16	1.5~2.5	∇	生产率低且需高级技工；余量大，为 3~30mm；适用于机械修理厂和重型机械厂的锻造车间

续表

毛坯制造方法	最大重量/N	最小壁厚/mm	形状的复杂性	材料	生产方式	精度等级/IT	尺寸公差值/mm	表面粗糙度	其他
模锻（利用锻锤）	通常至1 000	2.5	由锻模制造难易而定	碳素钢、合金钢	成批及大量生产	12～14	0.4～2.5	12.5/▽	生产率高且不需高级技工；材料消耗少；锻件机械性能好，强度增高
模锻（利用卧式锻造机）	通常至1 000	2.5	由锻模制造难易而定	碳素钢、合金钢	成批及大量生产	12～14	0.4～2.5	12.5/▽	生产率高，每小时产量达300～900件；材料损耗仅约1%（不计火耗）；压力不与地面垂直，对地基要求不高；可锻制长形毛坯
精密模锻	通常1 000	1.5	由锻模制造难易而定	碳素钢、合金钢	成批及大量生产	11～12	0.05～0.1	6.3/▽ 3.2/▽	光压后锻件可不经机械加工或直接进行精加工
板料冷冲压		0.1～10	复杂	各种板料	成批及大量生产	9～12	0.05～0.5	1.6/▽ 0.8/▽	生产率很高，青工即能操作；便于自动化；毛坯重量轻，减少材料消耗；压制厚壁制件困难

（2）生产类型。大批量生产应采用精度和生产率都比较高的毛坯制造方法，用于毛坯制造增加的费用可由减少材料消耗和机械加工成本的降低来补偿。如锻件应采用模锻、冷轧和冷拉型材；铸件采用金属模机器造型或精铸等。单件小批量生产时，可选成本较低的毛坯制造方法，如木模手工造型和自由锻等。

（3）零件的形状和尺寸。形状复杂的毛坯，常用铸造方法。尺寸大的零件可采用砂型铸型或自由锻造；中、小型零件可用较先进的铸造方法或模锻、精锻等。常见的一般用途的钢质阶梯轴零件，若各台阶的直径相差不大，可选用棒料；若各台阶的直径相差较大，应选锻件。结构复杂的零件采用铸件比锻件合理；大型轴类零件一般多采用锻件。

（4）现有生产条件。确定毛坯时，必须结合具体的生产条件，如现场毛坯制造的实际水平和外协的可能性等。尤其应注意发挥行业协作网络的功能，实行专业化协作是实现优质低耗的重要途径。

（5）充分考虑利用新工艺、新技术和新材料的可能性。如考虑精铸、精锻、冷轧、冷挤压、粉末冶金和工程塑料等在机械中的应用。这样可大大减少机械加工量，甚至有时可不用机械加工，其经济效益非常显著。

2. 毛坯形状和尺寸的确定

受毛坯制造技术所限，加之对零件精度和表面质量的要求越来越高，故毛坯某些表面仍留着一定的加工余量，以便通过机械加工来达到质量要求，我们将这些加工余量称为毛坯加工余量。毛坯制造尺寸的公差称为毛坯公差。毛坯加工余量及公差同毛坯制造方法有关，生产中可参照有关工艺手册和部门或企业的标准来确定。

毛坯加工余量确定以后，还要考虑毛坯制造、机械加工和热处理等多方面工艺因素的影响。如为了加工时安装工件的方便，有些铸件毛坯需铸出工艺搭子。如图 10-2 所示，工艺搭子在零件加工好后一般均应切除。如图 10-3 所示的发动机连杆等零件，和加工质量，同时也为了加工方便，常将这些零件先做成一个整体毛坯加工到一定阶段后再切割分离。对于形状比较规则的小型零件，应将多件合成一个毛坯，当加工到一定阶段后，再分离成单件。

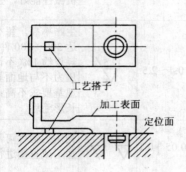

图 10-2　工艺搭子的应用

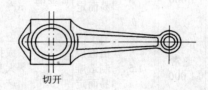

图 10-3　发动机连杆链坯图

主轴箱体结构复杂，它有较好的耐磨性、铸造性和切削性，而且吸振性好，成本又低，材料常选用各种牌号的灰铸铁。一般采用铸造毛坯，中小批量生产，可选用木模手工造型铸造，对于直径大于 50mm 的孔，一般都在毛坯上铸出预制孔，以减少加工余量。

三、定位基准的选择

在第一道加工工序中，只能用毛坯上未经加工的表面作为定位基准，这种定位基准称粗基准。在以后工序中，用加工过的表面作为定位基准的称为精基准（有时为便于安装和保证所需的加工精度，在工件上制出专门供定位用的表面，这种定位基准称为辅助基准）。基准选择是从保证加工精度要求出发的，因而分析选择定位基准的顺序是从精基准到粗基准。

1. 精基准的选择

选择精基准考虑的主要问题是保证加工精度，特别是加工表面的相互位置精度，也就是如何减小误差，提高定位精度以及实现装夹的方便、可靠、准确。其选择主要依据以下 5 项原则：

（1）基准重合原则。直接选用设计基准作为定位基准，称为基准重合原则。应尽可能选择设计基准为定位基准。采用基准重合原则可以避免由定位基准与设计基准不重合引起的定位误差（称为基准不重合误差），尺寸精度和位置精度易于可靠地得到保证。

如图 10-4 所示零件简图，A 面是 B 面的设计基准；B 面是 C 面的设计基准。在使用调整法铣削 B 面和 C 面时，若分别用 A 面和 B 面定位，二者均符合基准重合原则。以 A 面为定位基准用调整法来加工 C 面，零件图上的设计尺寸 $C_0^{+\delta_c}$ 则为间接保证的尺寸，这时工序

尺寸 b 的公差是：

$$\delta_b = \delta_c - \delta_a$$

显然，工序尺寸的公差 δ_b 小于设计尺寸 C 的公差 δ_c，增加了加工的难度。

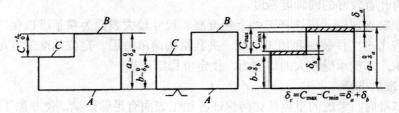

图 10-4　设计基准与定位基准的关系

（2）基准统一原则。同一零件的多个加工表面、多道工序尽可能选择同一个定位基准，称为基准统一原则。应尽可能选用统一的定位基准加工各表面，以保证各表面间的位置精度，且能简化夹具的设计和制造工作，这样可以降低成本，缩短生产准备周期。如轴类零件，采用顶尖作为统一的定位基准加工各段外圆表面，可保证各段外圆表面之间的同轴度要求；机床主轴箱的箱体多采用底面和导向面为统一的定位基准加工各轴孔、前端面和侧面；一般箱形零件常采用一个大平面和两个距离较远的孔为统一的精基准；圆盘和齿轮零件常用一端面和短孔为精基准。

基准重合和基准统一原则是选择精基准的两个重要原则，但有时会遇到两者相互矛盾的情况。这时对尺寸精度较高的加工表面应服从基准重合原则，以免使工序尺寸的实际公差减小，给加工带来困难；除此以外，从经济性等出发　主要考虑基准统一原则。

（3）自为基准原则。有些精加工或光整加工工序要求加工余量小而均匀，可选择加工表面本身为基准，被称作自为基准原则，该加工表面与其他表面之间的相互位置精度则由先行工序保证。如图 10-5 所示是在导轨磨床上磨削床身导轨。工件安装后用百分表对其导轨表面找正，此时的床身底面仅起支撑作用。此外，研磨、铰孔等都是自为基准的例子。

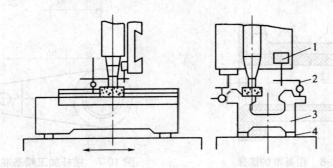

图 10-5　自为基准原则

1—磁力表座；2—百分表；3—床身；4—垫铁

（4）互为基准原则。对相互位置精度要求高的表面，可以采用互为基准、反复加工的方法，称作互为基准原则。如车床主轴为保证主轴轴颈与前端锥孔的同轴度要求，常以主轴颈表面和锥孔表面互为基准反复加工。又如加工精密齿轮时，当把齿面淬硬后，需要进行磨齿，因其淬硬层较薄，故磨削余量要小而均匀。为此，就需先以齿面分度圆为基准磨内孔，再以内孔为基准磨齿面。这样加工不仅可以使磨齿余量小而均匀，而且还能保证齿轮分度圆对内孔有较好的同轴度精度。

（5）便于装夹原则。应选择工件上精度高、尺寸较大表面为精基准以保证定位稳定可靠，同时还应考虑工件装夹和加工方便，夹具结构简单适用。定位基准应有足够大的接触面及分布面积，才能承受较大的切削力，使定位稳定可靠。

2．粗基准的选择

选择粗基准时，考虑的重点是如何保证各加工表面有足够余量，使非加工表面的尺寸、位置符合图纸要求，并保证用粗基准定位所加工出的精基准有较高的精度，通过精基准定位，使后续各被加工表面具有较均匀的加工余量，并与非加工表面保持应有的相对位置精度。一般按下列原则选择。

（1）保证加工面与不加工面位置的原则。选择不加工表面为粗基准，应保证加工表面与不加工表面的位置要求。如果工件上有一个以上不需加工的表面，则应选与加工表面相互位置精度要求较高的不加工表面作粗基准，以求壁厚均匀、外形对称等。如图10-6所示的毛坯，在铸造时内孔2与外圆1有偏心，因此，在加工时，应选用不需加工的外圆1作为粗基准，三爪卡盘定心加紧，加工内孔2，保证加工后的壁厚均匀。又如图10-7所示零件，由于要求要 $\phi22$ 内孔与 $\phi40$ 外圆同轴，因此，在钻 $\phi22$ 内孔时，应选择个 $\phi40$ 外圆作为粗基准。在采用多轴联动的加工时，还可以在一次安装中将大部分加工表面加工出来。

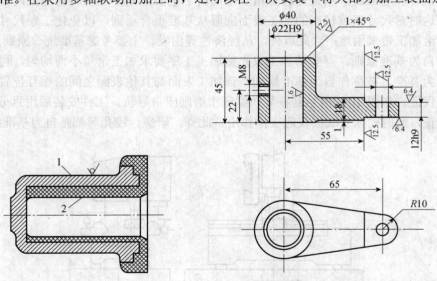

图10-6　粗基准的选择　　　　　　图10-7　拨杆加工精基准的选择

（2）保证加工表面余量分配的原则。

①选择加工余量最小表面作为粗基准，可以保证该表面有足够的加工余量。如图10-8所示的锻轴毛坯大小端外圆的偏心达5 mm，若以大端外圆为粗基准，则小端外圆周可能无

法加工出来，所以应选择加工余量较小的小端外圆作为粗基准。

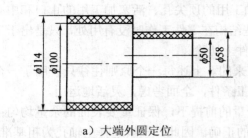 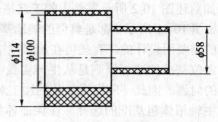

a）大端外圆定位　　　　　　　　　　　　　　b）小端外圆定位

图 10-8　阶梯轴的基准选择

②选择加工余量要求均匀的重要表面作为粗基准。如图 10-9 所示为床身导轨加工，先以导轨面 A 作为粗基准来加工床脚的底面 B，如图 10-9a 所示；然后再以底面 B 作为精基准来加工导轨面 A，如图 10-9b 所示，这样才能保证床身的重要表面——导轨面加工时所切去金属层尽可能薄且均匀，以便保留组织紧密，耐磨的金属表层。

③选择零件上平整的、足够大的表面作为粗基准，以使零件表面上总的金属切削量减少。例如，上例中以导轨面作为粗基准就符合此原则。

（3）便于工件装夹的原则。选择毛坯上平整光滑的表面（不能有飞边、浇口、冒口或其他缺陷）作为粗基准，以使定位准确，夹紧可靠。

（4）粗基准不重复使用原则。粗基准一般只能使用一次，不允许重复使用。由于粗基准未经加工，表面较为粗糙，在第二次安装时，其在机床上（或夹具中）在实际位置与第一次安装时可能不一样。如图 10-10 所示零件，若在加工端面 A 和内孔 C 时与钻孔 D 时均用为加工的 B 面定位，则钻孔的位置精度就会相对与内孔和端面产生偏差。若毛坯制造精度较高，而工件加工精度要求不高，粗基准则可重复使月。

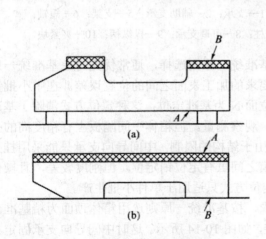 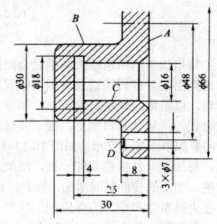

图 10-9　床身导轨加工　　　　　　**图 10-10　粗基准重复使用的误差**

对较复杂的大型零件，从兼顾各方面的要求出发，可采用划线的方法来选择粗基准以合理地分配余量。

3. 辅助基准的选择

如前述图 10-2 所示零件上的工艺搭子、轴加工用的顶尖孔、活塞加工用的止口和中心孔（如图 10-11 所示）都是典型的辅助基准，这些结构在零件工作时没有用处，只是出于工艺上的需要而设计的，有些可在加工完毕后从零件上切除。

定位基准的选择原则是从生产实践中总结出来的。上述每一个原则往往只说明了一个方面的问题。因此，应根据具体的加工对象和加工条件，全面考虑，灵活地运用。

主轴箱体粗基准的选择应在保证各加工面余量的前提下，保证重要表面的余量均匀；考虑箱体内运动部件的空间位置；保证外形尺寸的正确。因此，一般选择主轴孔为粗基准。在中小批量生产中，毛坯精度较低，应采用划线找正法，先以主轴孔为基准划线，再以划线为基准调整装夹进行加工。体现了以主轴孔为粗基准。在成批生产中，为满足生产率的要求，保证加工精度，多采用专用夹具以主轴孔为粗基准定位。如图 10-12 所示是该箱体粗加工时以主轴孔为粗基准定位的夹具。

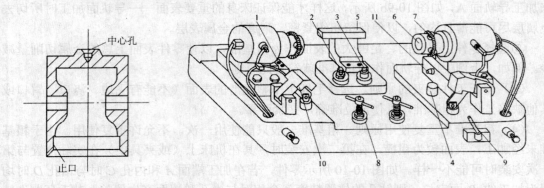

图 10-11　活塞加工的辅助基准　　　　　图 10-12　以主轴孔为粗基准定位的夹具

1，3，4，11—支承；2—辅助支承；5—支架；6—短轴；
7—活动支柱；8—可调支承；9—操纵柄；10—夹紧块

主轴箱加工的精基准按基准重合原则和基准统一原则选择，通常优先考虑基准统一原则。避免由于基准转换造成有相互位置精度要求的加工表面之间的位置误差。在中小批量生产时，以箱体的底面安装基面 G 和导向定位面 N 为基准定位，这种定位方式消除了基准不重合误差，箱体开口朝上，便于安装调整、观察测量。但箱体中间隔板上有精度高的孔时，需要加中间导向支承。如图 10-13 所示，由于结构的限制，中间导向支承只能采用挂架方式，每加工一件需要装卸一次，吊架与镗模之间虽有定位销定位，但刚度较差，且操作不方便，加工的辅助时间增加，因此，这种定位方式只适用于单件小批生产。

在大批量生产中，为保证加工生产率要求，按基准统一原则选用箱体顶面为精基准，采用一面两孔定位方式，这时箱体口朝下安装，如图 10-14 所示。这时中间导向支承固定在夹具体上，解决了挂架方式的问题，工件装卸方便，易于实现加工自动化。其不足之处是存在基准不重合误差，且加工过程不易观察。

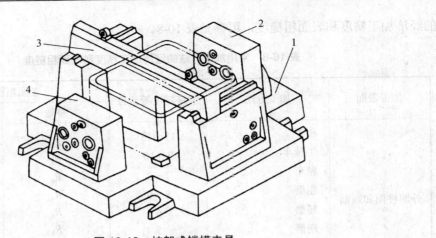

图 10-13 挂架式镗模夹具

1—夹具底座；2，4—镗模支架；3—挂架

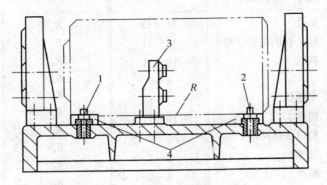

图 10-14 以顶面一面两销定位

1，2—定位销；3—导向支承架；4—定位支承板

四、加工工艺路线的制定

1. 加工方法的选择

加工方法的选择应考虑的主要因素有：零件的精度要求、零件材料及其结构的可加工性能、生产率的要求、企业自身或企业协作网络的工艺能力和设备的经济加工精度。

（1）各种加工方法所能达到的经济精度和表面粗糙度。零件上的各种典型表面都有许多加工方法，每种加工方法能获得的加工精度和表面粗糙度都有一个范围。在正常加工条件下所能保证的加工精度，称为经济加工精度，简称经济精度。通常它的范围是较窄的。例如，公差为 IT7 级和表面粗糙度为 R_a 为 0.4μm 的外圆表面。精车能够达到，但采用磨削则更为经济。随着科学技术的发展和工艺水平的提高，同一加工方法所能达到的加工精度和表面粗糙度是在不断进步的。例如，过去在外圆磨床上精磨外圆仅能达到 IT6 级精度，但在采取有效措施提高磨床精度并改进了磨削工艺后，现在普通外圆磨床上可以进行镜面磨削，已达到 IT5 级以上精度，表面粗糙度 R_a 值为 0 04～0.02μm。各种加工方法所能达到的经济加工精度和表面粗糙度，可参见表 10-8。

表 10-8　常用加工方法的经济加工精度和表面粗糙度

加工表面	加工方法	经济精度等级IT	表面粗糙度/μm	
			参数	数值
外圆柱面和端面	粗车	11～13	R_z	14～320
	半精车	9～10	R_a	2.5～10
	精车	7～8	R_a	0.63～2.5
	粗磨	8～9	R_a	10.25～5
	精磨	6	R_a	0.16～1.2
	研磨	5	R_a	<0.16
	超精加工	5～6	R_a	<0.16
	细车（金刚车）	6	R_a	0.02～0.63
圆柱孔	钻孔	11～13	R_z	40～320
	铸、孔的粗扩（镗）	11～13	R_a	40～320
	精铰	10～11	R_a	2.5～10
		8～9	R_a	1.25～5
	半精铰	7～8	R_a	0.62～2.5
	精镗	10～11	R_a	2.5～10
	精镗（浮动镗）	7～9	R_a	0.63～2.5
	细镗	6～7	R_a	0.08～0.6
	精磨	8～9	R_a	1.25～5
	研磨	7	R_a	0.32～1.2
	珩磨	6	R_a	0.01～0.3
	拉孔	6～7	R_a	0.02～0.3
		6～9	R_a	0.16～2.5
平面	粗刨，粗铣	11～13	R_z	40～320
	半精刨，半精铣	8～11	R_a	2.5～10
	拉削	7～8	R_a	0.63～5
	粗磨	7～9	R_a	1.25～5
	精磨	8～9	R_a	0.16～1.2
	研磨	6～7	R_a	<0.16
	刮研	5	R_a	0.16～1.25
		6～7	R_a	

（2）工件材料的性质。加工方法的选择，常受工件材料性质的限制，例如，淬火钢淬火后应采用磨削加工；而有色金属磨削困难，常采用金刚镗或高速精密车削采进行精加工。

（3）工件的结构形状和尺寸。以内圆表面加工为例，回转体零件上较大直径的孔可采用车削或磨削，箱体上 IT7 级的孔常用镗削或铰削，孔径较小时宜用铰削，孔径较大或长度较短的孔宜选镗削。

（4）生产率和经济性的要求。大批大量生产时，应采用高效率的先进工艺，如拉削内孔及平面等。或从根本上改变毛坯的制造方法，如粉末冶金、精密铸造等可大大减少机械加工的工作量。但在生产量不大的情况下，应采用一般的加工方法，如镗孔或钻孔、扩孔、铰孔及铣削、刨削平面等。

2．加工阶段的划分

为保证零件加工质量和合理地使用设备、人力，机械加工工艺过程一般可分为粗加工、半精加工和精加工3个阶段。

粗加工阶段主要任务是切除毛坯的大部分加工余量，使毛坯在形状和尺寸上尽可能接近成品。因此，粗加工阶段应采取措施尽可能提高生产率；半精加工阶段是减小粗加工后留下的误差和表面缺陷层，使被加工表面达到一定的精度，为主要表面的精加工做好准备，同时完成一些次要表面的加工；精加工阶段主要目标是保证加工质量，保证各主要表面达到图样的全部技术要求；光整加工阶段对于零件上精度和表面粗糙度要求很高（IT6级以上，表面粗糙度 R_a 为 0.2μm 以下）的表面，应安排光整加工阶段。减小表面粗糙度或进一步提高尺寸精度，一般不用以纠正形状误差和位置误差。

通过划分加工阶段，首先可以逐步消除粗加工中由于切削热和内应力引起的变形，消除或减少已产生的误差，减小表面粗糙度。其次，可以合理使用机床设备。粗加工时余量大，切削用量大，可在功率大、刚性好、效率高而精度一般的机床上进行，充分发挥机床的潜力。精加工时在较为精密的机床上进行，既可以保证加工精度，也可延长其使用寿命。此外，通过划分加工阶段，便于安排热处理工序，充分发挥每一次热处理的作用。消除粗加工时产生的内应力、改变材料的力学、物理性能。还可以及时发现毛坯的缺陷，及时报废或修补，以免因继续盲目加工而造成工时浪费。

工艺过程划分阶段随加工对象和加工方法的不同而变。对于刚性好的重型零件，可在同一工作地点，一次安装完成表面的粗、精加工。为减少夹紧变形对加工精度的影响，可在粗加工后松开夹紧机构，然后用较小的力重新夹紧工件，继续进行精加工。对批量较小、形状简单及毛坯精度高而加工要求低的零件，也可不必划分加工阶段。

3．加工顺序的安排

机械加工工艺规程是由一系列有序安排的加工方法组成的。在加工方法选定后，工艺规程设计的主要内容就是合理地安排这些加工方法的顺序及其与热处理、表面处理（如镀铬、镀铜、磷化等）工序间以及与辅助工序（如清洗、检验等）的相互顺序。

（1）机械加工顺序的安排。机械加工顺序的安排主要取决于基准的选择与转换。在设计时遵循4种原则。

①基面先行原则。精基准选定后，机械加工首先要选定粗基准把精基准面加工出来，例如，在加工轴类零件时，一般是以外圆为粗基准来加工中心孔，再以中心孔为精基准来加工外圆、端面等。

②先主后次原则。零件的主要工作表面、装配基面应先加工，从而能及早发现毛坯中主要表面可能出现的缺陷。次要表面可穿插进行，放在主要表面加工到一定的精度后，最终精加工之前进行。

③先粗后精原则。通过划分加工阶段，各个表面先进行粗加工，再进行半精加工，最后进行精加工和光整加工。从而逐步提高表面的加工精度与表面质量。

④先面后孔原则。对于箱体、支架等类零件，平面的轮廓尺寸较大，一般先加工平面以作精基准，再加工孔和其他表面。

有些表面的最后精加工安排在部装或总装过程中进行，以保证较高的配合精度。

（2）热处理工序的安排。热处理工序在工艺路线中的安排主要取决于零件的材料及热处理的目的。

预备热处理的主要目的是改善切削加工性能，消除毛坯制造时的残余应力。其工序位置多在机械加工之前。

消除残余应力处理最好安排在粗加工之后精加工之前。对精度要求不太高的零件，一般将消除残余应力的人工时效和退火安排在毛坯进入机械加工车间之前进行。对精度要求较高的复杂铸件，在加工过程中通常安排两次时效处理：铸造—粗加工—时效—半精加工—时效—精加工。对于高精度的零件，如精密丝杠、精密主轴等，应安排多次消除残余应力的热处理。甚至采用冰冷处理稳定尺寸。

最终热处理的目的是提高零件的强度、表面硬度和耐磨性。常用淬火、回火以及各种化学处理（渗碳淬火、渗氮、液体碳氮共渗等）。最终热处理后会产生内应力或其他缺陷，因而还应增加回火等处理，并把它安排在精加工工序（磨削加工）之前进行。

（3）辅助工序的安排。辅助工序主要包括：检验、清洗、去毛刺，去磁、倒棱边、涂防锈油及平衡等。其中，检验工序是主要的辅助工序，是保证产品质量的主要措施。它一般安排在：粗加工全部结束以后精加工开始以前、零件在不同车间之间转移前后、重要工序之后和零件全部加工结束之后。

有些重要零件，不仅要进行几何精度和表面粗糙度的检验，还要进行如 X 射线、超声波探伤等材料内部质量的检验以及荧光检验、磁力探伤等材料表面质量的检验。此外，清洗、去毛刺等辅助工序，也必须引起高度重视，否则将会使最终产品质量产生不良的甚至严重的后果。

4．工序的集中与分散

在选定了零件上各个表面的加工方法及其加工顺序以后，制定工艺路线可以采用两种不同的原则：一种是工序集中的原则，另一种是工序分散的原则。工序集中与工序分散是拟订工艺规程的两个不同原则。工序集中是指工艺过程中所安排的工序数较少，而每道工序中所包括的工步数则较多。集中到极限时，仅一道工序就可把工件加工到图样规定的要求。工序分散则是工艺过程所包括的工序数较多，而每一工序中所包括的工步数则较少。分散到极限时，每道工序仅包括一个简单工步。

（1）工序集中的主要特点。

①有利于采用高效的专用设备和工艺装备，大大提高生产效率。

②可减少工序数目，缩短工艺路线，简化生产计划工作和生产组织工作。

③可减少工件的装夹次数。这不仅保证了各个加工表面间的相互位置精度，还减少了辅助时间及夹具的数量。

④可减少机床设备数量，减少工人人数及生产所需的面积。

⑤较多采用专用设备和工艺装备，生产准备周期较长，调整和维修也较麻烦，产品变换困难。

（2）工序分散的特点。

①每台机床完成较少的加工内容，机床、工具、夹具结构简单，调整方便，对工人的技术水平要求低。生产适应性强，转换产品较容易。

②便于选择更合理的切削用量，减少机动时间。

③所需设备及工人人数多，生产周期长，生产所需面积大，工件运输量大。

这两种方法各有优缺点，在制定工艺路线时应根据生产纲领、零件本身的结构和技术要求、实际生产条件等进行综合分析。在一般情况下，单件小批生产适于采用工序集中原则，而大批量生产中既可采用工序集中原则，也可采用二序分散原则。由于近代计算机控制的数控机床及加工中心的飞速发展，现代生产一般趋向于采用工序集中来组织生产。

5．主轴箱加工工艺路线分析

对于如图 10-1 所示的主轴箱，其加工工艺路线随生产纲领和设备技术条件的不同而不相同。表 10-9 是小批量生产时的工艺过程；表 10-10 是大批量生产时的工艺过程。

表 10-9　主轴箱体小批量生产工艺过程

序号	工序名称	工艺内容	定位基准	设　备
1	铸造			
2	热处理	人工时效		
3	漆底漆	清除烧焦冒口等，漆底漆		
4	划线	按主轴孔加工余量均匀划线，划R，O，G，P面加工	主轴孔	
5	铣	粗、精加工顶面R	主轴孔	业瓦饥J木
6	铣	粗、精加工G，N面及侧面I	按线找正	且瓦饥床
7	铣	粗精加工两端面P和Q	顶面R并校正主轴线	立式铣床
8	镗	粗半精加工各纵向孔	G和N面	卧式镗床
9	镗	精加工各纵向孔，精细镗主轴孔	G，N面	卧式镗床
10	镗	粗精加工横向孔	G，N面	卧式镗床
11	钻	加工螺纹孔及各次要孔	G，N面	钻床
12	钳	去毛刺，修锐边		钳工台
13	清洗			清洗台
14	检验			检验台

表 10-10　主轴箱大批量生产的工艺过程

序号	工序名称	工艺内容	定位基准	设　备
1	铸造			
2	热处理	人工时效		
3	漆底漆	清除烧焦冒口等，漆底漆		
4	铣	按主轴孔加工余量均匀划线，划R，O，G，P面加工	Ⅵ，Ⅰ 轴孔	立式铣床
5	钻	粗、精加工顶面R	顶面R，Ⅵ轴孔、内壁一端	摇臂钻床
6	铣	粗、精加工G，N面及侧面O	顶面R及两工艺孔	龙门铣床
7	磨	粗精加工两端面P，Q	G面及Q面	平面磨床
8	镗	粗半精加工各纵向孔	R面及两工艺孔	龙门铣床
9	热处理	精加工各纵向孔，精细镗主轴孔Ⅰ		
10	镗	粗精加工横向孔	R面及两工艺孔	双工位组合机床
11	镗	加工螺纹孔及各次要孔	R面及Ⅲ，Ⅴ轴孔	专用机床
12	钻		R面及两工艺孔	专用组合机床
13	钻		R面及两工艺孔	专用组合机床
14	磨	磨底面G，N，侧面O，端面P，Q	R面及两工艺孔	专用组合机床
15	钳	去毛刺，修锐边		
16	清洗			
17	检验			

（1）主要表面的加工方法。主轴箱的主要表面是安装基面、结合面等平面和各种轴的支承孔。

平面的加工主要采用刨削和铣削方法。在小批量生产时，可采用刨削或在普通铣床上铣削。在大批大量生产时，则采用高生产率的组合铣削。当精度要求高时，多采用组合平面磨削。

箱体上的轴承支承孔精度多为 IT7。这些孔一般需要 3～4 次加工。小批量生产时采用卧式镗床镗削；在大批量生产时，则多采用专用组合机床通过镗—粗铰—精铰或镗—半精镗—精镗的方案加工，前者用于较小的孔，后者用于大孔。当孔的精度高于 IT6 时，还需要增加精细镗、珩磨、滚压等超精加工工序。

（2）工艺路线的安排。

　　①精基准选择。小批量生产时，选择安装底面为精基准，实现基准重合，便于加工安装；在大批量生产时，以顶面和两个工艺孔为精基准，实现基准统一。

　　②粗基准选择。小批量生产时，采用划线找正定位安装；大批量生产时，以主轴孔为粗基准，通过夹具定位安装。

　　③加工顺序。按照先面后孔，基面先行的原则，机械加工时首先加工用做精基准的平面，然后再以精基准定位加工其他平面和孔系。

　　④阶段划分。在大批量生产时，按粗精分开的原则，重要的表面都划分为粗、精加工两个阶段，并在粗、精两个加工阶段之间增加了热处理工序。在小批量生产时，为减少设备数量和工件的转运工作，采用粗精合并的方法，在实际生产时，为消除粗加工的应力和变形影响，在粗加工后将工件松开使应力变形释放，并给予充分的冷却时间，然后再以较小的夹紧力夹紧，进行精加工。

第三节　加工余量和工序尺寸的确定

一、加工余量的概念

　　工艺规程设计计算中的一项重要工作就是确定合理正确的工序尺寸及其公差。确定工序尺寸，首先要确定加工余量。加工余量是指在毛坯变为零件的加工过程中，从被加工表面上切除的金属层厚度，它分为加工总余量和工序余量。毛坯尺寸与零件设计尺寸之差称为加工总余量；相邻两工序的尺寸之差称为工序余量。加工总余量等于各工序余量之和。由于工序尺寸有公差，故实际切除的余量会在一定的范围内变动。

　　如图 10-15 所示为工序余量与工序尺寸的关系。工序余量的基本尺寸（简称基本余量或公称余量）可按下式表示：

　　对于被包容面　　　　　　　　　$Z = a-b$

　　对于包容面　　　　　　　　　　$Z = b-a$

　　对于回转体表面，余量的计算公式为：

　　轴　　　　　　　　　　　　　　$Z = (d_a-d_b)/2$

　　孔　　　　　　　　　　　　　　$Z = (d_b-d_a)/2$

式中：Z——工序余量的基本尺寸；

　　a，d_a——上道工序基本尺寸；

　　b，b，d_b——本工序基本尺寸。

　　平面等非回转表面的加工余量则指单边余量，它等于实际切削的金属层厚度。对于孔和外圆等回转表面，加工余量指双边余量即以直径方向计算，实际切削的金属层厚度为加工余量的一半。

如图 10-16 所示为加工总余量与工序余量的关系。

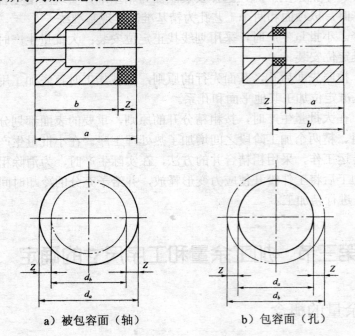

a) 被包容面（轴）　　　　　　　b) 包容面（孔）

图 10-15　工序余量与工序尺寸的关系

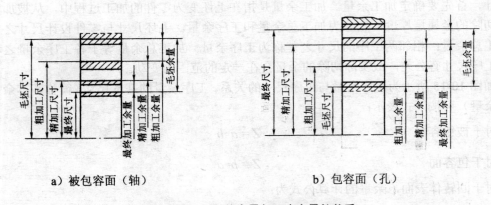

a) 被包容面（轴）　　　　　　　b) 包容面（孔）

图 10-16　加工总余量与工序余量的关系

由图 10-16 可得（适用于被包容面和包容面），加工总余量（毛坯余量）为：

$$Z_0 = \sum_{i=1}^{n} Z_i$$

式中：Z_i——各工序余量；

　　　n——工序数。

为了便于加工，工序尺寸都按"人体原则"标注极限偏差，即按被包容面取上偏差为零；包容面的工序尺寸取下偏差为零。毛坯尺寸则按双向布置上、下偏差。工序余量和工序尺寸之公差的计算公式如下：

$$Z_{\min} = Z - T_a$$
$$Z_{\max} = Z + T_b$$
$$T_z = Z_{\max} - Z_{\min} = T_a + T_b$$

式中：$Z_{\min}$——最小工序余量；

　　　$Z_{\max}$——最大工序余量；

　　　T_a——上工序尺寸的公差；

　　　T_b——工序尺寸公差；

　　　T_z——工序余量公差。

工序余量的公差为上工序与本工序公差之和。

二、加工余量的确定

加工余量的大小对工件的加工质量和生产率有较大的影响。余量过大，会造成浪费工时，增加成本；余量过小，会造成废品。确定加工余量的基本原则是在保证加工质量的前提下，尽可能减小余量。

1．余量确定时应考虑的因素

（1）上工序的各种表面缺陷和误差。本工序的加工余量应能修正上工序的表面粗糙度 R_a 和缺陷层 D_a、上工序的尺寸公差 T_a 和上工序的形位误差 ρ_a。

（2）本工序加工时的装夹误差。它包括定位误差、夹紧误差（夹紧变形）和夹具本身的误差，安装误差应为上述 3 项误差的向量和。

本工序的工序余量应大于 R_a，D_a，T_a，ρ_a 和装夹误差之和。如图 10-17 所示工件镗孔时的加工余量必须大于上工序 R_a，D_a，T_a，ρ_a 和本工序装夹偏心误差 εb 之代数和。

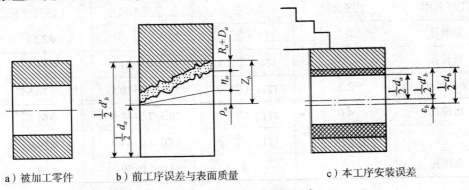

a）被加工零件　　　　b）前工序误差与表面质量　　　　c）本工序安装误差

图 10-17　影响加工余量的因素

2．加工余量确定的方法

在实际生产中，确定加工余量方法有经验估计法、查表法和分析计算法，其中查表法在实际生产中应用广泛。

（1）经验估计法。此法是根据工艺人员的实际经验确定加工余量的。为了防止因余量不够而产生废品，所估计的加工余量一般偏大。此法常用于单件小批量生产。

（2）查表法。此法是以工厂生产实践和试验研究积累的有关加工余量的资料数据为基础，先制成表格，再汇集成手册。确定加工余量时，查阅这些手册，再结合工厂的实际情况进行适当的修改后确定。

（3）分析计算法。此法是根据一定的试验资料和计算公式，对影响加工余量的各项因素进行综合分析和计算来确定加工余量的方法，这种方法确定的加工余量最经济合理，但必须有比较全面和可靠的试验资料。目前，只在材料十分贵重，以及军工生产或少数大量生产的工厂中采用。

在确定加工余量时，要分别确定加工总余量（毛坯余量）和工序余量。加工总余量的大小与毛坯制造精度有关。用查表法确定工序余量时，粗加工工序余量不能用查表法得到，而是由总余量减去其他各工序余量之和而得。

三、工序尺寸及公差的确定

工序尺寸是工件在加工过程中各工序应保证的加工尺寸，其公差即工序尺寸的公差，应按各种加工方法的经济精度选定。制定工艺规程的重要内容之一就是确定工序尺寸及其公差。在确定了工序余量和工序所能达到的经济精度后，便可计算出工序尺寸及其公差。

例如，加工某工件上的孔，加工工序为：扩孔—粗镗—精镗—精磨。各工序的加工余量及所能达到的经济精度可根据工艺手册结合工厂的实际选定。表 10-11 中列出了各工序尺寸及其公差的计算结果。表中第二、三两列为查手册得到的数据，第四列为计算所得数据，第五列为最终结果。如图 10-18 所示为各工序尺寸的公差带及加工余量的分布。

表 10-11　各工序尺寸及其公差的计算结果

工序名称	工序余量	工序公差	工序基本尺寸	工序尺寸及公差
精磨孔	0.7	IT7（$^{+0.03}_{0}$）	72.5	$\phi 2.5^{+0.03}_{0}$
精镗孔	1.3	IT6（$^{+0.046}_{0}$）	72.5-0.7=71.8	$\phi 71.8^{+0.046}_{0}$
半精镗孔	2.5	IT11（$^{+0.19}_{0}$）	71.8-1.3=70.5	$\phi 70.5^{+0.19}_{0}$
粗镗孔	4.0	IT12（$^{+0.40}_{0}$）	70.5-2.5=68.0	$\phi 68.0^{+0.40}_{0}$
扩孔	5.0	IT13（$^{+0.40}_{0}$）	68.0-4.0=64.0	$\phi 64.0^{+0.40}_{0}$
毛坯孔		$^{+1}_{+2}$	64.0-5.0=59.0	$\phi 59.0^{+1}_{+2}$

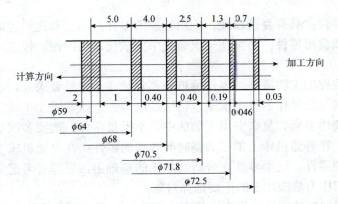

图 10-18　加工余量、工序尺寸及公差分布

第四节　数控加工工艺基础

数控加工工艺是指工艺过程中某些加工内容由数控机床完成，针对数控机床加工过程而采用的工艺，其加工内容属于机械加工工艺过程的组成部分。因为数控机床的加工方法和要求具有特殊性，所以，数控加工工艺有些方面不同于一般的机械加工工艺，但其基本理论、基本知识、基本方法仍建立在机械加工工艺基础上。

一、数控加工工艺设计

数控工艺设计是根据工艺理论和原则，汲取生产实践中的经验和先进技术，结合生产的实际情况，初拟几种可行方案，科学对比分析，选出最佳方案。

1. 数控加工工艺的特点

数控加工与普通加工相比，许多方面都基本遵循相同的原则，工艺方法也有许多相似之处，不同的是数控加工的整个过程是自动的，要在加工前把全部工艺过程、工艺参数编写成程序，所以数控加工工艺设计要比普通加工工艺具体详细得多。各项工艺问题，比如工步安排、各部件运动次序、位移、走刀路线、切削用量等，编程人员必须先在工艺设计中认真分析计算和选择、具体设计和安排确定，并正确编入加工程序中。

数控加工出现的差错和失误，主要是因为工艺问题考虑不全面或编程不够细致造成的。这就要求数控编程人员必须很好地掌握工艺基础知识和设计经验，并严格细致地做好每一个细节的编程工作。

2. 数控加工内容的选择

（1）数控加工零件适宜性分析。应该说数控机床能够加工的范围非常广泛，但从可行性和效益等方面分析，工艺设计中必须科学选择数控加工还是普通加工。从数控机床特点和加工的实践总结分析，可按零件适应数控加工的程度分为以下 3 类。

①最适合数控加工的零件。形状复杂，加工精度要求高，用普通机床难以加工或难以

保证加工质量的零件；具有复杂曲线、曲面轮廓的零件；测量和进给控制困难、尺寸难以保证的壳体结构或盒形零件；必须在一次装夹中完成铣、钻、镗、铰或攻丝等多道工序的零件。

②比较适宜数控加工的零件。零件价值较高且尺寸一致性要求高，在普通机床上加工时容易受人为因素（如操作者技术水平、情绪波动等）干扰影响加工质量的零件；在普通机床上加工必须使用多套、复杂专用工装的中、小批量零件；需要多次试验和改进设计后才能定型的零件；在普通机床上加工调整时间较长的零件；在普通机床上加工生产率很低或劳动强度很大的零件。这类零件在分析其加工的基础上，要综合考虑生产效率和经济效益，一般可把它们作为数控加工的主要选择对象。

③不适应数控加工的零件。生产批量大的零件（个别工序可采用数控机床加工）；装夹困难或完全靠找正定位来保证加工精度的零件；加工余量变化大、且在数控机床上无在线检测系统可用于自动调整零件坐标位置。这类零件采用数控机床加工，生产效率和成本没有明显改善，甚至得不偿失，一般不选其作为数控加工的对象。

综上所述，多品种小批量、结构比较复杂、加工精度高、价格高的关键零件比较适合数控机床加工。另外，还应该结合本单位数控机床的具体情况来选择加工对象。

（2）数控加工内容的适宜性分析选择。某个零件需要选用数控加工，并非其所有的加工内容都采用数控加工。进行数控加工前必须对零件图样进行仔细分析，并结合本单位的实际情况，以提高生产效率和充分发挥数控加工优势的原则，选择那些最适合数控加工的内容和工序。一般可按下列原则选择数控加工内容：

①普通机床无法加工的内容应作为优先选择的内容。

②普通机床难加工，质量也难以保证的内容应作为重点选择的内容。

③普通机床加工效率低、工人手工操作劳动强度大的内容可在数控机床尚存富裕能力的基础上进行选择。

通常，上述加工内容采用数控加工后，产品的质量、生产率与综合经济效益等指标都会得到明显的提高。

3. 数控加工工艺性分析

数控加工工艺性分析是指从数控加工的可行性、方便性和特殊性角度出发，对数控加工所承担的加工工序进行详细的工艺分析。具体包括以下几点：

（1）图样上的尺寸标注原则。一般来说，零件设计时，尺寸的标注是以零件在机器中的功用、装配是否方便和零件的使用特性作为基本依据的。如图 10-19 所示零件，大都采用如图 10-19b 所示的局部分散的标注方法，这样的标注会给工序的安排和数控加工带来诸多不便。

当零件采用数控方法加工时，其工艺图样尺寸标注方法应与数控加工的特点相适应。如图 10-19a 所示，在数控加工零件图上，应以同一基准标注尺寸或直接给出坐标尺寸。这种标注方法既便于编程，又有利于设计基准、工艺基准、测量基准和编程原点的统一。由于数控加工精度和重复定位精度都很高，不会因此产生较大的累积误差。因此，可将局部的分散标注法改为同一基准标注法或直接给出坐标尺寸的标注法。

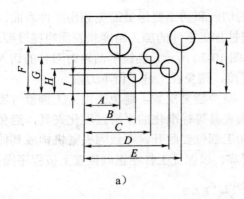

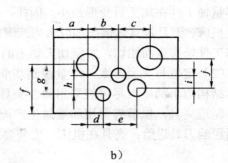

a)   b)

图 10-19 零件尺寸标注分析

（2）构成零件的几何元素条件。构成零件轮廓的几何元素（点、线、面的位置和尺寸）的条件及相互位置（如相切、相父、垂直和平行等）是数控编程的重要依据。手工编程时要根据这些几何条件计算每一个节点的坐标；自动编程时，则要根据这些几何条件才能对构成零件的所有几何元素进行定义，无论哪一个条件不明确，都无法编程。因此，零件图样几何元素的给定条件必须充分，发现问题及时与设计人员协商解决。

4．数控加工工序划分与顺序安排

设计数控加工工艺时，分析普通工艺问题时，要重点分析数控加工内容，根据零件表面的轮廓形状选择合理的数控加工方法。在设计数控加工工艺路线时应注意以下两方面问题：

（1）工序的划分。根据数控加工的特点，工序的划分可按几种方法进行：从安装上划分，一次安装为一个工序。适用于加工内容不多的工件；从刀具上划分，每换一把刀为一个工序；从加工部位上划分，对于加工内容很多的零件，根据零件的结构特点把加工部位划分为几个部分，每部分为一个工序；从粗、精加工上划分，对易发生变形的零件和精度要求高的零件，要进行粗、精加工的都要把工序分开；按设备来划分，对于带自动换刀的加工中心，应在保证加工质量的前提下，发挥机床的功能，在一次安装中完成尽可能多的加工内容，这时可以按机床划分工序。

（2）加工顺序的安排。安排加工顺序的重点是保证定位夹紧时工件的刚性和保证加工精度。一般按 4 个原则进行：即不影响下道工序的定位夹紧；先进行内型腔加工，后进行外表面加工；定位夹紧方式或刀具相同的工序最好连续进行；同一次安装中的加工内容，对工件刚性影响小的内容先行。

零件的加工工艺过程往往是数控加工工艺与普通加工工艺相互结合进行的。这时还必须注意两者的相互衔接，使之与整个工艺过程相吻合。

5．数控加工工序的设计

工序设计的主要任务是确定工序的加工内容、切削用量、定位夹紧方式、刀具运动轨迹、选择刀具、夹具等工艺装备，为编制加工程序做好准备。在设计工序时应注意以下 5 个方面：

（1）确定走刀路线和工步顺序。走刀路线应尽量选择最短路线，以减少空行程；轮廓的最后精加工应在一次走刀中连续完成；刀具的切入和切出要尽量避免划伤工件表面，还要尽量使工件在加工后变形最小。因此，应根据被加工零件的加工精度和表面粗糙度要求，以及机床、刀具等具体情况加以考虑。例如，如图 10-20 所示，在铣削凸轮时刀具的切入方向与工件轮廓表面相切，实现切人切出的平滑过度，避免在工件上留下刀痕。

（2）定位与夹紧方案。尽量做到基准统一，减少装夹次数，避免采用人工调整方案。夹具结构力求简单，尽可能采用组合夹具、可调夹具等标准化的平滑过度化夹具，避免设计、制造夹具，以节省费用和缩短生产周期；加工部位要敞开，不致因夹紧机构或其他元件而影响刀具进给；夹具在机床上安装要准确可靠，以保证工件在正确位置上按程序操作。

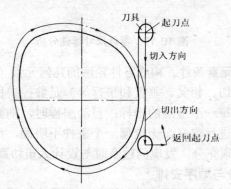

图 10-20　铣削时刀具路线的平滑过度

（3）刀具的选择。与普通机床相比，数控机床对刀具的要求要严格得多。一般来讲，数控机床使用的刀具必须精度高、刚性好、耐用度高、安装调整方便。在编程时，都要规定刀具的结构尺寸和调整尺寸，刀具安装到机床上之前，应根据编程时确定的尺寸和参数，在对刀仪上调整好。如图 10-21 所示。

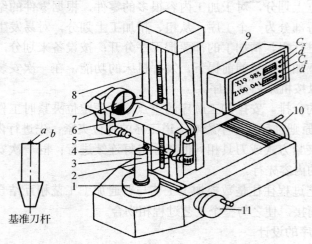

图 10-21　刀具预调方法示例

1—刀座；2—光源；3—刀具；4—光源镜头；5—接受镜头；6—滑板；

7—对刀镜；8 立柱；9—数显表；10—镜像手轮；11—轴向手轮

（4）对刀点与换刀点的确定。对刀点是在数控机床上加工零件时，刀具相对工件运动的起点，又称为程序起点。对刀点可以设在被加工零件上，也可以设在夹具上，但必须与零件的定位基准有一定的关系。为了提高零件的加工精度，对刀点尽量选在零件的设计基准或工艺基准上，例如，以孔定位的零件，以孔的中心作为对刀点较为合适。对于车削加工，则常将对刀点设在工件外端面的中心上。

对刀点找正的准确度直接影响加工精度。对刀时，应使"刀位点"与"对刀点"一致。所谓刀位点，对铣刀应是刀具轴线与刀具底面的交点；车刀是刀尖；钻头是钻尖。在加工过程中如果需要换刀，还要规定"换刀点"。换刀点应在工件的外部，以免换刀时碰伤工作。

（5）切削用量的确定。切削用量的数值应在相应机床允许的范围内选取，而且要考虑到刀具的耐用度。在数控机床上，精加工余量可小于普通机床上的精加工余量，主轴的转速可按刀具允许的切削速度选取。选取进给量的主要依据是粗加工时考虑系统的变形和保证高效率，精加工主要是保证精度，尤其是表面粗糙度。

二、数控加工工艺设计实例

如图 10-22 所示，以典型的壳体零件为例对其数控加工工艺进行分析介绍。

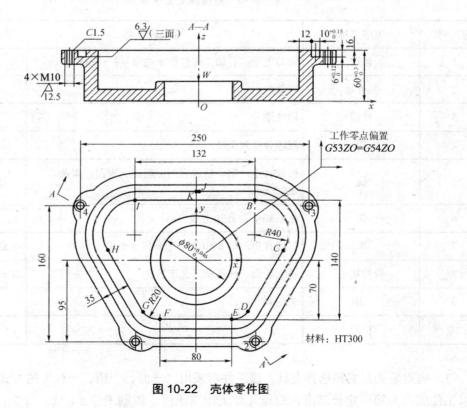

图 10-22　壳体零件图

1. 图样分析及选择加工内容

零件材料为灰口铸铁，结构尚可。在数控机床加工前，可由普通机床将 $\phi 80^{+0.046}_{0}$ 的孔、底面和零件后侧面预加工完毕。数控工序的加工内容为上端平面、环形槽和 4 个螺孔，全部加工表面都集中在一个面上。零件图形上各个加工部位尺寸标注有误，所铣削环形槽的轮廓比较简单（仅直线和圆弧相切），尺寸精度（IT12）和表面粗糙度（$R_a6.3\mu m$）要求也不高。

2．选择加工设备

全部加工表面都集中在一个面上，只需单工位加工即可完成，选择立式加工中心，工件一次装夹后可自动完成铣、钻及攻螺纹等工步的加工。

3．设计工艺

（1）选择加工方法。上表面、环形槽用铣削方法加工，按其尺寸精度和表面粗糙度要求，一次铣削完成；4×M10 螺纹采用先钻底孔后攻螺纹的加工方法，即按钻中心孔—钻底孔—倒角—攻螺纹的方案加工。

（2）确定加工顺序。按照先面后孔、先简单后复杂的原则，先铣削平面，后加工孔和槽。加工工序安排为：先铣削基准（上）平面，然后用中心钻加工 4×M10 底孔的中心孔，并用钻头点环形槽窝；再钻 4×M10 底孔，用 ϕ18 mm 钻头对 4×M10 底孔倒角，攻丝 4×M10，最后铣削 10mm 的槽。零件的加工过程和工序卡如表 10-12 和表 10-13 所示。

表 10-12　数控加工工序卡

序　号	工序名称	工　序　内　容	设备及工装
1	铸造	铸造毛坯，各加工部位留单边余量2～3mm	
2	热处理	时效	
3	油漆	刷底漆	
4	钳	照顾各部划全线	
5	铣	按线找正，粗、精铣底面；粗铣上表面，留余量0.5 mm	普通铣床
6	钳	划 $\phi80^{+0.046}_0$ 孔加工线	
7	车	按线找正，车 $\phi80^{+0.046}_0$ 孔至尺寸要求	立式车床
8	数控加工	铣上表面、环形槽并加工各孔	立式加工中心
9	钳	去毛刺.	
10	检验		

（3）确定装夹方案和选择夹具。该工件可采用"一面、一销、一板"的方式定位装夹，即以工件底面为第一定位基准，定位元件采用支承面，限制工件 $\vec{z}$，$\hat{x}$，$\hat{y}$ 3 个自由度。$\phi80^{+0.046}_0$ mm 孔为第二定位基准，定位元件采用带螺纹的短圆柱销，限制工件 $\vec{x}$ 和 $\vec{y}$ 两个自

由度，工件的后侧面为第三定位基准，定位元件采用移动定位板，限制工件 $\vec{z}$ 一个自由度。利用短圆柱销带螺纹部分从定位孔的上端面通过压板将工件压紧。

（4）选择刀具。刀具的规格主要根据加工尺寸选择，因上表面较窄，一次走刀即可加工完成，故选用 $\phi80$ 的不重磨硬质合金端铣刀；按环形槽的精度和表面粗糙度（$R_a12.5$）要求，可选用 $\phi80_0^{+0.03}$ 高速钢立铣刀直接铣削完成。其余刀具规格见表 10-14 所列。

（5）确定进给路线。上表面是较窄的环形表面（大部分宽度仅为 35mm，最宽处为 50mm 左右），故铣削上表面时和铣环形槽一样，均按环形槽走刀即可。铣上端平面，钻螺孔的中心孔，钻环形槽起点窝、螺纹底孔、底孔倒角及攻丝和铣环形槽的工艺路线安排如图 10-23 所示。

（6）选择切削用量。根据零件加工精度和表面粗糙度的要求，并考虑刀具的强度、刚度以及加工效率等因素，在该零件的各道加工工序中，切削用量见表 10-13。

表 10-13 壳体零件的机械加工工艺过程

（工厂）	数控加工工序卡		产品名称或代号		零件名称	材料	零件图号
					壳件	HT300	
工序号	程序编号	夹具名称	夹具编号		使用设备		车　间
8					JCS—018		
工步号	工 步 内 容	加工面	刀具号	刀具规格1mm	三轴转速/（r·min⁻¹）	进给速度/（mm·min⁻¹）	背吃刀量/mm	备注
1	铣上表面		T01	$\phi80$	280	56		
2	钻4×M10的中心孔		T02	$\phi3$	1000	100		
3	钻4×M10底孔及槽$10_0^{+0.15}$落刀孔		T03	$\phi8.5$	500	50		
4	4×M10底孔孔口倒角		T04	$\phi18$	500	50		
5	攻丝4×M10螺纹		T05	M10	60	90		
6	铣环形槽		T06	$\phi10_0^{+0.03}$	300	30		
编制		审核		批准			共　页第　页	

表 10-14　数控加工刀具卡

产品名称或代号			零件名称	壳体	零件图号		程序编号	
工步号	刀具号	刀具名称	刀柄型号		刀　　具		补偿值/mm	备注
					直径/mm	长度/mm		
1	T01	硬质合金端铣刀	JT57—XD		$\phi 80$			
2	T02	中心钻	JT57—Z13×90		$\phi 3$			
3	T03	麻花钻	JT57—Z13×45		$\phi 8.5$			
4	T04	（2ϕ=90°）麻花钻	JT57—M2		$\phi 18$			
5	T05	机用丝锥	JT57—GM3—12		M10			
6	T06	高速钢立铣刀	JT57—Q2×90		$\phi 10^{+0.03}_{0}$			
编制			审核			批准	共　页	第　页

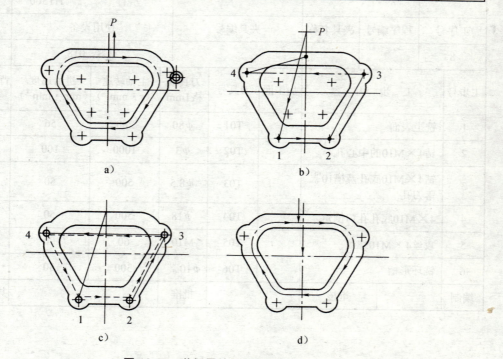

图 10-23　盖板零件的工艺路线

a）铣削上端平面；b）钻螺孔的中心孔；

c）钻环形槽起点窝、螺纹底孔、底孔倒角、攻丝；d）铣环形槽

第五节 成组工艺和计算机辅助制造系统（CAM）

一、成组技术及简介

在现代机械制造领域中，由于新技术的飞速发展，社会需求的多样化，产品更新周期日益缩短，使得多品种小批量生产的比重大大增加。在美国，约有95%的产品是在批量小于50件的规模下生产的；在我国机械产品中，生产批量为10~100件的零件也约占生产零件总数的70%。由此可见，单件、中小批量生产方式占绝对优势，而且今后仍将有增长的趋势。

成组技术的实质就是按零件的形状、尺寸、制造工艺的相似性，将零件分类归并成组，扩大零件的工艺批量，以便采用高效率的工艺方法和设备，使中小批量生产也能获得大批量流水生产的经济效益。另外，随着计算机技术和数控技术的应用与发展，成组技术也已成为计算机辅助工艺设计（CAPP）、柔性制造系统（FMS）、计算机集成制造系统（CIMS）的基础。

1. 成组技术的基本概念

在机械制造业中每年生产的产品都有成千上万种，每个零件都具有不同的形状、尺寸和功能。但是，仔细观察就会发现相当多的零件之间有相似性。销钉和小轴在外形上可能十分相似，但却具有不同的功能。不同尺寸的圆柱直齿轮，制造过程差不多是相同的。由此可见，可以将被制造的零件划分成组，类似于图书馆的图书分类。将零件进行分类归并成组，可以形成更易于管理的数据库。

对于零件设计而言，许多零件都具有相似的形状，那么相似的零件就可以归并成设计族。一个新零件可以通过修改一个现有的同族零件形成。应用这个概念，可以确定出综合零件。综合零件是包含一个设计族的所有设计特征的零件。如图10-24所示为一个综合零件的实例。

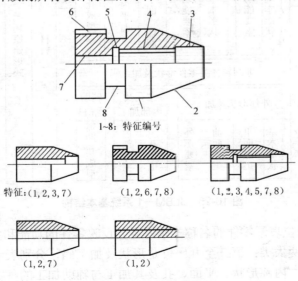

图 10-24 综合零件

对于机械制造工艺来说，成组技术的应用显得比零件设计更重要。不仅结构特征相似的零件可以归并成组。结构不同的零件仍可能要求类似的制造过程。例如，大多数箱体零件都具有不同的形状和功能，但它们全部要求镗内孔、铣端面、钻孔等。因此，可以得出它们都相似的结论。这样就可以把具有相似加工特点的零件也归并成族。由此出发，工艺过程设计工作便可以得到简化。由于同族零件要求类似的工艺过程，于是可以建立一个加工单元来制造同族零件。而对每一个加工单元只考虑具有类似加工特点的零件加工，于是可使生产计划、工艺准备、生产组织和管理等各项工作的水平得以提高。

2. 成组技术中的零件编码

零件分类编码就是对每个零件赋予数字符号，用以描述零件的结构形状和工艺特征等信息，它是标识相似性的手段。依据编码并再按一定的相似程度，将零件划分为加工组。目前，国内外已有 100 多种分类编码系统在工业中使用，各有其特点和适用范围。

《机械工业成组技术零件分类编码系统》（以下简称 JLBM—1 系统）是由我国机械工业部组织制定并批准施行的成组技术的指导性技术文件。它采用主码和辅码分段的混合式结构，由 15 个码位组成，其结构如图 10-25 所示。

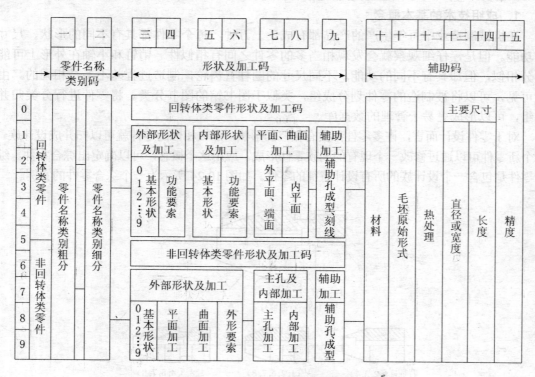

图 10-25　JLBM—1 系统基本结构

该系统的 1、2 码位表示零件的名称类别，主要反映零件的功能和主要形状，分回转类零件和非回转类零件两大类；第三至九码位是形状及加工码，分别表示回转体零件和非回转体零件的外部形状、内部形状、平面、孔及其加工与辅助加工的种类；第十至十五码位是辅助码，表示零件的材料、毛坯、热处理、主要尺寸和精密的特征。其中第十五位精密码规定了低精密度、中等精密度、高精密度和超高精密度 4 个等级。

表 10-5～表 10-8 为 JLBM—1 系统编码分类表部分内容，供查阅。

表 10-15 JLBM — 1 分类系统的名称类别分类表

第一位 \ 第二位			0	1	2	3	4	5	6	7	8	9	
0	回转类零件	轮盘类	盘、盖	防护盘	法兰盘	带轮	三轮捏手	离合器体	分度盘、刻度盘、环	滚轮	活塞	其他	0
1		环套类	垫圈、片	环、套	螺母	衬套	外螺纹套直管接头	法兰套	半联轴节	液压缸气压缸		其他	1
2		销、杆、轴类	销、堵、短圆柱	圆杆圆管	螺钎螺钉螺栓	阀杆、阀芯、活塞杆	短轴	长轴	蜗杆丝杆	手把、手柄、操纵杆		其他	2
3		齿轮类	圆柱外齿轮	圆柱内齿轮	锥齿轮	蜗轮	链轮棘轮	螺旋锥齿轮	复合齿轮	圆柱齿条		其他	3
4	回转类零件	异形件	异形盘套	弯管接头弯头	偏心件	弓形件扇形件	叉形接头叉轴	凸轮凸轮轴	阀体			其他	4
5		专用件										其他	5
6	非回转类零件	杆条类	杆、条	杠杆摆杆	连杆	撑杆拉杆	扳手	键镶(压)条	梁	齿条	拨叉	其他	6
7		板块类	板、块	防护板、盖板、门板	支承板垫板	压板连接板	定位块棘爪	导向块(板)滑块(板)	阀块分油器	凸轮板		其他	7
8	非回转类零件	座架类	轴承座	支座	弯板	底座机架	支架					其他	8
9		箱壳体类	罩、盖	容器	壳体	箱体	立柱	孔身	工作台			其他	9

表 10-16　　JLBM—1 分类系统回转件分类表（第三至第九位）

码位	三	四		五		六		七		八		九	
特征项号	外部形状及加工			内部形状及加工				平面、曲面加工				辅助加工(非同轴线孔、成型、刻线)	
	基本形状		功能要素	基本形状		功能要素		外(端)面		内面			
0	光滑	1	无	0	无轴线孔	1	无	1	无	0	无	1	无
1	单向台阶	1	环槽	1	无加工孔	1	环槽	1	单一平面 不等分平面	1	单一平面 不等分平面	1	均布孔 轴向
2	双向台阶	2	螺纹	2	光滑 单向台阶	2	螺纹	2	平行平面 等分平面	2	平行平面 等分平面	2	均布孔 径向
3	球、曲面	3	1+2	3	双向台阶	3	1+2	3	槽、键槽	3	槽、键槽	3	非均布孔 轴向
4	正多边形	4	锥面	4	单侧	4	锥面	4	花键	4	花键	4	非均布孔 径向
5	非圆对称截面	5	1+4	5	双侧	5	1+4	5	齿形	5	齿形	5	倾斜孔
6	弓、扇形或4、5以外的	6	2+4	6	球、曲面	6	2+4	6	2+5	6	3+5	6	各种孔组合
7	平行轴线	7	1+2+4	7	深孔	7	1+2+4	7	3+5或4+5	7	4+5	7	成型
8	弯曲、相交轴线	8	传动螺纹	8	相交孔平行孔	8	传动螺纹	8	曲面	8	曲面	8	机械刻线
9	其他	9	其他	9	其他	9	其他	9	其他	9	其他	9	其他

注：第三码位中，0～6 为"单一轴线"，7～8 为"多线轴"；第五码位中 2～8 为"通孔盲孔"。

表 10-17　JLBM—1 分类系统非回转件分类表（第三至第九位）

码位	三 外部形状及加工—总体形状	四 平面加工	五 曲面加工	六 外形要素	七 三孔及内部形状—主孔加工及要素	八 内部平面加工	九 辅助加工(辅助孔、成型)
0	轮廓边缘由直线组成	无	无	无	无	无	无
1	无弯曲 轮廓边缘由直线和曲线组成	一侧平面及台阶平面	回转面加工	外部一般直线沟槽	单一轴线 无螺纹 光滑、单向台阶或单向盲孔	单一轴向沟槽	单方向 均布孔 圆周排列的孔
2	板条 无弯曲 板或条与圆柱体组合	两侧平行平面及台阶平面	回转定位槽	直线定位导向槽	双向台阶双向盲孔	多个轴向沟槽	直线排列的孔
3	板条 有弯曲 轮廓边缘由直线或直线+曲线组成	双向皿面 直交面	一般曲线,沟槽	直线导轨定位凸起	多轴线 平行轴线	主孔内 内花键	多方向 两个方向配置孔
4	有弯曲 板或条与圆柱体组合	斜交面	简单曲面	1+2	垂直或相交轴线	内等分平面	多个方向配置孔
5	块状	两个两侧平行平面(即四面需加工)	复合曲面	2+3	有螺纹 单一轴线	1+3	非均布孔 单个方向排列的孔
6	箱壳座架 有分离面	2+3或3+5	1+4	1+3或1+2+3	多轴线	2+3	多个方向排列的孔
7	箱壳座架 无分离面 矩形体组合	6个平面需加工	2+4	齿形、齿纹	有其他功能要素(功能锥、功能槽、球面、曲面等) 单一轴线	异形孔	成型 无辅助孔
8	无分离面 矩形体与圆柱体组合	斜交面	3+4	刻线	多轴线	内腔平面及窗户平面加工	有辅助孔
9	其他	其他	其他	其他	其他	其他	其他

表 10-18　JLBM—1 分类系统材料、毛坯、热处理、主要尺寸、精度分类表

码位	十		十二		十三						十四	十五	
项目	材料	毛坯原始形式	热处理	项目	主要尺寸/mm						项目	精度	
					直径或宽度（D或B）			长度（L或A）					
					大型	中型	小型	大型	中型	小型			
1	灰铸铁	棒材	无	0	≤14	≤8	≤3	≤50	≤18	≤≤0	0	低精度	
1	特殊铸铁	冷拉材	发蓝	1	>14~20	>8~14	>3~6	>50~120	>18~30	>10~16	1	中等精度	内外回转
2	普通碳钢	管材（异形管）	退火、正火及时效	2	>20~58	>14~20	>6~10	>120~250	>30~50	>16~25	2		平面加工
3	优质碳钢	型材	调质	3	>58~90	>20~30	>10~18	>250~500	>50~120	>25~40	3		1+2
4	合金钢	板材	淬火	4	>90~160	>30~58	>18~30	>500~800	>120~250	>40~60	4		外回转面加工
5	铜和铜合金	铸件	高、中频淬火	5	>160~400	>58~90	>30~45	>800~1 250	>250~500	>60~85	5	高精度	内回转面加工
6	铝和铝合金	锻件	渗碳+4或5	6	>400~630	>90~160	>45~65	>1250~2 000	>500~800	>85~120	6		4+5
7	其他有色金属及其合金	铆焊件	氮化处理	7	>630~1 000	>160~440	>65~90	>2 000~3 150	>800~1 250	>120~160	7		平面加工
8	非金属	铸塑成形件	电镀	8	>1 000~1 600	>440~630	>90~120	>3 150~5 000	>1 250~2 000	>160~200	8		4或5或6加7
9	其他	其他	其他	9	>1 600	>630	>120	>5 000	>2 000	>200	9		超高精度

　　如图 10-26 所示为对回转体零件根据上述系统分类表进行编码的实例。

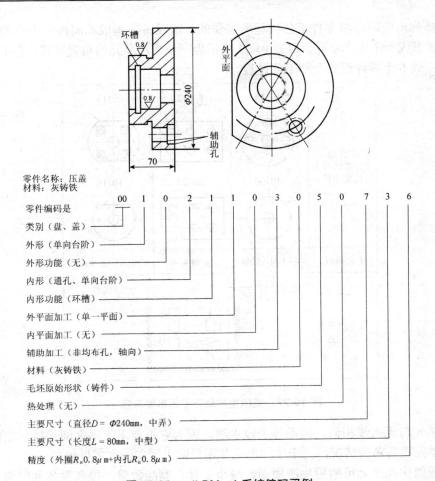

零件名称：压盖
材料：灰铸铁

零件编码是　　　00　1　0　2　1　1　0　3　0　5　0　7　3　6

类别（盘、盖）

外形（单向台阶）

外形功能（无）

内形（通孔、单向台阶）

内形功能（环槽）

外平面加工（单一平面）

内平面加工（无）

辅助加工（非均布孔，轴向）

材料（灰铸铁）

毛坯原始形状（铸件）

热处理（无）

主要尺寸（直径 $D = \Phi240$mm，中弄）

主要尺寸（长度 $L = 80$mm，中型）

精度（外圈 R_a 0.8μm＋内孔 R_a 0.8μm）

图 10-26　　JLBM—1 系统编码实例

3. 成组生产的组织形式

根据目前成组加工的实际应用情况，成组加工系统有成组单机、成组生产单元、成组生产流水线 3 种基本形式。

这 3 种形式介于机群式和流水线之间的设备布置形式。机群式适用于传统的单件小批量生产，流水线式则适用于传统的大批大量生产。成组生产采用哪一种形式，主要取决于零件成组后同族零件的批量大小。

（1）成组单机。成组单机加工是指由一台设备完成零件组全部加工过程。例如，在六角车床、自动车床上加工回转体零件。也可以在一种设备上完成一个零件组的一个加工工序，称为成组工序。而其余工序可以是单独工序，也可以是成组工序，分别在其他机床上进行。

成组单机是最初级的组织形式，最易实现，车间的布局仍然是机群式排列，随着高效、多功能的数控加工中心的应用，赋予成组零件单机加工以新的生命力，按零件组编制数控程序，既可以缩短编程时间，又可以提高数控机床的利用率。

（2）成组生产单元。成组生产单元是指一组（或几组）工艺上相似的零件，按其工艺流程合理排列出完成该组零件工艺过程所需要的一组设备，构成车间内一个小的封闭生产系统，这就形成一个生产单元。如图 10-27 所示为一个生产单元的布置形式，它由 4 台机床组成，可完成 6 个零件组的全部工艺过程。

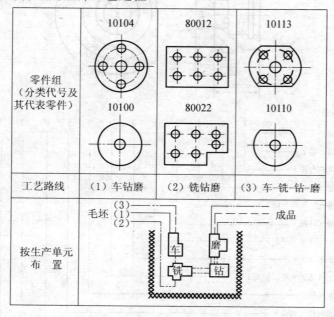

图 10-27　成组生产单元平面布置示意

生产单元与流水线相似，但不等于流水线，因为它不要求工序之间保持一定的节拍。根据生产单元设备负荷情况，一个生产单元并不只限于固定一个零件组。

采用成组生产单元可缩短生产周期，减少工件在制品数量，提高设备利用率，被实行成组工艺的中小批生产企业广泛采用。

（3）成组生产流水线。成组生产流水线是严格按照零件组的工艺过程组织起来的，其各工序的节拍是一致的，它的工作过程是连续而有节奏地进行。成组流水线与普通流水线的主要区别在于生产线上流动的不是一种零件，而是一组相似零件。

成组流水线具有大批大量生产性质的合理性和优越性，它既可用于形状复杂的零件组，如曲轴流水线，也可用于形状简单的零件组，如法兰盘等零件。

4. 成组工艺的优越性

（1）高生产率。由于扩大了同类型零件的批量，使中、小批生产可以采用先进的、高生产率的设备与工艺装备，从而大大提高了生产效率。

（2）保证产品质量。采用成组技术消除了相似零件工艺上不必要的多样性，为零件组选择了合理的工艺方案，使工件的加工质量稳定、可靠。

（3）促进产品零件、部件的系列化、标准化、通用化。从结构特征对零件进行编码分组，制定出标准零件图册和相似零件分类图册，对产品零、部件的系列化、标准化、通用化创造了条件。

（4）有利于管理工作的现代化。采用成组技术，可以对原来多品种、中小批生产的落后状况进行彻底的改善，成组生产单元和成组流水线给生产管理带来了方便。产品零件编码后，为计算机管理生产打下基础。

（5）缩短产品周期，减少在制品数量。采用成组技术后，不仅提高了生产率，还大大缩短了生产准备时间，从而使生产周期大为缩短，这对新产品试制有重要意义。

二、计算机辅助制造系统（CAM）简介

1．概述

计算机辅助制造（CAM）是指计算机在产品制造方面有关应用的统称，它是通过计算机直接或间接地与企业中的物质资源和人力资源交换信息，实现计算机对制造过程各环节的管理、控制和操作。计算机在辅助制造中的应用可分为两大类型：一类为直接应用，即用于制造过程的监视和控制；一类为间接应用，即计算机同生产过程没有直接的联系，而是提供管理生产活动所需要的数据和信息，用来支持工厂的制造活动，例如，编制数控程序、制定工艺规程、制定工时定额、成本核算、生产与库存控制等。由此可见，CAM 的含义非常广泛，它有广义 CAM 和狭义 CAM 之分。

广义的 CAM 是指利用计算机辅助完成从毛坯到产品制造过程中的直接或间接的活动，包括工艺准备、生产作业计划、物流过程的运行控制、生产控制、质量控制等主要方面，如图 10-28 所示。其中，工艺准备包括计算机辅助工艺过程设计（CAPP），计算机辅助工装设计与制造，计算机辅助数控编程、工时定额和材料定额的编制等内容；物流过程的运行控制包括加工、装配、检验、输送、储存等物流的过程控制。更广义的 CAM 还包括物流需求计划（MRP）、成本控制、库存控制等管理软件及数控机床、机器人等数控硬件。

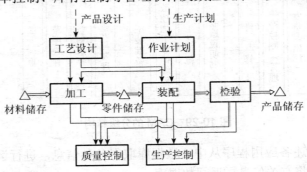

图 10-28　广义 CAM

狭义的 CAM 是指工艺准备或其中某些、某个活动应用于计算机。在 CAD/CAM 系统中的 CAM 是指计算机辅助编制数控机床加工指令。

2．CAM 系统的分级结构和组成

随着计算机在制造系统中的广泛应用，单纯孤立地在各个部门用计算机辅助进行各项工作，远没有充分发挥出计算机控制生产的潜在能力；各个环节之间也容易产生矛盾和不协调。只有用更高级的计算机分级结构网络将制造过程的各个环节集中和协调起来，组成更高水平的制造系统，才能取得更好的效益，这就是通常所说的 CAM 系统。如图 10-29 所

示为计算机辅助系统的分级结构，图中表示的涉及整个制造过程的各种功能是由一个多级计算机网络分别实现的。

CAM 系统的组成可以分为硬件和软件两个方面：硬件方面有各种数控机床、加工中心、自动输送和运储装置、检测装置及计算机网络等。它的软件系统通常由下列 5 个部分组成：

①中心数据库。

②工艺设计程序。

③生产调度程序。

④加工控制程序。

⑤质量管理和监控程序。

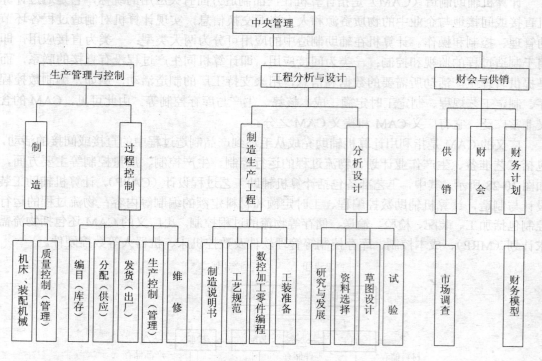

图 10-29　CAM 的分级结构

系统启动后，上述各应用程序从中心数据库取得各种信息，进行运算和处理，控制制造过程自动运行，并将有关信息再返回数据库。

第六节　工艺过程技术经济分析

制定工艺规程的目标就是优质、高产、低消耗的完成零件加工。能加工出合格零件的工艺方案往往不止一个，而这些方案的生产率和成本也不会相同。为了选取最佳方案，需要进行技术和经济分析。

一、时间定额

时间定额是指在一定的生产条件下，规定生产一件产品或完成一道工序所需消耗的时间。时间定额不仅是衡量劳动生产率的指标，也是安排生产计划，计算生产成本的重要依据，还是新建或扩建工厂（或车间）时计算设备和工人数量的依据。

制定时间定额应根据企业的生产技术条件，使大多数工人都能达到，部分先进工人可以超过，少数工人经过努力可以达到或接近的平均先进水平。合理的时间定额能调动工人的积极性，促进工人技术水平的提高，从而不断提高劳动生产率。

1. 时间定额的组成

完成一个工件（或生产对象）的一个工序所需消耗的时间称为单位时间 Td。包括基本时间 Tj、辅助时间 Tf、布置工作地时间 Tbz、自然休息和生理需要时间 Tzr 及准备和终结时间 Tzj 等。

（1）基本时间 Tj。基本时间是直接改变生产对象的尺寸、形状、相对位置、表面状态或材料性能等工艺过程所消耗的时间。对机械加工而言，应是直接切除工序余量所消耗的时间（包括刀具的切入和切出时间）。

（2）辅助时间 Tf。辅助时间是为实现工艺过程所必须进行的各种辅助动作所消耗的时间。它包括：装卸工件、开停机床、引进或退出刀具、改变切削用量、试切和测量工件等所消耗的时间。

基本时间和辅助时间的总和称为作业时间 TB，它是直接用于制造产品或零、部件所消耗的时间。

（3）布置工作地时间 Tbz。布置工作地时间是为使加工正常进行，工人照管工作地（如调整和更换刀具、修整砂轮、润滑和擦拭机床、清理切屑等）所耗的时间。Tbz 不是直接消耗在每个工件上的，而是消耗在一个工作班内的时间，再折算到每个工件上的。一般按作业时间的 2% ～ 7%计算。

（4）休息与生理需要时间 Tzr。休息与生理需要时间是工人在工作班内为恢复体力和满足生理上的需要所消耗的时间。Tzr 也是按一个工作班为计算单位，再折算到每个工件上的。对由工人操作的机械加工工序，一般按作业时间为 2%～4%计算。

以上 4 部分时间的总和称为单件时间 Td，即：

$$Td = Tj + Tf + Tbz + Tzr = TB + Tbz + Tzr$$

（5）准备和终结时间 Tzj （简称准终时间）。准终时间是工人为了生产一批产品或零部件，进行准备和结束工作所消耗的时间。例如，在单件或成批生产中，每当开始加工一批工件时，工人需要熟悉工艺文件，领取毛坯、材料、工艺装备、安装刀具和夹具、调整机床和其他工艺装备等所消耗的时间；加工结束要归还交接消耗的时间。Tzj 既不是直接消耗在每个工件上的时间，也不是消耗在一个工作班内的时间，而是消耗在一批工件上的时间。因而分摊到每个工件上的时间为 Tzj/n，其中 n 为批量。

故单件和成批生产的单件计算时间 Tc 应为：

$$Tc = Td + Tzj/n = Tj + Tf + Tbz + Tzr + Tzj/n$$

2. 缩短单件时间的途径

缩短单件时间，主要是压缩占单件时间比重较大的那部分时间。不同的生产类型，占比重较大的时间项目也有所不同。在单件小批生产中，T_f 和 T_j 所占比重大。如在卧式车床上对某工件进行小批量生产时，T_j 约占 26%，而 T_f 约占 50%。此时，就应着重缩减辅助时间。在大批大量生产中，T_j 所占比重大。例如，在多轴自动车床上加工某工件时，T_j 约占

69.5%，而 T_f 仅占 21%。此时，应着重采取措施缩减基本时间。下面简要分析缩短单件时间的几种途径。

（1）缩减基本时间 T_j　　基本时间 T_j 可按有关公式计算。以外圆车削为例：

$$T_j = \frac{\pi D L Z}{1000 v_c f a_p}$$

式中：D——切削直径，mm；

　　　　L——切削行程长度，包括加工表面的长度、刀具切入和切出长度，mm；

　　　　Z——工序余量（此处为单边余量），mm；

　　　　v_c——切削速度，m/min；

　　　　f——进给量，mm/r；

　　　　a_p——背吃刀量，mm。

上式说明，增大切削用量 v_c，f 及 a_p，减少切削行程长度都可以缩减基本时间。

①提高切削用量。近年来随着刀具（砂轮）材料的改进，切削性能已有很大提高，高速切削和强力切削已成为切削加工的主要发展方向。目前，硬质合金车刀的切削速度一般可达到 200m/min，而陶瓷刀具的切削速度可达到 500m/min。近年来出现的聚晶金刚石和聚晶立方氮化硼刀具在切削普通钢材时，其切削速度可达 900m/min；加工 60HRC 以上的淬火钢或高镍合金刚时，切削速度可在 90m/min 以上。磨削的发展趋势是高速磨削和强力磨削。高速磨削速度已达 80m/s 以上；强力磨削的金属切除率可为普通磨削的 3～5 倍，其磨削深度一次可达 6～30mm。

②减少或重合切削行程长度。利用多把刀具或复合刀具对工件的同一表面或多个表面同时进行加工，或者用宽刀具做横向进给同时加工多个表面，实现复合工步，都能减少每把刀具的切削行程长度或使切削行程长度部分或全部重合，减少基本时间。如图 10-30 所示为多刀车削实例。

③多件加工。多件加工有 3 种形式：顺序多件加工、平行多件加工和平行顺序加工。图 10-31a 所示为顺序多件加工，工件按进给方向一个接一个顺序装夹，减少了刀具的切入和切出时间，从而减少基本时间。这种形式的加工常见于滚齿、插齿、龙门刨、平面磨削和铣削的加工中。图 10-31b 所示为平行多件加工，工件平行排列，一次进给可同时加工几个工件，加工所需基本时间和加工一个工件相同，分摊到每个工件的基本时间就减少到原来的 $1/n$，其中，n 是同时加工的工件数。这种形式常见于平面磨削和铣削中。图 10-31c 所示为平行顺序加工，它是以上两种形式的综合，常用于工件较小、批量较大的产品加工，如立轴圆台平面磨和铣削加工，缩减基本时间的效果十分显著。

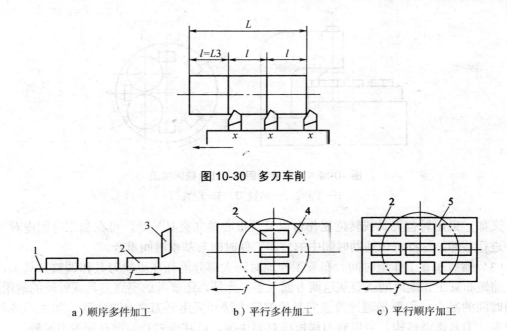

图 10-30　多刀车削

a）顺序多件加工　　　b）平行多件加工　　　c）平行顺序加工

图 10-31　多件加工示意图

1—工作台；2—工件；3—铣刀；5—砂轮

（2）缩短辅助时间 Tf。在单件小批量生产中，辅助时间在单件时间中比重较大，尤其是在大幅度提高切削用量之后，辅助时间所占的比重就更高。在这种情况下，如何缩减辅助时间，就成为提高生产率的关键。

①直接缩减辅助时间。采用先进的高效夹具可缩减工件的装卸时间。在大批量生产中采用先进夹具，如气动、液动夹具，不仅可以减轻工人的劳动强度，而且可以大大缩减装卸工件时间。在单件小批量生产中采用成组夹具或通用夹具，能大大地节省工件安装时间。

采用主动测量法可大大减少加工中的测量时间。主动测量装置能在加工过程中测量工件加工表面的实际尺寸，并可根据测量结果，对加工过程进行主动控制。这种方法在内外圆磨床上应用较普遍。

目前，在各类机床上配置的数字显示装置，都是以光栅、感应同步器为检测元件，连续显示工件在加工过程中的尺寸变化。采用该装置后能很直观地显示出刀具的位移量，节省停机测量的时间。

②间接缩减辅助时间。使辅助时间与基本时间重合，从而减少辅助时间。例如，图 10-32 所示为立式连续回转工作台铣床加工的实例。机床有两根主轴顺次进行粗、精铣削。装卸工件时机床不停机，因此，辅助时间和基本时间重合。

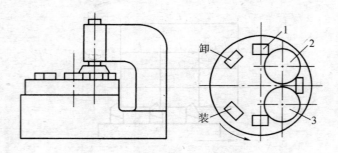

图 10-32　立式连续回转工作台铣床加工

1—工件；2—精铣刀；3—粗铣刀

又如，采用转位夹具或转位工作台以及几根心轴（夹具）等，可在加工时间内对另一工件进行装卸。这样可使辅助时间中的装卸工件时间与基本时间重合。

（3）缩短布置工作地时间。布置工作地时间大部分消耗在更换刀具和调整刀具上，因此，缩短布置工作地时间就要从这两方面入手。此外，还要考虑提高刀具或砂轮的耐用度。换刀时间的减少，主要是通过改进刀具的安装方法和采用装刀夹具来实现。如采用各种快换刀夹、刀具微调机构、专用对刀样板或对刀块等，以减少刀具的调整和对刀时间。

（4）缩短准备和终结时间。缩短准备和终结时间的主要方法是扩大零件的批量减少调整机床、刀具和夹具的时间。

成批生产中，除设法缩短安装刀具、调整机床等的时间外，应尽量扩大制造零件的批量，减少分摊到每个零件上的准终时间。中、小批量生产中，由于批量小、品种多，准终时间在单件时间中占有较大比重，使生产率受到限制。因此，应设法使零件通用化和标准化，以增加被加工零件的批量或采用成组技术。

二、工艺过程的技术经济分析

工艺过程的技术经济分析方法有两种：一种是对不同的工艺过程进行工艺成本的分析和评比；另一种是按某种相对技术经济指标进行宏观比较。

1. 工艺成本的分析和评比

零件的实际生产成本是制造零件所必需的一切费用的总和。工艺成本是指生产成本中与工艺过程有关的成本，占生产成本的 70%～75%，如毛坯或原材料费用、生产工人的工资、机床电费（设备的使用费）、折旧费和维修费、工艺装备的折旧费修理费以及车间和工厂的管理费用等。与工艺过程无关的那部分成本，如行政后勤人员的工资、厂房折旧费和维修费、照明取暖费等在不同方案的分析和评比中均是相等的，因而可以略去。

工艺成本按照与年产量的关系，分为可变费用 V 和不变费用 S 两部分。

可变费用 V 是与年产量直接有关，随年产量的增减而成比例变化的费用。它包括：材料或毛坯费、操作工人的工资、机床电费、通用机床的折旧费和维修费，以及通用工装的折旧费和维修费等。可变费用的单位是：元/件。

不可变费用 S 是与年产量无直接关系，不随年产量的增减而变化的费用。它包括调整工人的工资、专用机床的折旧费和维修费，以及专用工装的折旧费和维修费等。不变费用的单位是：元/年。

由以上分析可知，零件全年工艺成本 E 及单件工艺成本 Ed，可分别用式表示：

$$E = VN - S$$
$$Ed = V + S/N$$

式中：E——零件全年工艺成本，元/年；

$\quad\quad Ed$——单件工艺成本，元/件；

$\quad\quad N$——生产纲领，件/年。

以上两式也可用于计算单个工序的成本。

如图 10-40 所示，表示全年工艺成本 E 与年产量 N 的关系。由图 10-33 可知，E 与 N 是线性关系，即全年工艺成本与年产量成正比；直线的斜率为零件的可变费用 V，直线的起点为零件的不变费用 S。

如图 10-41 所示，单件工艺成本 Ed 与年产量 N 的关系。由图 10-34 可知，Ed 与 N 是双曲线关系，当 N 增大时，Ed 逐渐减小，极限接近于可变费用 V。对不同的方案进行评比时，常用零件的全年工艺成本与年产量成线性关系，容易比较。

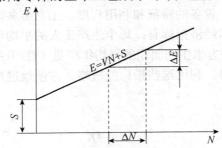

图 10-33　全年工艺成本与年产量的关系　　图 10-34　　单件工艺成本与年产量的关系

设两种不同工艺方案分别为 Ⅰ 和 Ⅱ。它们的全年工艺成本分别为：

$$E_1 = V_1N + S_1$$
$$E_2 = V_2N + S_2$$

两种方案评比时，往往是一种方案的可变费用较大，另一种方案的不变费用较大。如果某方案的可变费用与不变费用都较大，那么该方案从经济角度考虑是不可取的。

如图 10-35 所示，在同一坐标图上，分别画出了方案 Ⅰ 和方案 Ⅱ 的全年工艺成本与年产量的关系。由图 10-35 可知，两条直线相交于 $N = Nk$ 处，该年产量 Nk 称为临界年产量，此时，两种工艺方案的全年工艺成本相等。由 $V_1Nk + S_1 = V_2Nk + S_2$ 可得：

$$Nk = (S_1 - S_2) / (V_1 - V_2)$$

当 $N < Nk$ 时，宜采用方案 Ⅱ；

当 $N > Nk$ 时，宜采用方案 Ⅰ。

用工艺成本评比的方法比较科学，因而对一些关键零件或关键工序的评比常用工艺成本行评比。

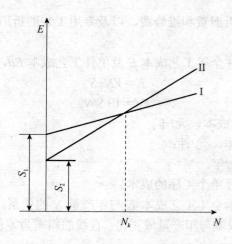

图 10-35　两种方案全年工艺成本的评比

2. 相对技术经济指标的评比

当对工艺过程的不同方案进行宏观比较时，常用相对技术经济指标进行评比。

技术经济指标反映工艺过程中劳动的耗费、设备的特征和利用程度、工艺装备需要量以及各种材料和电力的消耗等情况。常用的技术经济指标有：每个生产工人的平均年产量（件/人），每台机床的平均年产量（件/台），每平方米生产面积的平均年产量（件/平方米），以及设备利用率、材料利用率和工艺装备系数等。利用这些指标能概略、方便地进行技术经济评比。

复习思考题

1. 工艺规程为什么是纪律性、权威性文件？
2. 何谓零件的结构工艺性？
3. 制定工艺规程什么情况下可以不划分或不严格划分加工阶段？
4. 何谓"工序集中"、"工序分散"？影响工序集中和工序分散的主要原因是什么？
5. 试述毛坯种类及精度不同对零件的加工工艺、加工质量、生产率成本有何影响？
6. 影响工序间加工余量的因素有哪些？举例说明是否在任何情况下都要考虑这些因素。
7. 试述机械加工过程中安排热处理工序的目的及安排顺序。
8. 什么叫经济加工精度？它与机械加工工艺规程制定有什么关系？
9. "当基准统一时即无基准不重合误差"这种说法对吗？为什么？举例说明。
10. 成组技术的实质是什么？进行成组加工，要做哪些生产准备工作？
11. 什么叫生产成本与工艺成本？两者有何不同？如何进行不同工艺方案的比较？

第十一章　典型零件加工工艺

学习指导

　　本章介绍了几种典型零件的加工工艺。即轴类零件、套筒类零件、箱体类零件、丝杠以及曲轴等。学习本章要求了解各零件常用的材料及定位基准，并在掌握各零件结构特点及主要技术要求的同时，学会拟定各零件加工工艺。

第一节　轴类零件加工工艺

一、轴类零件概述

1. 轴类零件的作用与分类

　　轴类零件是机械加工中经常遇到的一类零件。它主要起支承传动件和传递转矩的作用。轴类零件是旋转类零件，其长度与直径之比一般大于1，主要由内外圆柱面、内外圆锥面、螺纹、花键、键槽、横向孔、沟槽等组成。根据其结构形状可分为光轴、空心轴、半轴、阶梯轴、花键轴、十字轴、偏心轴、曲轴及凸轮轴等，如图 11-1 所示。

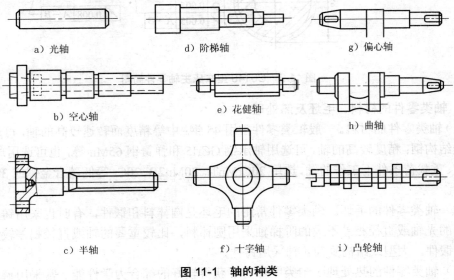

a）光轴　　　　d）阶梯轴　　　　g）偏心轴

b）空心轴　　　　e）花键轴　　　　h）曲轴

c）半轴　　　　f）十字轴　　　　i）凸轮轴

图 11-1　轴的种类

2. 轴类零件的主要技术要求

（1）尺寸精度和几何形状精度。轴颈是轴类零件的重要表面，它的质量好坏直接影响轴工作时的回转精度。根据使用要求，轴颈的尺寸精度通常为 IT6～IT9 级，有时甚至达到 IT5 级。轴颈的几何形状精度主要是指圆度或圆柱，一般应限制在尺寸公差范围之内，几何形状精度要求较高时，应在图上专门标注形状公差。

（2）位置精度。装配传动件的配合轴颈与装配轴承的支承轴颈的同轴度，是轴类零件位置精度的主要要求之一，在零件图上一般用径向圆跳动来标注。普通精度的轴，配合轴颈相对支承轴颈的径向圆跳动一般为 0.01～0.03mm，高精度轴为 0.001～0.005mm。

（3）表面粗糙度。一般与传动件相配合的配合轴颈的表面粗糙度为 R_a0.63～2.5μm，与轴承相配合的支承轴颈的表面粗糙度为 R_a0.16～0.63μm。

如图 11-2 所示为 C6140 型车床主轴简图，图中注明了该零件的主要技术要求。

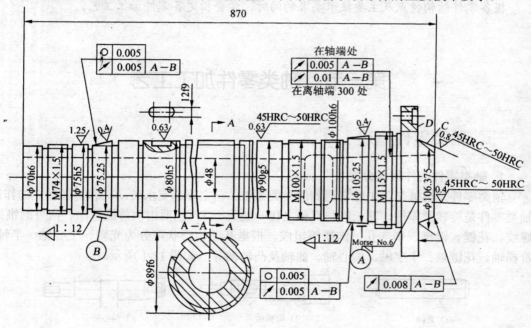

图 11-2　C6140 型车床主轴零件简图

3. 轴类零件的材料、毛坯及热处理

（1）轴类零件的材料。一般轴类零件常用 45 钢；中等精度而转速较高的轴，可选用 40Cr 等合金结构钢；精度较高的轴，可选用轴承钢 GCrl5 和弹簧钢 65Mn 等，也可选用球墨铸铁；高转速、重载荷条件下工作的轴，选用 20CrMnTi、20Mn2B、20Cr 等低碳合金钢或 38CrMnAl 氮化钢。

（2）轴类零件的毛坯。轴类零件常用的毛坯是圆棒料和锻件，有时也采用铸件。一般不重要的光轴或直径相差不大的阶梯轴采用圆棒料，比较重要的轴或直径相差较大的阶梯轴采用锻件，大型或结构复杂的轴采用铸件。

（3）轴类零件的热处理。轴类零件为了获得较好的综合力学性能，常采用调质处理。

毛坯余量大时，调质安排在粗车之后、半精车之前，以便消除粗车时产生的残余应力；毛坯余量小时，调质可安排在粗车之前进行。表面淬火一般安排在精加工之前，这样可纠正因淬火引起的局部变形。对精度要求较高的轴，在局部淬火或粗磨之后，还需进行低温时效处理，以便稳定尺寸。

锻造毛坯在加工前，需安排正火或退火处理以使钢材内部晶粒细化，消除锻造应力，降低材料硬度，改善切削加工性能。

氮化钢表面渗氮后，变形很小，硬度很高，所以渗氮一般安排在精加工之后进行。

二、车床主轴加工工艺过程

轴类零件的加工工艺因其用途、结构形状、技术要求、材料种类、产量大小等因素而有所差异。车床主轴零件工艺路线长，加工难度大，是轴类零件中具有代表性的零件，它涉及到轴类零件加工的许多基本工艺问题。故以它为例介绍轴类零件的加工工艺。

1. 主轴的主要技术条件分析

从图 11-2 可以看出，主轴的支承轴颈 A、B 是主轴部件的装配基准，它的制造精度直接影响到主轴部件的回转精度，所以对 A、B 两段轴颈提出了很高的要求。

主轴前端莫氏 6 号锥孔用来安装顶尖或工具锥柄，其锥孔必须与支承轴颈轴线同轴，否则会引起加工工件出现相对位置误差。主轴前端圆锥面和端面是安装卡盘或车床夹具的定位表面。为了保证卡盘的定心精度，该圆锥表面必须与支承轴颈同轴，端面必须与主轴的回转轴线垂直。主轴上的螺纹是用来固定与调节主轴轴承间隙的。当螺纹中径对于支承轴颈歪斜时，会造成锁紧螺母端面不垂直，轴承位置发生变动，引起主轴径向圆跳动。

通过以上分析可知，主轴上的支承轴颈、配合轴颈、锥孔、前端圆锥面及端面、螺纹等表面加工要求较高，是主要表面。而其中支承轴颈本身的尺寸精度、几何形状精度、其他表面与它的相互位置精度以及本身的表面粗糙度要求更高，这是主轴加工中的主要问题，加工主轴时要紧紧抓住这个主要问题。

2. 车床主轴加工工艺过程

经过对主轴的结构特点、技术要求的深入分析，根据生产批量、设备条件、工人技术水平等因素，就可以拟定其机械加工工艺过程。表 11-1 是 C6140 型车床主轴成批生产时的加工工艺过程。主轴材料为 45 钢。

表 11-1 车床主轴加工工艺过程

序号	工序名称	工序简图	加工设备
1	备料		
2	锻造		立式精锻机床
3	热处理	正火	
4	锯头		

序号	工序名称	工序简图	加工设备
5	铣端面、钻中心孔		专用机床
6	荒车各外圆面		卧式车床
7	热处理	调质 220HBS~240HBS	
8	车大端各部	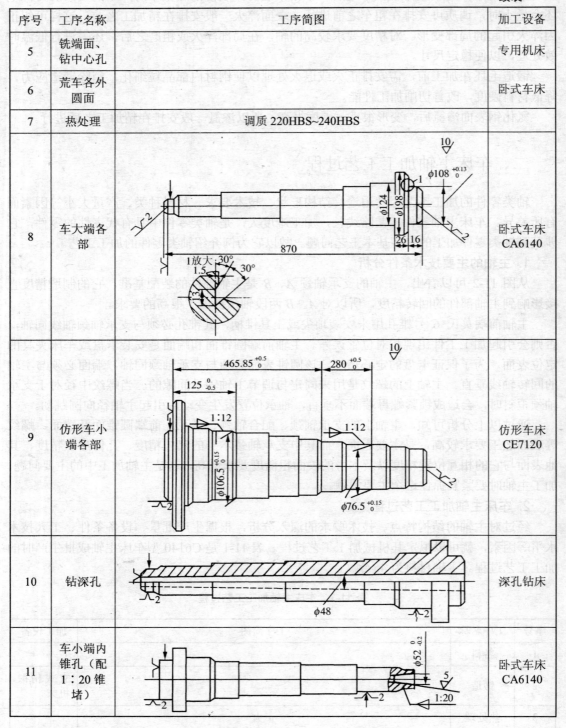	卧式车床 CA6140
9	仿形车小端各部		仿形车床 CE7120
10	钻深孔		深孔钻床
11	车小端内锥孔（配 1：20 锥堵）		卧式车床 CA6140

续表

序号	工序名称	工序简图	加工设备
12	车大端锥孔（配莫氏 6 号锥堵）、外短锥及端面	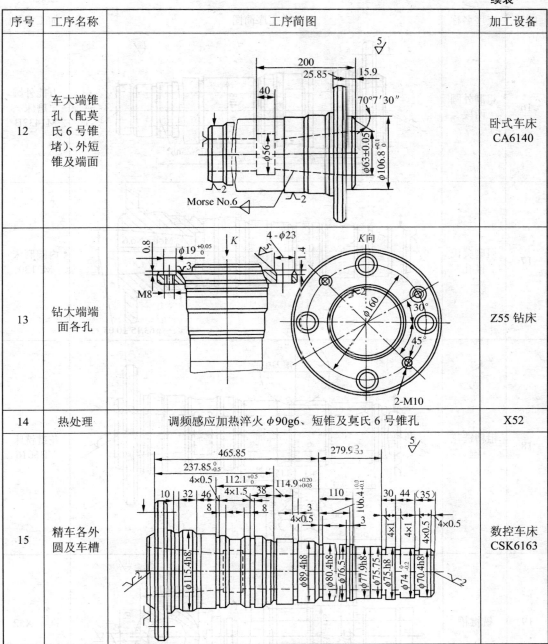	卧式车床 CA6140
13	钻大端端面各孔		Z55 钻床
14	热处理	调频感应加热淬火 φ90g6、短锥及莫氏 6 号锥孔	X52
15	精车各外圆及车槽		数控车床 CSK6163

序号	工序名称	工序简图	加工设备
16	粗磨外圆两段	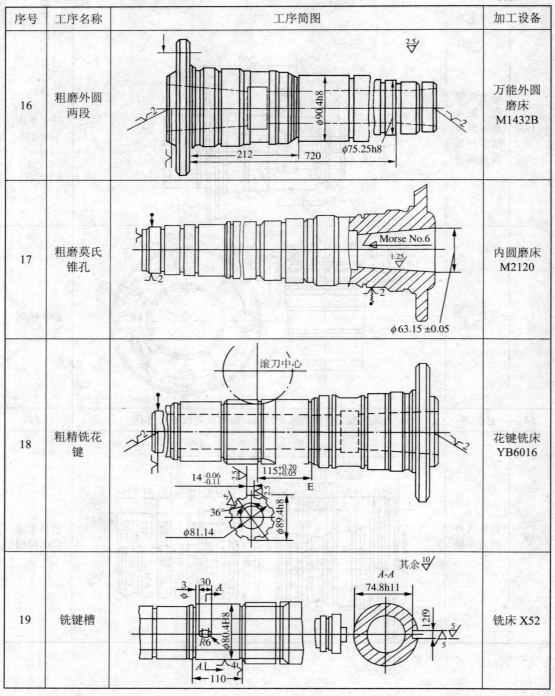	万能外圆磨床 M1432B
17	粗磨莫氏锥孔		内圆磨床 M2120
18	粗精铣花键		花键铣床 YB6016
19	铣键槽		铣床 X52

序号	工序名称	工序简图	加工设备
20	车大端内侧面及三段螺纹（配螺母）	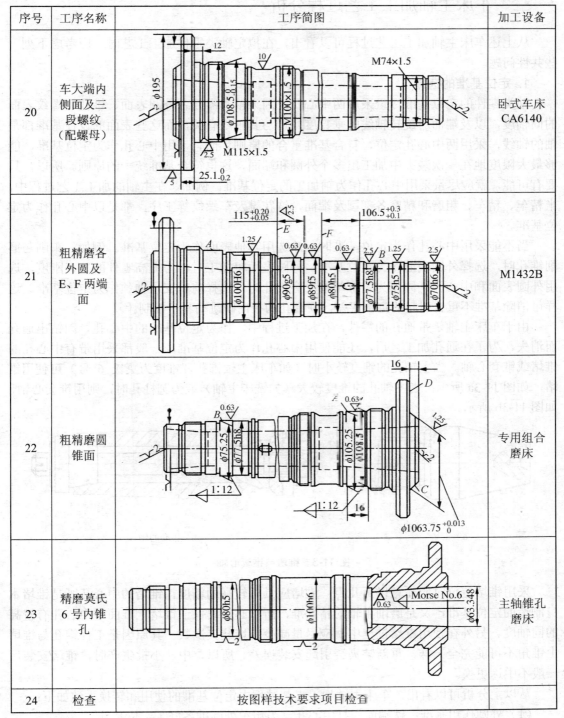	卧式车床 CA6140
21	粗精磨各外圆及E、F两端面		M1432B
22	粗精磨圆锥面		专用组合磨床
23	精磨莫氏6号内锥孔		主轴锥孔磨床
24	检查	按图样技术要求项目检查	

三、车床主轴加工工艺过程分析

从上述车床主轴加工工艺过程可以看出，在拟定轴类零件加工工艺时，应考虑下列一些共性问题。

1. 定位基准的选择

轴类零件的定位基准尽量采用两中心孔。因为轴类零件各外圆表面、锥孔、螺纹表面的同轴度，以及端面对旋转轴线的垂直度，均与其轴线有关，而这些表面的设计基准都是轴的轴线，采用两中心孔定位，符合基准重合的原则。而且，用中心孔作为定位基准，能够最大限度地在一次装夹中加工出多个外圆和端面，这也符合基准统一的原则。所以，只要有可能，就应尽量采用中心孔作为轴加工的定位基准。例如，在主轴的加工工艺过程中，半精车、精车、粗磨和精磨各部圆及端面，铣花键及车螺纹等工序，都是以中心孔作为定位基准。

当不能采用中心孔作为定位基准时，才选用其他表面作为定位基准。例如，车削与磨削锥孔时，选择外圆表面作为定位基准；外圆表面粗加工时，为提高零件的装夹刚度，选用外圆表面和中心孔共同作为定位基准；磨锥孔时，选择前后支承轴颈作为定位基准。这样可消除基准不重合引起的定位误差，使锥孔的径向圆跳动易于控制。

由于车床主轴是带通孔的零件，在加工过程中，作为定位基准的中心孔，因钻出通孔而消失，为了在通孔加工之后，还能使用中心孔作为定位基准，一般都采用带有中心孔的锥堵或锥套心轴。当主轴孔的锥度较小时（如车床主轴锥孔，锥度为莫氏 6 号）可使用锥堵，如图 11-3a 所示；当主轴孔的锥度较大（如铣床主轴）或为圆柱孔时，则用锥套心轴，如图 11-3b 所示。

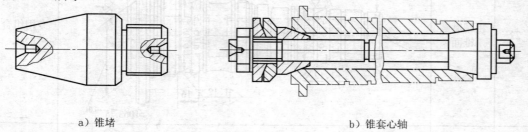

a）锥堵　　　　　　　　　　　　　　　　b）锥套心轴

图 11-3　锥堵与锥套心轴

采用锥堵定位时应注意以下几点：锥堵应具有较高的精度，锥堵的中心孔既是锥堵本身制造的定位基准，又是磨削主轴的精基准，所以必须要保证锥堵上锥面与中心孔有较高的同轴度。另外在使用锥堵过程中，应尽量减少锥堵装夹次数。其原因是工件锥孔与锥堵上锥角不可能完全一样，重新装夹会引起安装误差。所以，中、小批生产时，锥堵安装后一般不中途更换。

从以上分析可以看出，车床主轴加工工艺过程中定位基准的使用和转换大致如下：

（1）外圆作粗基准：铣端面、打中心孔，为粗车外圆准备好了定位基准。

（2）中心孔作精基准：粗车全部外圆，为深孔加工和两端锥孔加工准备好定位基准。

（3）外圆作精基准：加工深孔和前后锥孔，以便安装锥堵。

（4）加锥堵或锥套心轴，以其中心孔定位：将外圆所有要素半精加工、精加工。

（5）拆下锥堵，以支承轴颈为定位基准：终磨内锥孔。

2. 加工阶段的划分

由于主轴是多阶梯带通孔的零件，切除大量的金属后，会引起内应力重新分布而变形。因此在安排工序时，应将粗、精加工分开，先完成各表面的粗加工，再完成各表面的半精加工和精加工，而主要表面的加工则放在最后进行。这样，主要表面的精度就不会受到其他表面加工或内应力重新分布的影响。

从主轴加工工艺过程可以看出，表面淬火以前的工序为各主要表面的粗加工阶段，表面淬火以后的工序是半精加工和精加工阶段，要求较高的支承轴颈和莫氏 6 号锥孔的精加工，则放在最后进行。同时还可以看出，整个主轴加工工艺过程，就是以主要表面（特别是支承轴颈）的粗加工、半精加工和精加工为主线，适当穿插其他表面的加工工序而组成的。

3. 热处理工序的安排

主轴的热处理是主轴加工工艺过程中重要的组成部分，它关系到主轴的机械性能、使用寿命以及加工精度，并能改善主轴的切削加工性能。一般主轴的热处理工序安排以下几种：

（1）正火。毛坯锻造后安排正火，以消除锻造应力，改善金属组织，细化晶粒，降低硬度，改善切削性能。

（2）调质。主轴粗加工后安排的第二次热处理，能使其获得均匀细致的回火索氏体组织，提高零件的综合机械性能，以便在表面淬火时，得到均匀细密的硬化层，使硬化组织的硬度由表面向中心逐步降低。同时，索氏体晶粒结构的金属组织经过加工后，表面粗糙度值较小。

（3）表面淬火。对有相对运动的轴颈表面和经常装卸工具的前锥孔进行表面淬火处理，以提高其耐磨性。

主轴的热处理，根据其材料和技术要求有的还要进行渗碳淬火或氮化处理，有的还要进行低温时效处理和冰冷处理。

4. 工序顺序的安排

通过以上分析可以看出，主轴加工工序的安排顺序大致如下：锻造毛坯—正火—切端面打中心孔—粗车—调质—半精车—精车—表面淬火—粗、精磨外圆表面→磨内锥孔。但在具体安排工序时，还应注意以下几点：

（1）基准先行。安排机械加工工艺时，应先安排定位基准面的加工，即基准先行。主轴加工工序中就是先安排铣端面钻中心孔，以便为后续工序准备好定位基准。

（2）深孔加工的安排。为了使中心孔能够在多道工序中使用，深孔加工应安排在最后，但是考虑到深孔加工属于粗加工，加工时余量大、发热多、变形大，会使其他表面的加工精度受到影响，故不能放到最后。一般深孔加工安排在外圆粗车之后，以便有一个较为精确的轴颈作定位基准用来搭中心架，这样加工出的孔容易保证壁厚均匀。

（3）先外后内、先大后小。先加工外圆，再以外圆定位加工内孔。如上述主轴锥孔安排在轴颈精磨之后再进行精磨；加工阶梯外圆时，先加工直径较大的，后加工直径较小的，这样可避免过早地削减工件的刚度。加工阶梯轴内孔时，先加工直径较大的，后加工直径较小的，这样便于使用刚度较大的孔加工工具。

（4）次要表面加工的安排。主轴上的花键、键槽、螺纹等次要表面的加工，通常安排在外圆精车或粗磨之后、精磨外圆之前进行。如果精车前就铣出键槽，精车时因断续切削而易产生振动，既影响加工质量，又容易损坏刀具，也难控制键槽的深度。这些加工也不能放到主要表面精磨之后，否则会破坏主要表面已获得的精度。

5. 主要表面的加工方法

（1）中心孔的加工。成批生产时均用铣端面钻中心孔机床来加工中心孔。精密主轴的中心孔加工尤为重要，而且要多次修研，修研中心孔可以在车床、钻床或专用中心孔磨床上进行，其具体修研方法有以下几种：

①用油石或橡胶砂轮修磨。将圆柱形的油石或橡胶砂轮夹在卡盘上，用金钢石笔将其修整成 60°圆锥体，把工件顶在油石和车床后顶尖之间，并加入少量的润滑油（柴油或轻机油），然后高速开动车床使油石转动进行修磨，手持工件断续转动。

②用铸铁顶尖修磨。此法与上述方法相似，不同的是用铸铁顶尖代替油石顶尖，顶尖转速略低一些，研磨时应加研磨剂。

③用硬质合金顶尖修磨。该法生产率高，但质量较差，多用于普通轴中心孔修磨，或作为精密轴中心孔的粗研。

④用中心孔机床磨削中心孔。该机床加工精度高，表面粗糙度值达 $R_a 0.32 \mu m$，圆度达 $0.8 \mu m$。

（2）外圆的加工。外圆车削是粗加工和半精加工外圆表面应用最广泛的加工方法。成批生产时采用转塔车床、数控车床；大批量生产时，采用多刀半自动车床、液压仿形半自动车床等。

磨削是外圆表面主要的精加工方法，适用于加工精度高、表面粗糙度值较小的外圆表面，特别适用于加工淬火钢等高硬度材料。当生产批量较大时，常采用组合磨削、成型砂轮磨削及无心磨削等高效磨削方法。

（3）主轴锥孔的磨削。主轴锥孔对主轴支承轴颈的径向圆跳动是一项重要的精度指标，因此锥孔加工是关键工序。主轴锥孔磨削一般采用专用夹具。

如图 11-4 所示的夹具就是磨削主轴锥孔的专用夹具，该夹具由底座 6、支架 5 及浮动夹头 3 三部分组成。支架固定在底座上，支架前后各有一个 V 型块，其上镶有硬质合金，以提高耐磨性。工件放在 V 型块上，工件中心与磨头中心必须等高，否则会出现双曲线误差，影响其接触精度。后端的浮动夹头锥柄装在磨床主轴锥孔内，工件尾部插入弹性套内，用弹簧将夹头外壳连同主轴向左拉，通过钢球压向带有硬质合金的锥柄端面，限制工件轴向窜动。这种磨削方式可使主轴锥孔磨削精度不受内圆磨床头架主轴回转误差的影响。

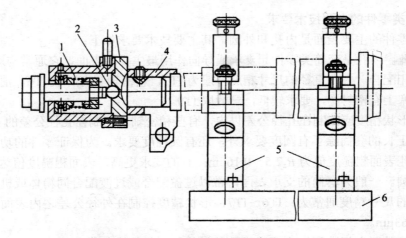

图 11-4　磨削主轴锥孔夹具

1—弹簧；2—钢球；3—浮头夹头；4—弹性套；5—支架；6—底座

第二节　套筒类零件加工工艺

一、套筒类零件概述

1. 套筒类零件的作用与结构特点

在机器中套筒类零件通常起支承和导向作用。由于功用不同，套筒类零件的结构和尺寸有较大的差别，但结构上仍有共同的特点：零件的主要表面为同轴度要求较高的内、外旋转表面；零件壁的厚度较薄，易变形；零件的长度一般大于直径等。如图 11-5 所示的各种形式的轴瓦、钻套和液压缸等。

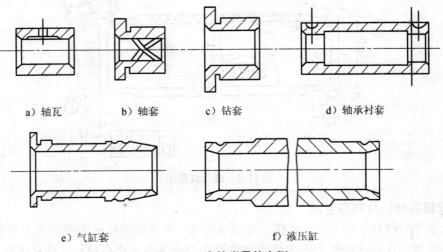

　　a）轴瓦　　　　　b）轴套　　　　　c）钻套　　　　　d）轴承衬套

　　　　e）气缸套　　　　　　　　　　　f）液压缸

图 11-5　套筒类零件实例

2. 套筒类零件的主要技术要求

套筒类零件的主要表面是内孔和外圆，其主要技术要求如下：

（1）内孔。内孔是套筒类零件起支承或导向作用最主要的表面，它通常与运动着的轴、刀具或活塞相配合。内孔直径的尺寸精度一般为 IT7，精密轴套有时取 IT6，油缸由于与其相配合的活塞上有密封圈，要求较低，一般取 IT9。

内孔的形状精度应控制在孔径公差以内，有些精密轴套控制在孔径公差的 1/2～1/3，甚至更严。对于长的套筒除了有圆度要求外，还有圆柱度要求。为保证零件的功用和提高其耐磨性，内孔表面粗糙度值为 $R_a2.5$～$0.16\mu m$；有的要求更高，表面粗糙度值达 $R_a0.04\mu m$。

（2）外圆。一般为套筒的支承表面，常以过盈配合或过渡配合同箱体或机架上的孔相连接。外径的尺寸精度通常为：IT6～IT7；形状精度控制在外径公差之内表面粗糙度值为 $R_a0.5\mu m$～$0.63\mu m$。

（3）内、外圆之间的同轴度。当内孔的最终加工是将套筒装入机座后进行（如连杆小端衬套）时，套筒内、外圆间的同轴度要求较低；如最终加工是在装配前完成时则要求较高，一般为 0.01/～0.05mm。

（4）孔轴线与端面的垂直度。套筒的端面（包括凸缘端面）如工作中受轴向载荷，或虽不承受载荷但加工中是作为定位面，端面与孔轴线的垂直度要求较高时，一般为 0.02～0.05mm。

如图 11-6 所示为一液压缸筒图，其主要技术要求如下：
①内孔表面粗糙度值 $R_a0.04\mu m$。
②内孔圆柱度误差不大于 0.04mm。
③内孔轴线的直线度误差不大于 $\phi0.15mm$。
④内孔轴线与端面的垂直度误差不大于 0.03mm。
⑤内孔对两端面支承外圆（$\phi82h6$）的同轴度误差不大于 $\phi13.04mm$。

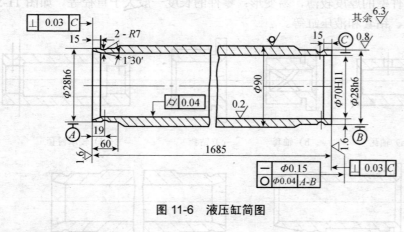

图 11-6　液压缸筒图

3. 套筒零件的材料与毛坯

套筒零件的材料一般为钢、铸铁、青铜或黄铜。有些滑动轴承的轴瓦采用双金属结构，即用离心铸造法在钢或铸铁套的内壁上浇注巴氏合金等轴承合金材料，这样既可节省贵重的有色金属，又能提高轴承的寿命。

套筒零件的毛坯选择与其材料、结构和尺寸等因素有关。孔径较小（如 $D<\phi20mm$）的套筒一般选择热轧或冷拉棒料，也可采用实心铸件。孔径较大时，常用无缝钢管或带孔的铸件和锻件。大量生产时可采用冷挤压和粉末冶金等先进的毛坯制造工艺，既提高生产率，又节约金属材料。

二、套筒类零件的加工工艺过程及分析

套筒类零件由于功用、结构形状、材料、热处理及尺寸大小不同，其工艺上差别很大。就结构形状来说，大体上可以分为短套筒和长套筒两大类，这两类套筒由于形状的差别，工件装夹及加工方法有很大差别。

1. 短套筒零件加工工艺过程及分析

（1）支架套的结构与技术要求。短套筒零件是机器中常见的零件之一，如图 11-7 所示为某测角仪上主体支架套，技术要求及结构特点为：主孔 $\phi34^{+0.027}_{0}$mm 内安放滚针轴承的滚针及仪器主轴颈；端面 B 是止推面，要求有较小的表面粗糙度值。外圆及孔均有阶梯，并且有横向孔需要加工。外圆台阶面螺孔，用来固定转动摇臂。因此转动要求精确度高，所以对孔的圆度及同轴度均有较高要求（具体参数值参看图 11-7）。材料为轴承钢 GCr15，淬火硬度为 60HRC。零件非工作表面防锈，采用烘漆。

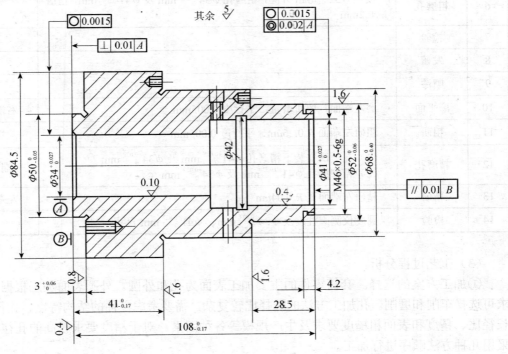

图 11-7 支架套筒简图

（2）支架套筒加工工艺过程。支架套加工工艺过程如表 11-2 所示。

表 11-2　支架套加工工艺过程

序号	工序名称	工序内容	定位基准
1	粗车	（1）车端面、外圆 $\phi84.5$mm 为 $\phi84.5$mm×45mm；钻孔 $\phi30$mm×60mm （2）调头车外圆 $\phi68$ 为 $\phi70$mm×67mm；车 $\phi54$mm 为× $\phi54$mm×28mm；钻孔 38mm×44.5mm	外圆
2	半精车	（1）半精车左端正面及 $\phi84.5$mm；$\phi34_{0}^{+0.027}$ mm 及 $\phi50_{-0.05}^{0}$mm 留磨量 0.5mm，倒角及车槽 （2）调头车右端面：车 $\phi68_{-0.40}^{0}$mm 至尺寸；$\phi52$mm 留磨量；车 M46×0.5 螺纹，车孔 $\phi41_{0}^{+0.027}$ mm 留磨量；车 $\phi42$mm 槽，车外圆斜槽并倒角	外圆
3	钻孔	（1）钻端面轴向孔 （2）钻径向孔 （3）攻螺纹	外圆
4	热处理	淬火 60HRC～62HRC	内孔
5	磨外圆	（1）磨外圆 $\phi84.5$mm 至尺寸，磨外圆 $\phi50_{-0.05}^{0}$mm 及 $_{0}^{+0.06}$ mm 端面 （2）调头磨外圆 $\phi52_{-0.05}^{0}$mm 及 28.5mm 端面并保证 3 段外圆同轴度 0.02mm	端面及外圆
6	粗磨孔	校正 $\phi52_{-0.05}^{0}$mm 外圆，粗磨孔 $\phi34_{0}^{+0.027}$ mm 及 $\phi41_{0}^{+0.027}$ mm，留磨量 0.2mm	
7	检验		
8	发蓝		
9	喷漆		
10	磨平面	磨左端面，留研磨量，平行度 0.005mm	右端面
11	粗研	粗研左端面 $R_{a}0.16\mu$m，平行度 0.005mm	左端面
12	精磨孔	（1）在一次安装下精磨孔 $\phi41_{0}^{+0.027}$ mm 及 $\phi34_{0}^{+0.027}$ mm （2）精细磨孔 $\phi41_{0}^{+0.027}$ mm 及 $\phi34_{0}^{+0.027}$ mm 至尺寸	端面
13	精研	精研左端面至 $R_{a}0.04\mu$m	左端圆
14	检验	圆度仪测圆柱度及 $\phi34_{0}^{+0.027}$ mm、$\phi41_{0}^{+0.027}$ mm 尺寸	

（3）工艺过程分析。

①加工方案的选择。套筒零件的主要加工表面为孔和外圆。外圆表面加工根据精度要求可选择车削和磨削。孔加工方法的选择比较复杂，需要考虑零件的结构特点、孔径大小、长径比、精度和表面粗糙度要求及生产规模等各种因素。对于精度要求较高的孔往往需要采用几种方法顺序进行加工。

例如，支架套筒零件因孔精度要求较高，表面粗糙度值较小（$R_{a}0.16\mu$m），因此最终工序采用精细磨。该孔的加工顺序为钻孔—半精车孔—粗磨孔—精磨孔—精密磨孔。

②加工阶段划分。支架套加工工艺划分较细。淬火前为粗加工阶段，粗加工阶段又可分为粗车与半精车阶段，淬火后为精加工阶段。在精加工阶段中，也可分为两个阶段，烘漆前为精加工阶段，烘漆后为精密加工阶段。

③保证套筒表面位置精度的方法。从套筒零件的技术要求看，套筒零件内、外表面间的同轴度及端面与孔轴线的垂直度一般均有较高的要求。为保证这些要求，通常采用下列方法：

一是在一次安装中完成内、外表面及端面的全部加工。这种方法消除了工件的安装误差，可获得很高的相对位置精度。但是，这种方法的工序比较集中，对于尺寸较大的（尤其是长径比较大）套筒安装不便，故多用于尺寸较小轴套的车削加工。例如，工序 12 为保证阶梯孔的高同轴度要求，采用一次安装条件下将两段阶梯孔磨出。

二是套筒主要表面加工在数次安装中进行，先加工孔，然后以孔为精基准最终加工外圆。这种方法由于所用夹具（心轴）结构简单，且制造和安装误差较小，因此可保证较高的位置精度，在套筒加工中一般多采用这种方法。例如，工序 5 中为了获得外圆与孔的同轴度，采用可胀心轴以孔定位，磨出各段外圆。既保证了各段外圆的同轴度，又保证了外圆与孔的同轴度。

三是套筒主要表面加工在数次安装中进行，先加工外圆，然后以外圆为精基准最终加工内孔。这种方法可使工件的装夹迅速、可靠，但因一般卡盘安装误差较大，加工后工件的位置精度较低。欲获得较高的同轴度，必须采用定心精度高的夹具，如弹性膜片卡盘、液性塑料夹头，经过修磨的三爪卡盘和"软爪"等。

④防止套筒变形的工艺措施。套筒零件的结构特点是孔壁一般较薄，加工中常因夹紧力、切削力和切削热等因素的影响而产生变形。防止变形应注意以下几点：

• 为减少切削力和切削热的影响，粗、精加工应分开进行，使粗加工产生的变形可以在精加工中得到纠正。

• 减少夹紧力的影响，工艺上可采取的措施是改变夹紧力的方向，即径向夹紧改为轴向夹紧。例如，支架套筒精度较高，内孔圆度要求 0.001 5mm，任何微小的径向变形都有可能影响它，所以在工序 12 中以左端面定位，找正外圆，轴向压紧在外圆台阶上。如果需径向夹紧时，应尽可能使径向夹紧力均匀，可使用过渡套或弹簧套夹紧工件。或者做出工艺凸边或工艺螺纹（例如液压缸加工），以减少夹紧变形。

• 为减少热处理的影响，热处理工序放在粗、精加工阶段之间，以便热处理引起的变形在精加工中予以纠正。套筒零件热处理后一般产生较大变形，所以精加工的工序加工余量应适当放大。例如，工序 9 烘漆不能放在最终工序，否则将损坏精密加工表面。

2. 长套筒零件加工工艺过程及分析

（1）液压缸的技术要求。液压缸（如图 11-6 所示）是典型的长套筒零件。为保证活塞在液压缸内移动顺利且不漏油，除提出图中各项技术要求外，还特别要求内孔必须光洁，且无纵向划痕；若为铸铁材料时，要求组织紧密，不得有砂眼、针孔及疏松，必要时用泵检漏。

（2）液压缸加工工艺过程。液压缸加工工艺过程见表 11-3。

表 11-3　液压缸加工工艺过程

序号	工序名称	工序内容	定位基准
1	下料	无缝钢管切断	
2	车	（1）车 $\phi82$mm 外圆到 $\phi88$mm 及 M88×1.5 螺纹（工艺用） （2）车端面及倒角 （3）调头、车 $\phi82$mm 外圆到 $\phi84$mm （4）车端面及倒角取总长 1686mm（留加工余量 1mm）	外圆
3	镗孔	（1）半精镗孔到 $\phi68$mm （2）精镗孔到 $\phi69.85$mm （3）精铰孔（浮动镗刀镗孔）到 $\phi70\pm0.02$mm，表面粗糙度 $R_a0.25\mu$m	端面、外圆
4	滚压孔	用滚压头滚压孔至 $\phi70^{+0.2}_{0}$ mm，表面粗糙度 $R_a0.32\mu$m	端面、外圆
5	车	（1）车去工艺螺纹，车 $\phi82$h6 到尺寸，车 R7 槽 （2）镗内孔 1°30′及车端面 （3）调头、车 $\phi82$h6 到尺寸 （4）镗内锥孔 1°30′及车端面取总长 1685mm	外圆、内孔
6	检查	对各项技术要求进行检查	

（3）液压缸加工工艺过程分析。

①定位基准的选择。在长套筒零件的加工过程中，为保证内、外圆的同轴度，在加工外圆时，一般与空心主轴的安装类似，即以孔的轴线为定位基准，用双顶尖或一头夹紧一头用顶尖顶孔口；加工孔时，与深孔加工相同，一般采用夹一头，另一头用中心架托住外圆。作为定位基准的外圆表面应为已加工表面，以保证基准精确。

②加工方法的选择。液压缸零件因孔的尺寸精度要求不高，但为保证活塞与内孔的相对运动顺利，对孔的形位精度要求和表面质量要求均较高。因而终加工采用滚压，以提高表面质量；精加工采用镗孔和浮动铰孔，以保证较高的圆柱度和孔轴线的直线度要求。由于毛坯采用无缝钢管，毛坯精度高，加工余量小，内孔加工时，可直接进行半精镗。该孔的加工方案为"半精镗—精镗—精铰—滚压"。

③夹紧方式的选择。液压缸壁薄，采用径向夹紧易变形。但由于轴向长度大，加工时需要两端支撑，装夹外圆表面。为使外圆受力均匀，先在一端外圆表面上加工出工艺螺纹，使下面的工序都能用工艺螺纹夹紧外圆，当终加工完孔后，再除去工艺螺纹以达到外圆要求的尺寸。

第三节 箱体类零件加工工艺

一、箱体类零件概述

1. 箱体类零件的功用与结构特点

常见的箱体类零件有机床主轴箱、机床进给箱、变速箱、发动机缸体和机座等。箱体是机器的基础零件，它将机器中有关的轴、套、齿轮等相关零件连接成一个整体，并使之保持正确的相互位置，以传递转矩或改变转速来完成规定的运动。

箱体的结构形式多种多样，但有许多共同的特点：形状复杂，壁薄且不均匀，内部呈腔形，有精度较高的孔和孔系及平面，也有许多精度较低的紧固孔。因此，箱体零件的加工表面多、加工难度大。

2. 箱体类零件的主要技术要求

在箱体类零件中，车床主轴箱的精度要求较高，如图 11-8 所示为车床主轴箱简图。现以它为例，归纳出箱体类零件的 5 项精度要求。

（1）孔径精度。孔径的尺寸误差和几何形状误差会造成轴承与孔的配合不良。孔径过大，配合过松，使主轴回转轴线不稳定，并降低了支承刚度，易产生振动和噪声；孔径太小，会使配合偏紧，轴承将因外环变形，不能正常运转而缩短寿命。装轴承的孔不圆也会使轴承外环变形而引起主轴径向圆跳动。

从上面分析可知，箱体零件对孔的精度要求是较高的。主轴孔的尺寸公差等级为 IT6，其余孔为 IT8～IT7，孔的几何形状精度未作规定的，一般控制在尺寸公差的 1/2 范围内即可。

（2）孔与孔的位置精度。同一轴线上各孔的同轴度误差和孔端面对轴线的垂直度误差，会使轴承装配到箱体内出现歪斜，从而造成主轴径向圆跳动和轴向窜动，也加剧了轴承磨损。孔系之间的平行度误差，会影响齿轮的啮合质量。一般孔距允差为 ±0.025～±0.060mm，而同一中心线上支承孔的同轴度约为最小孔尺寸公差的 1/2。

（3）孔与平面的位置精度。主要孔对主轴箱安装基面的平行度，决定了主轴与床身导轨的相互位置关系。这项精度是在总装时通过刮研来达到的。为了减少刮研工作量，一般规定在垂直和水平两个方向上，只允许主轴前端向上和向前偏。

（4）主要平面的精度。装配基面的平面度影响主轴箱与床身连接时的接触刚度，加工过程中作为定位基面则会影响主要孔的加工精度，因此规定底面和导向面必须平直。为了保证箱盖的密封性，防止工作时润滑油泄出，还规定了顶面的平面度要求，当大批量生产将其顶面用作定位基面时，对它的平面度要求还要进一步提高。

（5）表面粗糙度。一般主轴孔的表面粗糙度为 R_a0.4μm，其他各纵向孔的表面粗糙度为 R_a1.6μm；孔的内端面的表面粗糙度为 R_a3.2μm，装配基准面和定位基准面的表面粗糙度为 R_a2.5～0.63μm，其他平面的表面粗糙度为 R_a10～2.5μm。

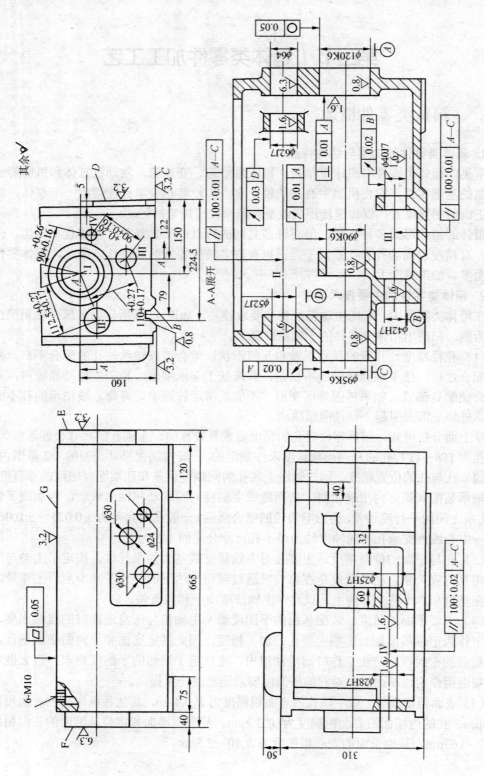

图 11-8　车床主轴箱简图

3. 箱体零件的材料及毛坯

箱体零件的材料常选用各种牌号的灰铸铁，因为灰铸铁具有较好的耐磨性、铸造性和可切削性，而且吸振性好，成本又低。负荷较大的箱体采用铸钢件。简易箱体为了缩短毛坯制造的周期可采用钢板焊接结构。

由于箱体结构复杂，制造过程会产生较大的内应力，为了减少变形，箱体在机械加工前和粗加工后，一般要进行去应力退火处理或自然时效。

二、箱体零件的加工工艺过程及分析

1. 箱体零件的加工工艺过程

箱体零件的结构、生产批量、精度要求不同，其加工工艺过程也有所不同。表 11-4 为车床主轴箱中小批量生产加工工艺过程；表 11-5 为车床主轴箱大批量生产加工工艺过程。

表 11-4　车床主轴箱中小批量生产加工工艺过程

序号	工序内容	定位基准
1	铸造	
2	时效	
3	漆底漆	
4	划线（主轴孔应留有加工余量，并应尽量均匀），划面 C、G 及面 E、D 加工线	
5	粗、精加工顶面 G	按线找正
6	粗、精加工面 B、C 及侧面 D	顶面 G 并校正主轴线
7	粗/精加工两端面 E、F	面 B、C
8	粗、半精加工纵向孔	面 B、C
9	精加工各纵向孔	面 B、C
10	粗、精加工各横向孔	面 B、C
11	加工螺孔及各次要孔	
12	清洗、去毛刺	
13	检验	

表 11-5　车床主轴箱大批量生产加工工艺过程

序号	工序内容	定位基准
1	铸造	
2	时效	
3	漆底漆	

序号	工序内容	定位基准
4	铣顶面 G	I 孔与 II 孔
5	钻、扩、铰 2-φ8H7 工艺孔（将 6-M10 先钻至 φ7.8mm，铰 2-φ8H7	顶面 G 及外形
6	铣两端面 E、F 及前面 D	顶面 G 及两工艺品孔
7	铣导轨面 B、C	顶面 G 及两工艺品孔
8	磨顶面 G	总轨面 B、C
9	粗镗各纵向孔	顶面 G 及两工艺品孔
10	精镗各纵向孔	顶面 G 及两工艺品孔
11	精镗主轴孔 I	顶面 G 及两工艺品孔
12	加工横向孔及各面上的次要孔	
13	磨 B、C 导轨面及前面 D	顶面 G 及两工艺品孔
14	将 2-φ8H7 及 4-φ7.8mm 孔均钻扩至 φ8.5mm，攻 6-M10	
15	清洗、去毛刺	
16	检验	

2. 箱体零件的加工工艺分析

从表 11-4、表 11-5 所列箱体加工工艺过程可以看出，不同批量箱体加工的工艺过程既有其共性，也有其特性。

（1）拟定箱体工艺的共同性原则。

① 先面后孔。先加工平面，后加工孔是箱体加工的一般规律。因为箱体的孔的精度要求高，加工难度大，先以孔为粗基准加工平面，再以平面为精基准加工孔，这样不仅为孔的加工提供了稳定可靠的精基准，同时可以使孔的加工余量较为均匀；并且箱体上的孔大多分布在箱体各平面上，先加工平面可切去毛坯表面的凹凸不平及夹砂等缺陷，这样钻孔时可减少钻头引偏，扩孔或铰孔时可防止刀具崩刃等，对孔的加工有利。

② 粗精加工分开，先粗后精。箱体的结构形状复杂，主要平面及孔系加工精度高，一般应将粗、精加工工序分阶段进行，先进行粗加工，后进行精加工。

③ 基准的选择。箱体零件的粗基准一般都用它上面的重要孔和另一个相距较远的孔作粗基准，以保证孔加工时余量均匀。精基准选择一般采用基准统一的方案，常以箱体零件的装配基准或专门加工的一面两孔为定位基准，使整个加工工艺过程基准统一，基准不重合，误差降至最小。

④ 工序集中，先主后次。箱体零件上相互位置要求较高的孔系和平面，一般尽量集中在同一工序中加工，以保证其相互位置要求和减少装夹次数。紧固螺纹孔、油孔等次要工序的安排，一般在平面和支承孔等主要加工表面精加工之后再进行加工。

（2）不同生产批量箱体零件加工的工艺特点。由于生产批量不同，在箱体加工过程中所选择的定位基准和设备也大不相同。

①粗基准的选择。中、小批量及大批量生产时虽都采用重要孔（主轴孔）作为粗基准，但实现的方式不同。中、小批量生产以主轴孔为粗基准时大多采用划线装夹的方式。划线过程大体上是先划出主轴孔，其次划出距主轴孔较远的另一孔位置，然后划出其他各孔各平面。例如，在车床主轴箱中、小批量生产过程中，加工箱体顶面 G 时，就是以主轴孔为粗基准，划线找正装夹工件的。大批量生产时一般直接以主轴孔作为粗基准在专用夹具上定位安装工件。例如，在车床主轴箱大批量生产过程中，加工箱体顶 G 面时，就是直接以主轴孔为粗基准，在专用夹具上装夹工件的。

②精基准的选择。中、小批生产时箱体零件多用装配基准作精基准来加工孔系。例如，中、小批加工在图 11-8 所示主轴箱孔系时，选择箱体底面 B、C 作为定位基准，面 B、C 既是主轴箱的装配基准，又是主轴孔的设计基准，并与箱体的端面、侧面以及各主要纵向孔在相互位置上有着直接的关系，故选择面 B、C 做定位基准，不仅消除了主轴孔加工时的基准不重合误差，而且用面 B、C 定位稳定可靠、装夹误差小。加工各孔时，由于箱口朝上，所以更换导向套、安装调整刀具、测量孔径尺寸、观察加工情况都很方便，但是这种定位方式也有它的不足之处。加工箱体中间壁上的孔时，为了提高刀具系统的刚度，应当在箱体内部相应的部位设置刀杆的支承。由于箱体底部是封闭的，中间支承只能用如图 11-9 所示的吊架从箱体顶面的开口处伸入箱体内，每加工一件需装卸一次，吊架与镗模之间虽有定位销定位，但吊架刚性差，制造安装精度较低，经常装卸也容易产生误差，且使加工的辅助时间增加，影响生产率的提高。因此，这种定位方式只适用于单件小批生产的箱体零件加工。

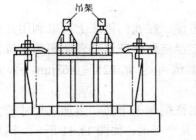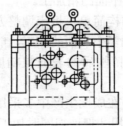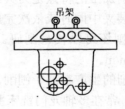

图 11-9　吊架式镗模夹具

大批量生产时，箱体零件常以顶面和两个定位销孔作为精基准，如图 11-10 所示。这种定位方式加工时箱体口朝下，中间导向支承架可以紧固在夹具体上，提高了夹具刚度，有利于保证各支承孔加工的相互位置精度，而且工件装卸方便，减少了辅助时间，提高了生产效率。其不足之处是：主轴箱底面不是设计基准，故定位基准与设计基准不重合，会产生基准不重合误差，而箱体口朝下，加工时不便于观察各表面加工的情况，同时增加了两个定位销孔的加工工序。

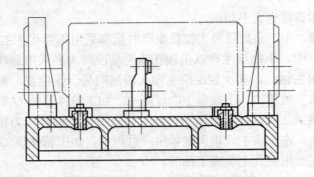

图 11-10　用箱体顶面及两个销孔足位的镗模

③设备的选用。中、小批量箱体零件的加工一般都在通用机床上进行，除个别必须用专用夹具才能保证质量的工序（如孔系加工）外，一般不用专用夹具，尽量使用通用夹具和组合夹具；大批量箱体零件的加工则广泛采用组合加工机床，如多轴龙门铣床、组合磨床等，各主要孔则采用多工位组合机床、专用镗床等，以及使用专用夹具，这可以大大提高生产率。

三、箱体零件主要表面的加工方法

1. 箱体的平面加工

箱体的平面加工方法常用的有刨削、铣削、磨削三种。刨削和铣削常用于平面的粗加工和半精加工，而磨削则用于平面的精加工。

刨削加工的特点是刀具结构简单、机床调整方便。在龙门刨床上可以利用几个刀架，在一次装夹中同时或依次完成多个表面的加工，能经济地保证这些表面间相互位置精度要求。精刨还可以代替刮研。精刨后的表面粗糙度值可达 $R_a0.25 \sim 0.63\mu m$，平面度可达 $0.002mm/m$。

铣削的生产率高于刨削，在成批生产中多采用铣削加工平面。当加工尺寸较大的箱体平面时，常在多轴龙门铣床上用几把铣刀同时加工几个平面，如图 11-11 所示。这样既能保证平面间的相互位置精度，同时又提高了生产率，加工表面的粗糙度值可达 $R_a1.25\mu m$。

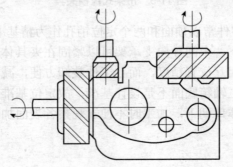

图 11-11　多刀铣削箱体

平面磨削的加工质量比刨削和铣削都高。磨削表面的表面粗糙度值可达 $R_a0.32\sim$ 1.25μm。生产批量较大时，箱体的主要平面常用磨削来精加工。为了提高生产率和保证平面间的相互位置精度，工厂还常采用组合磨削来加工平面，如图 11-12 所示。

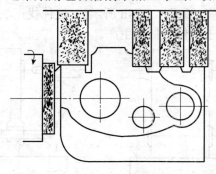

图 11-12　组合磨削

2. 箱体的孔系加工

箱体上一系列有相互位置精度要求的孔的组合，称为孔系。孔系可分为平行孔系、同轴孔系和交叉孔系，如图 11-13 所示。孔系加工是箱体加工的关键，根据箱体加工批量的不同和孔系精度要求的不同，孔系加工所用的方法也是不同的。

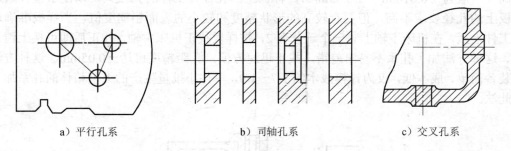

a）平行孔系　　　　　　　b）同轴孔系　　　　　　　c）交叉孔系

图 11-13　孔系分类

（1）平行孔系的加工。主要介绍保证平行孔系孔距精度的方法。

①找正法。找正法是在通用机床（镗床、铣床）上利用辅助工具来找正所要加工孔的正确位置的加工方法。找正法加工效率低，一般只适用于单件小批量生产。根据找正方法的不同，找正法又可分为以下几种：

• 划线找正法。加工前按照零件图在箱体毛坯上划出各孔的加工位置线，然后按划线一一进行加工。这种方法所能达到的孔距精度一般为±0.5mm。为了提高划线找正的精度可结合采用试切法，即先按划线找正镗出一孔，再按划线将机床主轴调到第二孔中心，试镗出一段比图纸要求尺寸小的孔，测量出两孔的实际中心距，若不符合图纸要求，则根据测量结果重新调整主轴的位置，再进行试镗、测量。如此反复数次，直至达到要求的孔距尺寸。这种方法虽比单纯按划线找正所得到的孔距精度高，但孔距精度仍然很低，且操作的难度较大、找正时间较长，生产效率低，适用于单件小批量生产。

• 心轴、块规找正法。如图 11-14 所示为心轴和块规找正法。镗第一排孔时将心轴插入主轴孔内，然后根据孔和定位基准的距离组合一定尺寸的块规来校正主轴位置，校正时用塞尺测定块规与心轴之间的间隙，以避免块规与心轴直接接触而损坏块规（图 11-14a）。镗第二排孔时，分别在机床主轴和已加工孔中插入心轴，采用同样的方法来校正主轴轴线的位置，以保证孔中心距的精度（如图 11-14b 所示）。这种找正法的孔距精度可达±0.03mm，但生产率还是较低，只适用于单件小批量生产。

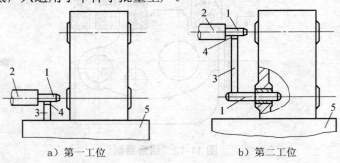

a) 第一工位　　　　　　　　　b) 第二工位

图 11-14　用心轴和块规找正

- 样板找正法。如图 11-15 所示为样板找正法。用 10～20mm 厚的钢板制成样板 1，装在垂直于各孔的端面上（或固定在机床工作台上），样板上的孔距精度较箱体上的孔距精度高（一般为±0.01mm～±0.03mm），样板上的孔径较工件的孔径大，以便于镗杆通过。样板上的孔径要求不高，但要有较高的形状精度和较小的表面粗糙度值，当样板准确地装到工件上后，在机床主轴上装一个千分表 2，按样板找正机床主轴，找正后即可换上镗刀加工。这种方法加工孔系不易出差错，找正迅速方便，孔距精度可达±0.05mm。这种方法工艺装备简单、成本低，仅为镗模成本的 1/7～1/9，单件小批量生产的大型箱体的孔系加工常用此法。

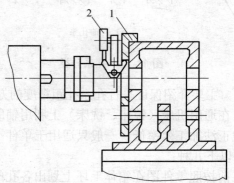

图 11-15 样板找正法

1—样板；2—千分表

②镗模法。镗模法就是用镗模加工孔系，如图 11-16 所示。工件装夹在镗模上，镗杆被支承在镗模的导套里，导套的位置决定了镗杆的位置，装在镗杆上的镗刀将工件上相应的孔加工出来。用镗模镗孔时，镗杆与机床主轴多采用浮动连接，机床精度对孔系的加工精度影响很小，孔距精度主要取决于镗模，因而可以在精度较低的机床上加工出精度较高的

孔系。同时镗杆刚度大大提高，有利于多刀同时切削；定位夹紧迅速，不需找正，生产效率高。因此，在成批生产中，广泛采用镗模加工孔系。但是，采用镗模法加工孔系也有其缺点。镗模的精度高，制造周期长，成本高。由于镗模自身的制造误差和导套与镗杆的配合间隙对孔系的加工精度有影响，因此，用镗模法加工孔系不可能达到很高的加工精度。另外，对于大型箱体来说，镗模的尺寸过于庞大笨重，给制造和使用带来了困难，故大型箱体很少采用。

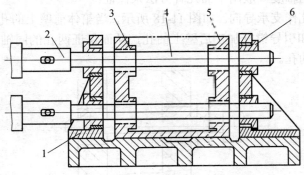

图 11-16 用镗模加工孔系

1—镗架支承； 2—镗床主轴； 3—镗刀； 4—镗杆； 5—工件； 6—导套

镗模法加工孔系时，一般孔径尺寸精度达 IT7；表面粗糙度值达 $R_a0.8 \sim 1.6\mu m$；孔与孔的同轴度和平行度，当从一头加工时可达 0.02～0.03mm，从两头加工时可达 0.04～0.05mm；孔距精度一般可达 ±0.05mm。

用镗模法加工孔系，既可在通用机床上进行，也可在专用机床或组合机床上进行，图 11-17 为在组合机床上用镗模加工孔系的实例。

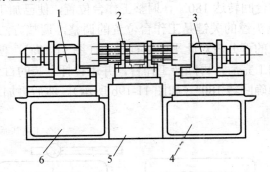

图 11-17 在组合机床上用镗模加工孔系

1—左动力头； 2—镗模； 3—右动力头； 4、6—侧底座； 5—中间底座

③坐标法。坐标法镗孔是在普通卧式镗床、坐标镗床或数控镗铣床设备上，按孔系的坐标尺寸，借助于精密测量装置，调整机床主轴与工件间在水平和垂直方向的相对位置，来保证孔距精度的一种镗孔方法。

采用坐标法镗孔之前，必须把各孔距尺寸及公差换算成以主轴孔中心为原点的相互垂直的坐标尺寸及公差。加工孔系时，要特别注意选择基准孔和镗孔顺序，否则，坐标尺寸的累积误差会影响孔距精度。基准孔应尽量选择本身尺寸精度高、表面粗糙度值小的孔（一般为主轴孔），这样在加工过程中，便于校验其坐标尺寸。孔距精度要求较高的两孔应连在一起加工；加工时，应尽量使工作台朝同一方向移动，避免因工作台多次往复移动而由间隙产生的误差影响坐标精度。

（2）同轴孔系的加工。成批生产中，箱体中同轴孔的同轴度几乎都由镗模来保证。单件小批生产中，其同轴度一般用下面几种方法来保证：

①利用已加工孔作支承导向。如图 11-18 所示，当箱体前壁上的孔加工好后，在孔内装一导向套，以支承和引导镗杆加工后壁上的孔，从而保证两孔的同轴度要求。这种方法只适于加工箱壁较近的孔。

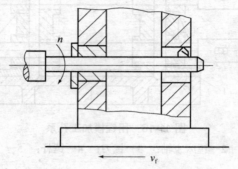

图 11-18　利用已加工孔导向

②利用镗床后立柱上的导向套支承导向。这种方法中的镗杆系两端支承，刚性好。但此法调整麻烦，镗杆要长，很笨重，故只适于单件小批量生产中大型箱体的加工。

③采用调头镗。当箱体箱壁相距较远时，可采用调头镗。即工件在一次装夹下，镗好一端孔后，将镗床工作台回转达 180°，调整工作台位置，使已加工孔与镗床主轴同轴，然后再加工另一端孔。调头镗的关键是工作台位置的调整，调整方法为：利用箱体上的工艺基准面，用装在镗杆上的百分表对此平面进行校正（图 11-19a），使其和镗杆轴线平行，校正后加工孔 B，孔 B 加工完后，再回转工作台，并用镗杆上装的百分表沿此平面重新校正，这样就可保证工作台准确回转 180°（如图 11-19b 所示）。然后再加工孔 A，从而保证孔 A、B 同轴。

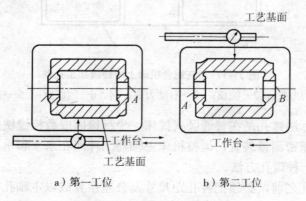

a）第一工位　　　　　　　　b）第二工位

图 11-19　调头镗孔时工件的校正

（3）交叉孔系的加工。交叉孔系的主要技术要求是控制有关孔的垂直度，在普通镗床上主要靠机床工作台上的90°。对准装置。当有些镗床工作台90°对准装置精度很低时，可用心棒与百分表找正来提高其定位精度，如图11-20所示。

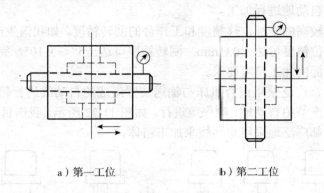

a）第一工位　　　　b）第二工位

图 11-20　找正法加工交叉孔系

四、箱体零件的高效自动化加工

箱体零件的加工精度要求高，加工量大，采用高效自动化的加工工艺对提高产品质量和劳动生产率都有重要意义。采用数控机床加工是实现自动化加工的一种有效途径。特别是用功率大、功能多的精密数控加工中心机床（简称加工中心）来代替单用途的普通机床，是箱体零件多品种、小批量生产中一种较为理想的设备。

加工中心是一种具有自动换刀装置的复合型数控机床。由于有了自动换刀装置，它能自动、连续地完成钻、扩、铰、锪、攻、铣、镗等多种加工功能，从而使工件的大部分加工工序在一次性安装下完成，这样可以大量节省装夹工件的时间并大大提高加工精度，特别适合于中、小批量箱体零件的加工。如图11-21所示为卧式加工中心结构示意图。

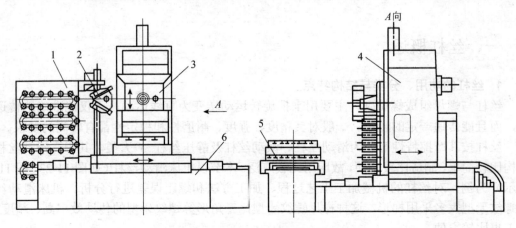

图 11-21　卧式加工中心结构示意图

1—刀库；　2—换刀装置；　3—主轴头；　4—床身；　5—工作台；　6—移动式立柱

　　用加工中心加工箱体时，在加工前按照工件图样和工艺要求把加工的所有信息，如工件和刀具间的相对运动轨迹、加工顺序、切削用量以及为了实现加工所必须的其他辅助动作等用代码编制出数控加工程序，然后把所编程序输入到数控系统中去，加工中心即按照数控加工程序指令自动地进行加工。

　　加工中心具有较高的坐标位移精度和工作台的回转精度。如我国生产的 JCS－013 型加工中心的工作台定位精度可达±0.0lmm，回转精度可达±5″～±10″，完全可以直接由机床保证箱体孔系及端面的加工精度要求。

　　大批量生产中，广泛采用组合机床与输送装置组成的自动线进行箱体零件加工。整个过程按照一定的生产节拍自动地、顺序地进行，如图 11-22 所示。我国目前在汽车、柴油机、拖拉机等行业中，都广泛地采用自动线来加工箱体。

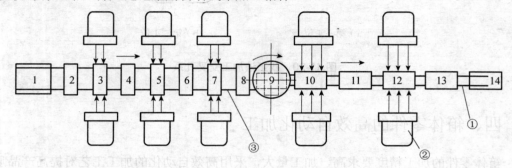

图 11-22　组合机床自动线加工箱体示意图

1、14—自动线输送带的传动装置； 2—装料工位；3、5、7、10、12—加工工位；
4、6、8、11—中间工位；9—翻转；13—卸料工位； ①、③—输送带②—动力头

第四节　丝杠加工工艺

一、丝杠概述

1. 丝杠的功用、分类与结构特点

　　丝杠与螺母组成螺旋副，主要用来把旋转运动转变为直线运动，不仅能准确地传递运动，而且能传递一定的转矩。一般对其精度、强度、耐磨性和稳定性都有较高的要求。

　　丝杠按其摩擦特性可分为滑动丝杠、滚动丝杠及静压丝杠 3 大类。其中，滑动丝杠的结构比较简单，制造比较方便，故应用比较广泛。本节以机床滑动丝杠（如图 11-23、图 11-24 所示）为例，对丝杠的机械加工工艺过程、加工方法和螺距误差进行分析。机床滑动丝杠的螺纹牙型大多采用梯形，这种梯形螺纹牙型比三角形等螺纹牙型的传动效率高、精度好，加工也比较方便。

　　标准梯形螺纹的牙型角 α 一般等于 30°，但对于传动精度要求高的丝杠，常用 15°。α

角减小，丝杠中径尺寸变化对螺距误差的影响也随之减小。

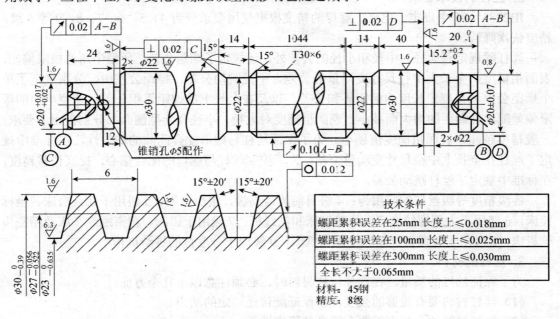

技术条件
螺距累积误差在25mm 长度上≤0.018mm
螺距累积误差在100mm 长度上≤0.025mm
螺距累积误差在300mm 长度上≤0.030mm
全长不大于0.065mm

材料：45钢
精度：8级

图 11-23　普通车床丝杠零件简图

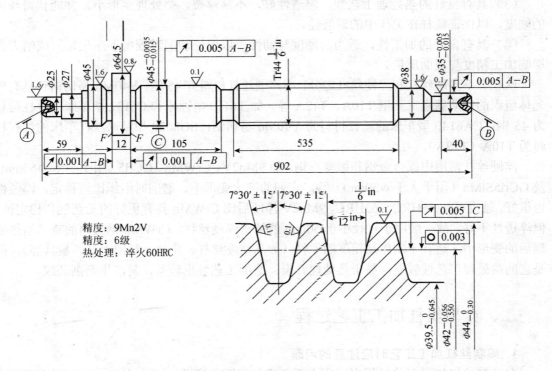

精度：9Mn2V
精度：6级
热处理：淬火60HRC

图 11-24　万能螺纹磨床丝杠零件简图

2. 丝杠的技术要求

JB2886—81 中规定，丝杠、螺母的精度根据使用要求分为 4、5、6、7、8、9 等 6 级，精度依次降低。

丝杠除规定有大径、中径和小径的公差外，还规定了螺距公差、牙型半角的极限偏差、表面粗糙度、全长上中径尺寸变动量的公差、中径跳动公差。螺距公差中，分别规定了单个螺距公差和在规定长度内螺距累积公差，以及在全长上的螺距累积公差；牙型半角的极限偏差随丝杠螺距的增大而减小；表面粗糙度对大径、小径和牙型侧面都分别提出了要求，一般精度越高，表面粗糙度值越小；为了保证丝杠与螺母配合间隙的均匀性，在标准中规定了丝杠在全长上中径尺寸变动量公差；为了控制丝杠与螺母的配合偏心，提高位移精度，在标准中规定了丝杠跳动公差。

各级精度等级丝杠的应用为：4 级目前为最高级，很少应用；5 级用于螺纹磨床、坐标镗床；6 级用于大型螺纹磨床、齿轮磨床和刻线机；7 级用于铲床、精密螺纹车床及精密齿轮机床；8 级用于普通螺纹车床及螺纹铣床；9 级用于分度盘的进给机构中。

3. 丝杠的材料

为了保证丝杠的质量，在选择丝杠材料时，必须注意以下几个方面：

（1）丝杠材料要有足够的强度，以保证能传递一定的动力。

（2）丝杠材料的金相组织要有较高的稳定性。

（3）具有良好的热处理工艺性，淬透性好，不易淬裂，热处理变形小，并能获得较高的硬度，以保证丝杠在工作中的耐磨性。

（4）具有良好的加工性，适当的硬度与韧性，以保证切削过程中不产生粘刀或啃刀而影响加工精度与表面质量。

丝杠有不淬硬丝杠和淬硬丝杠之分。不淬硬丝杠材料有 45 钢、Y40Mn 易切钢和具有珠光体组织的优质碳素工具钢 T10A、T12A 等。如 T6110 型镗床和 C6132 型车床的丝杠材料为 45 钢；CA6140 型车床的丝杠材料为 Y40Mn 易切钢；SG8630 型精密丝杠车床的丝杠材料为 T10A（T12A）。

淬硬丝杠常用中碳合金钢和微变形钢，如 9Mn2V、CrWMn、GCrl5（用于小于 ϕ50mm）及 GCrl5SiMn（用于大于 ϕ50mm）等。它们的淬火变形小、磨削时组织比较稳定，淬硬性也很好，硬度可达 58HRC～62HRC。9Mn2V 淬硬后比 CrWMn 具有更好的工艺性和稳定性，但淬透性不好，故一般用于直径小于 50mm 的精密淬硬丝杠。CrWMn 钢突出的特点是热处理后的变形小，适宜于制作高精度的零件（如高精度丝杠、块规、精密刀具、量具等）。但是它的热处理工艺性较差，易于热处理开裂；磨削工艺性也较差，易产生磨削裂纹。

二、典型丝杠加工工艺过程

1. 编制丝杠加工工艺时应注意的问题

在编制丝杠加工工艺过程中，应主要考虑如何防止弯曲、减少内应力和提高螺距精度等。为此，应注意下列问题：

（1）不淬硬丝杠一般采用车削工艺，外圆表面及螺纹分多次加工，逐渐减少切削力和内应力；对于淬硬丝杠，则采用"先车后磨"或"全磨"两种不同的工艺。后者是从淬硬后的光杠上先直接用单片或多线砂轮粗磨出螺纹，然后月单片砂轮精磨螺纹。

（2）在每次粗车外圆表面和粗切螺纹后都安排时效处理，以进一步消除切削过程中形成的内应力，避免以后变形。

（3）在每次时效处理后都要修磨顶尖孔或重钻顶尖孔，以消除时效时生产的变形，使下一工序得以精确地定位。

（4）对于普通级不淬硬的丝杠，在工艺过程中允许安排冷校直工艺；对于精密丝杠，则采用加大总加工余量和工序间加工余量的方法，逐次切去弯曲的部分，以达到所要求的精度。

（5）在每次加工螺纹之前，都先加工丝杠外圆表面，然后以两端顶尖孔和外圆表面作为定位基准加工螺纹。

2. 丝杠加工工艺过程

表 11-6 列出了成批生产车床丝杠（不淬硬丝杠）的加工工艺过程，表 11-7 列出了小批量生产万能螺纹磨床丝杠（淬硬丝杠）的加工工艺过程。

表 11-6　车床丝杠加工工艺过程

序号	工序名称	工序内容	定位基准
1		下料	
2	热处理	正火，校直（径向圆跳动≤1.5mm）	
3	车	切端面，钻中心孔	外圆表面
4	车	粗车两端及外圆	两中心孔
5		校直（径向圆跳动≤0.6mm）	
6	热处理	高温时效（径向圆跳动≤1mm）	
7	车	钻中心孔，保总长	外圆表面
8	车	半精车两端及外圆	两中心孔
9		校直（径向圆跳动≤0.2mm）	
10	磨	无心粗磨外圆	外圆表面
11	铣	旋风切螺纹	外圆表面
12	热处理	校直，低温时效（$t=170℃$，12h）（径向圆跳动≤0.1mm）	
13	磨	无心精磨外圆	外圆表面
14		修研中心孔	
15	车	精车两端轴径	两中心孔
16	车	精车螺纹至图样尺寸	两中心孔
17	检验	按图样技术要求项目检验	

表 11-7 万能螺纹磨床丝杠加工工艺过程

序号	工序名称	工序内容	定位基准
1	备料	锻造	
2	热处理	球化退火	
3	车	车端面，钻中心孔	外圆表面
4	车	粗车外圆	两中心孔
5	热处理	高温时效	
6	车	车端面，钻中心孔	外圆表面
7	车	半精车外圆	两中心孔
8	磨	粗磨外圆	两中心孔
9	热处理	淬火，中温回火	
10		研磨两中心孔	
11	磨	粗磨外圆	两中心孔
12	粗磨	粗磨出螺纹槽	两中心孔
13	热处理	低温时效	
14		研磨两中心孔	
15	磨	半精磨外圆	两中心孔
16	磨	半精磨螺纹	两中心孔
17	热处理	低温时效	
18		研磨两中心孔	
19	磨	精磨外圆，检查	两中心孔
20	磨	精磨螺纹（磨出小径）	两中心孔
21		研磨两中心孔	
22	磨	终磨螺纹，检查	两中心孔
23	磨	终磨外圆，检查	两中心孔
24		研磨止推端面，检查	

3. 丝杠加工工艺分析

（1）定位基准的选择。在丝杠的加工过程中，中心孔为主要基准，外圆表面为辅助基准。但是，由于丝杠为细长轴，刚度很差，加工时需用跟刀架，为了使外圆表面与跟刀架的爪或套有良好的接触，丝杠外圆表面的圆度及与套的配合精度应严格控制。所以，每次时效后都要修磨或重钻中心孔，以消除时效产生的变形，使下一工序有可靠、精确的定位基准。每次加工螺纹时，都要先加工丝杠外圆，然后以中心孔和外圆作为定位基准加工螺纹，逐步提高螺纹的加工精度。

（2）丝杠的校直与热处理。

①丝杠毛坯的热校直。丝杠毛坯的热校直，需要把它加热到正火温度 860℃～900℃，保温 45min～60min，然后放在 3 个滚筒中进行校直，如图 11-25 所示。这样，丝杠毛坯在校直机内可完成奥氏体向"珠光体＋铁素体"的组织转变，而校直出现的应力，也就很快被再结晶过程所消除。但丝杠毛坯温度下降到 550℃～650℃时，就应取出空冷，否则就变成冷校直了。

热校直不仅质量好，而且效率也较高。同时，可以省掉多次冷校直及时效处理工作，大大缩短了生产周期，提高了生产率。但热校直需要专门的工艺装备，不及冷校直简单。因此，对于批量不大的普通丝杠，采用冷校直较好。

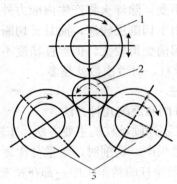

图 11-25　热校直示意图

②丝杠的冷校直。由表 11-6 中普通车床丝杠的工艺过程可以看出，在粗加工及半精加工阶段都安排了校直工序。丝杠校直的方法开始时由于工件弯曲较大，采用了压高点的方法。但在螺纹半精加工以后，工件的弯曲已比较小，所以可采用砸凹点的方法，如图 11-26 所示。该法是将工件放在硬木或黄铜垫上，使弯曲部分凸点向下、凹点向上，并用锤及扁錾敲击丝杠凹点螺纹小径，使其锤击面凹下处金属向两边伸展，以达到校直的目的。

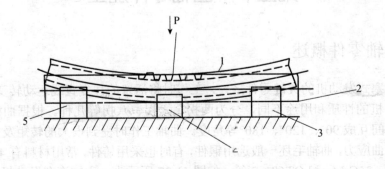

图 11-26　砸凹点校直示意图

1—校直前工件；　2—校直后工件；　3—V 型架；　4—硬木块

③丝杠的热处理。

• 毛坯的热处理工序。对毛坯进行热处理，目的是消除锻造或轧制时毛坯中产生的内应力，改善组织，细化晶粒，改善切削性能。

通常含碳量 0.25%～0.5% 的中碳钢宜用正火；含碳量在 0.5%～0.8% 的亚共析钢及共析钢宜用退火；而对于含碳量在 0.8%～1.2% 的过共析钢，由于其原始组织中常有粗片珠光体及网状渗碳体存在，硬度较高，故常采用球化退火的热处理工序。因此，材料为 45 钢的普通丝杠，采用正火处理；对于不淬硬丝杠材料 T10A 或要淬硬丝杠材料 9Mn2V，都采用球化退火，以获得稳定的球状珠光体组织与较细的颗粒，并消除碳化物网络，改善切削性能，防止磨削裂纹。

• 机械加工中的时效处理工序。在机械加工过程中安排时效处理，目的是削除内应力，使丝杠精度在长期使用中稳定不变。除淬火将产生内应力外，丝杠的机械加工也会产生内应力，特别是螺纹切削工序，由于切削层较深，而且又切断了材料原来的纤维组织，造成内应力需要重新平衡，所以引起的变形较大。但丝杠精度不同，时效处理次数也不相同，一般情况下，精度要求越高的丝杠，时效次数就越多。

4. 主要表面螺纹的加工方法

丝杠螺纹的加工有车削、铣削和磨削几种方法。

（1）车削螺纹。车削是加工不淬硬丝杠的主要方法。车削螺纹切削稳定，加工精度好，但生产率较低，适于单件小批量生产。切削时，余量分次逐渐切除。车削丝杠螺纹的设备是丝杠车床。对 7 级以上不淬硬丝杠的精车工序，都在精密丝杠车床上进行，加工时用导套式跟刀架提高工件刚度。

（2）铣削螺纹。铣削螺纹为断续切削，振动大，但是刀具冷却好，切削速度高，生产效率高。故批量较大的生产，多采用旋风铣螺纹或采用螺纹铣床。铣削螺纹质量比车削螺纹差，只适用于螺纹的粗加工。

（3）磨削螺纹。对于淬硬丝杠的精加工，通常采用螺纹磨床磨削螺纹。

第五节　曲轴零件加工

一、曲轴零件概述

曲轴是活塞式发动机的关键零件之一，工作时将活塞的往复直线运动转变为旋转运动。曲轴根据发动机的性质和用途不同，分为两拐、六拐、八拐等几种。根据曲柄轴颈拐数不同，曲柄颈之间互成 90°、120°、180° 等角度。曲轴工作时受到很大的转矩及大小和方向都发生变化的弯曲应力，曲轴毛坯一般选用锻件，有时也采用铸件，常用材料有 45 钢、45Mn2、50 Mn2、40Cr、35CrMo 和 QT60—2 等。如图 11-27 所示为一六缸汽车发动机曲轴，从零件图中可以看出曲轴的特点是形状复杂、刚性差、技术要求高。

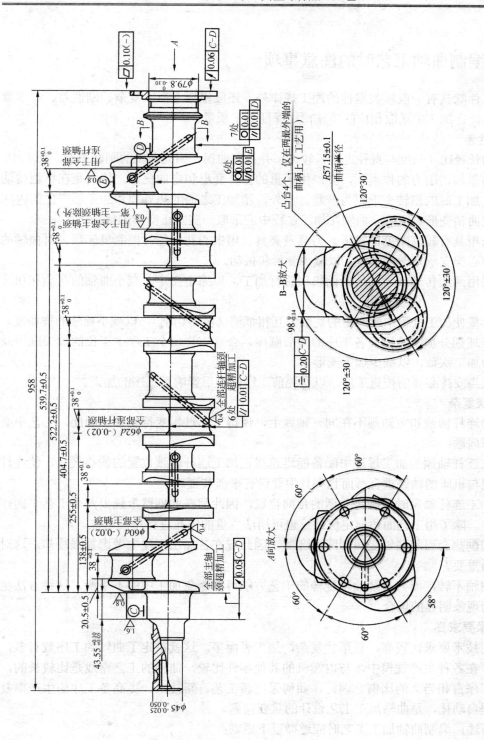

图 11-27 六缸汽车发动机曲轴简图

二、编制曲轴工艺时的注意事项

曲轴零件除具有一般轴类零件的加工规律外,还应根据它形状复杂、刚性差、技术要求高的特点,在加工中采取相应的措施,以保证加工质量。

1. 刚性差

曲轴的长径比(长度与直径之比)较大,并具有曲拐,因此曲轴的刚性很差。加工中,曲轴在其自重和切削力的作用下,会产生严重的扭转变形和弯曲变形,特别是在单边传动的机床上,加工时的扭转变形更为严重。另外,精加工之前的热处理和加工后产生的内应力都会造成曲轴变形。所以,曲轴在加工过程中应采取一些防止变形的措施。

(1)选用具有较高刚度的机床、刀具及夹具,用中心孔定位时控制机床顶尖对曲轴的压力,用中心架支承来增加刚性,以减少变形和振动。

(2)采用两边传动或中间传动的机床进行加工,以缩小扭矩,减小曲轴的弯曲和扭转变形。

(3)尽量使加工过程中所产生的切削力互相抵消(多刀切削),以减小曲轴的挠曲度。

(4)合理划分加工阶段及各工序的先后顺序,合理安排每个工序中工位的加工顺序及每个表面的加工次数,以减少加工变形。

(5)适当安排必要的校直工序,以避免前工序的变形影响后工序的加工。

2. 形状复杂

曲轴的连杆轴颈和主轴颈不在同一轴线上,使得工艺过程变得复杂。因此,工艺中必须考虑以下问题:

(1)在连杆轴颈的加工过程中配备能迅速找正加工连杆轴颈位置的偏心夹具,使连杆轴颈的轴线与机床的轴线重合,而且夹具中要设有平衡装置。

(2)加工连杆轴颈时应确定曲柄的角向位置,因此常在曲柄臂上铣出两个工艺平面作为辅助基准。除了用工艺面角向定位外,也可用法兰盘的销孔进行角向定位。

(3)切削热会引起曲轴受热膨胀而弯曲,因此应在各加工工序中考虑加强冷却,这对钢曲轴尤为重要。

(4)曲轴不转,而刀具绕曲轴旋转的工艺方法可以避免加工中的不平衡。这种方法更适合不平衡现象明显的场合。

3. 技术要求高

曲轴的技术要求比较高,且形状复杂,加工表面多,这就决定了曲轴的工序数目多,加工量大。在各种生产规模中,与内燃机的其他零件比较,曲轴的工艺路线是比较长的,而且磨削工序占相当大的比例。因此,如何采用新工艺、新技术,提高各工序的生产率及使工艺过程自动化,是曲轴加工工艺设计的重要问题。

综上所述,编制曲轴加工工艺时应遵循以下原则:

(1)一般在大批量生产时,按工序分散的原则安排工艺过程,单件、小批量生产时尽可能使工序集中。

(2)尽可能使设计基准与工艺基准重合,以减少误差。

（3）尽可能提高定位基准（中心孔、工艺面、工艺孔）的精度，提高其定位的可靠性。

（4）所有可能造成曲轴较大弯曲变形的工序应在曲轴主轴颈、连杆轴颈精加工之前完成。

（5）注意解决加工中偏心质量的问题。

（6）在大批量生产中，尽可能选用具有足够刚性的高效设备。机床的驱动方式及工件夹紧方式的选择要尽可能减少曲轴的弯曲和扭转变形。

三、曲轴加工工艺过程概述

大批量生产六缸汽车发动机曲轴的机械加工工艺过程见表 11-8。

表 11-8　大量生产六缸汽车发动机曲轴的主要机械加工工艺过程

工序号	工序内容	加工设备
1	铣端面打中心孔	铣端面打中心孔钻床
2	粗车第四主轴颈及曲柄平面	双边传动的曲轴主轴颈车床
3	校正	压力机
4	粗磨第四主轴颈	外圆磨床
5	粗车其余各主轴颈及其他外圆	中间传动的曲轴主轴颈车床
6	校正	压力机
7	粗磨第一主轴颈和装齿轮的轴颈	端面外圆磨床
8	精车各主轴颈（除第四主轴颈）及法兰盘外圆	中间传动的曲轴主轴颈车床
9	粗磨第七主轴颈和法兰盘外圆	外圆磨床
10	粗磨第二、三、五、六主轴颈	多砂轮外圆磨床
11	铣角度定位用平台	龙门铣床
12	车所有连杆轴颈及曲柄平面	曲轴连杆轴颈车床
13	中间检验	
14	在连杆轴颈上镗球形孔	组合机床
15	钻深油孔	组合机床
16	油孔倒角	
17	去毛刺	
18	中间检验	
19	轴颈表面淬火	中频表面淬火机

工序号	工序内容	加工设备
20	校正	压力机
21	精磨第四主轴颈	外圆磨床
22	精磨第七主轴颈	外圆磨床
23	车回油螺纹	卧式车床
24	精磨第一主轴颈和装齿轮的轴颈	端面外圆磨床
25	精磨装带轮的轴颈	外圆磨床
26	精磨油封轴颈和法兰盘外圆	外圆磨床
27	精磨第二、三、五、六主轴颈	外圆磨床
28	粗磨全部连杆轴颈	曲轴磨床
29	精磨全部连杆轴颈	曲轴磨床
30	铣键槽	专用键槽铣床
31	中间检验	
32	曲轴两端钻孔	组合机床
33	动平衡	动平衡机
34	去除不平衡重量	立式钻床
35	去毛刺	
36	校正	压力机
37	精加工轴承孔	转塔车床
38	精车法兰盘端面	车床
39	去毛刺	
40	粗超精加工各轴颈	超精加工机床
41	精超精加工各轴颈	超精加工机床
42	清洗	
43	修理缺陷	
44	最终检验	

复习与思考题

1. 轴类零件常用材料和毛坯有哪几种？

2. 轴类零件常用的热处理工序有哪些？它们起什么作用？在工艺过程中应安排在哪个阶段？

3. 加工轴类零件时常用的定位基准有哪些？空心主轴怎样实现以轴心线为定位基准？

4. 顶尖孔在主轴加工中起什么作用？顶尖孔的加工和研磨常用哪些方法？

5. 保证套筒零件位置精度的方法有哪几种？试举例说明各种方法的特点及适用条件？

6. 加工薄壁套筒零件时，怎样防止受力变形对加工精度的影响？

7. 箱体件的结构特点及主要技术要求有哪些？这些要求对保证箱体件在机器中的作用和对机器的性能有何影响？

8. 拟定箱体件机械加工工艺的原则有哪些？

9. 箱体零件的粗、精基准是如何选择的？

10. 保证箱体平行孔系孔距精度的方法有哪些？各适用于哪种场合？

11. 用浮动镗刀加工箱体孔有哪些好处？它能否提高孔的相互位置精度？为什么？

12. 如何实现箱体零件的高效自动化加工？

13. 为保证丝杠的质量，丝杠材料应具备哪些性能？丝杠常用材料有哪几种？

14. 丝杠的校直方法有哪些？各有何特点？

15. 如何防止曲轴加工时的变形？

16. 编制曲轴加工工艺时应遵循哪些原则？

第十二章　机械加工精度

学习指导

　　机械产品由若干个零件装配而成，因而零件的加工质量是整台机器质量的基础。零件的加工质量有两大指标：一是机械加工精度，二是机械加工表面质量。本章讲述机械精度。学习本章要求了解加工精度及加工误差的概念，学会运用所学知识解决实际操作中的问题，以避免误差提高加工精度。

第一节　加工精度基本概念

　　机械产品由若干个零件装配而成，因而零件的加工质量是整台机器质量的基础。零件的加工质量有两大指标：一是机械加工精度，二是机械加工表面质量。

一、加工精度

　　机械加工精度（简称加工精度）即零件在加工后的几何参数（尺寸、几何形状和表面间相互位置）的实际值与理论值相符合的程度。符合的程度愈高，加工精度也愈高；反之，符合的程度愈差，精度也愈低。

　　零件的加工精度包括表面自身的精度和表面之间的精度，可以分为下列 3 个方面：

　　（1）尺寸精度。实际尺寸与理论正确尺寸之间的符合程度。包括：

　　①表面本身的尺寸精度，如圆柱面的直径、圆锥面的锥角等。

　　②表面之间的尺寸精度，如平面之间的距离、孔间距、孔到平面的距离等。

　　（2）形状精度。实际几何形状与理想几何形状之间的符合程度，如平面度、圆度、轮廓度等。

　　（3）位置精度。加工后的表面之间的实际相互位置与理想位置之间的符合程度，如表面之间的平行度、垂直度、对称度，孔与孔的同轴度等。

　　零件在上述三方面的精度要求是相互关联的，没有一定的形状精度，尺寸精度和相互位置精度也是难以保证的。上述精度项目在零件图上都是以一定形式的数值来表示的。每一个零件的精度要求都是由一系列的确定尺寸、形状、位置的参数来表示的。机械加工的过程，就是获得这些参数的过程。

二、加工误差

加工误差是指零件在加工后的实际几何参数（尺寸、形状和相互位置）对理想几何参数的偏离程度。这种偏差即加工误差，其误差愈小，则加工精度愈高；反之，加工误差愈大，则加工精度愈低。

在机械加工中，零件的几何尺寸、几何形状和表面之间的相互位置关系取决于刀具与工件之间的相对运动关系。工件和刀具在机床的带动下作相对运动，并受机床和夹具的约束。因此，机械加工工艺系统的各种误差就会以不同的程度和方式反映为零件的加工误差，工艺系统的误差是工件产生加工误差的根源。把工艺系统存在的各种误差统称为原始误差。

从误差是否被人们掌握来分，加工误差可分为系统误差和随机误差（偶然误差）。若误差的大小和方向均已掌握，则称为系统误差，它可以用代数和来进行综合。例如，由于采用近似加工方法所带来的加工原理误差。另一类误差没有准确的定量误差规律的，称为随机误差，它不能用代数和来进行综合，只能用数理统计方法处理，例如，由于应力的重新分布所引起的工件变形误差、零件毛坯材质不均匀所引起的变形误差等。

根据误差的来源不同，原始误差可以分为两大类：一类是与工艺系统的初始状态有关的误差，包括工艺系统的几何误差、加工原理误差、系统调整误差、工件装夹误差；另一类是与加工过程有关的误差，包括工艺系统受力变形误差、工艺系统热变形误差、工件应力重新分布造成的误差、测量误差等。

显然，加工精度与加工误差只是评定零件几何参数准确程度的两种不同提法，并无本质的区别，在实际生产中都是用控制加工误差来保证加工精度。在机械加工中，工艺系统的各个环节和加工过程本身存在着各种产生误差的因素，加工误差是不可避免的。从使用的角度看，也没有必要将零件加工得绝对精确。保证零件的加工精度，就是设法把加工误差控制在许可的偏差范围内。在生产中，用加工误差的大小来衡量加工精度的高低。

三、原始误差与加工误差的关系

原始误差使工艺系统各环节的运动关系及几何位置，相对于理想状态所产生偏离，是工艺系统自身的误差。原始误差的存在使加工后的工件产生的误差，称为加工误差。如图12-1所示，车削加工时，由于机床导轨在垂直面内存在平行度误差 δ，影响了工件与车刀之间的相对位置从而引起工件直径的加工误差 r。由图可以计算得出：

$$Y=\delta H/B$$

式中：H——导轨面到主轴中心的高度；

B——导轨的跨距。

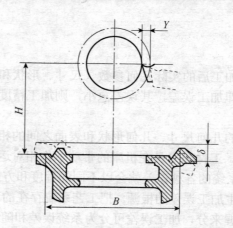

图 12-1　原始误差与加工误差的关系

　　显然，导轨的平行度误差会造成工件的外径加工误差，两者之间存在一定的换算关系。比值 H/B 不同，同样的平行度误差造成的加工误差的大小并不相同。当工艺系统的原始误差造成刀具的刀刃在工件的外圆切线方向位移时，由此产生的外径加工误差最小。因此，原始误差与加工误差之间既有量值上的换算关系，也有方向上的关系。对加工误差影响最大的方向称为误差敏感方向，影响最小的方向称为非误差敏感方向。

第二节　影响加工精度的因素及其分析

　　为了保证和提高零件的加工精度，就必须对工艺系统中存在的各种原始误差进行分析，掌握其变化的基本规律，以便找出提高加工精度的相应措施。研究加工精度时，通常按照工艺系统原始误差产生的原因，将其归纳为 5 个方面：工艺系统的几何误差，工艺系统受力变形所引起的误差，工艺系统受热变形所引起的误差，工件应力变化所引起的误差以及定位误差。下面对上述 5 个方面误差的因素进行分析。

一、工艺系统的几何误差

　　工艺系统中各组成环节的实际几何参数和位置，相对于理想几何参数和位置发生偏离而引起的误差，统称为工艺系统几何误差。它主要是指机床、刀具和夹具本身在制造时所产生的误差，以及使用中产生的磨损和调整误差。这类原始误差在加工过程开始之前已客观存在，并在加工过程中反映到工件上去。

1. 加工原理误差

　　加工原理误差也称理论误差，是指采用了近似的刀具轮廓、近似的成形运动轨迹和近似传动比的成形运动等不同类型，使加工零件产生的加工误差。具体地说有以下几种情况：

　　（1）近似的刀具轮廓。用成型刀具加工曲线表面时，要使刀具刃口做成完全符合理论曲线的轮廓，有时相当困难，所以往往采用圆弧、直线等近似、简单的线型。这种近似做法，对于简化机床与刀具的设计和制造是十分必要的，但由此带来的原始误差必须控制在允许的范围内。

例如，用模数铣刀铣齿形，其一，由于齿轮模数铣刀的成型面轮廓就不是纯粹的渐开线，因此加工的齿形就会产生一定的原理误差；其二，由于模数相同而齿数不同的渐开线齿轮，其基圆半径不同，因而齿形也不同，这就要求每种模数中不同齿数的齿轮都要有一把专用铣刀。基于经济原因，实际上只用一套（8～26 把）模数铣刀来分别加工在一定齿数范围内的所有齿轮。由于每把铣刀均是按一种模数的一种齿数设计和制造的，因而用它来加工其他齿数的齿轮时，就会产生齿形的原理误差。如图 12-2 所示，其值可从有关刀具设计的资料中查得。

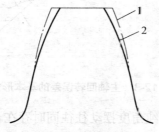

图 12-2　齿形的原理误差

（2）近似的成型运动轨迹。磨削活塞裙部椭圆，就是利用简单可靠的四连杆机构来产生近似的椭圆成型运动，而不追求完全正确的椭圆形，因而产生由近似成型运动所引起的加工原理误差。此外，用尖刀车削外圆柱面也是一种近似的加工方法，也会产生原理误差，即车削后得到的表面实为螺旋面，而不是光滑的圆柱面。

（3）近似传动比的成型运动。车削模数蜗杆时，由于蜗杆的螺距是 π 的倍数，而 π 是一个无理数，只能用近似传动比的挂轮来实现 π（22/7），由此会产生近似传动比的成型运动的加工原理误差。

虽然采用近似的加工方法会引起加工原理误差，但往往能简化工艺过程以及机床、刀具或工艺装备的结构。只要加工原理误差不超过允许的公差范围，近似加工反而能取得比理论上更准确的加工方案、更高的加工精度和更佳的经济效果。

2. 机床的几何误差

机床的成形运动主要包括两大类，即主轴的回转运动和移动件的直线运动。机床几何误差是通过各种成形运动反映到加工表面的。机床的几何误差主要包括主轴回转误差、导轨误差和传动链误差。

（1）主轴回转误差。主轴回转时，理论上的回转轴线在空间的位置应该保持稳定不变，实际上其位置总是有些变动。主轴部件在加工、装配过程中的各种误差和回转时的动力因素，以及受力、受热后的变形等，使主轴在运转时实际回转轴线偏离理想位置，这个偏移量即主轴的回转误差。由于机床的主轴用于安装工件或刀具，其回转精度会影响工件的表面形状、表面之间的相互位置关系以及表面粗糙度等。

主轴的回转误差可分为 3 种基本形式：径向跳动、纯角度摆动和轴向窜动，如图 12-3 所示。机床主轴的回转误差直接影响零件加工表面的几何形状精度。

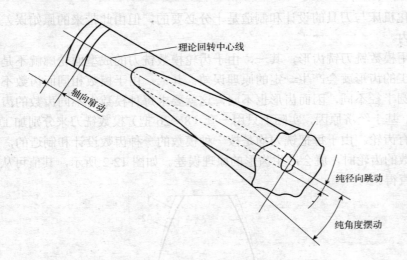

图 12-3　主轴回转误差的基本形式

　　实际上，主轴的径向跳动和纯角度摆动往往同时存在，这种合成后产生的误差称为主轴径向回转误差。产生径向回转误差的主要原因是滑动轴承或轴颈的圆度误差、滚动体的圆度误差或尺寸误差、轴颈间或轴承间的同轴度误差及轴承座孔的配合间隙等。产生轴向窜动的原因有轴承定位端面与轴线垂直度误差、轴承端面之间的平行度误差、锁紧螺母端面的跳动以及承受轴向力的轴承滚道的形状误差等。另外，滚子的尺寸及形状误差以及主轴轴向定位面对轴心线的垂直度误差等也都会引起轴向窜动。

　　主轴采用滑动轴承支承时，主轴轴径和轴承孔的圆度误差对主轴回转精度有直接影响。对于工件回转类机床，切削力的方向大致不变，在切削力的作用下，主轴轴颈以不同部位与轴承孔的某一固定部位接触，这时主轴轴颈的形状误差是影响回转精度的主要因素，如图 12-4a 所示；对于刀具回转类机床，切削力方向随主轴回转而变化，主轴轴颈以某一固定位置与轴承孔的不同位置相接触，这时轴承孔的形状精度是影响回转精度的主要因素，如图 12-4b 所示。对于动压滑动轴承，轴承间隙增大会使油膜厚度变化大，轴心轨迹变动量加大。

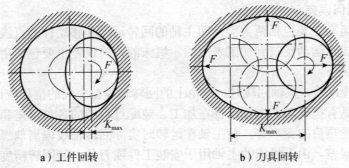

a）工件回转　　　　　　　　　b）刀具回转

图 12-4　采用滑动轴承时主轴回转误差

　　主轴采用滚动轴承支承时，内外环滚道的形状误差（如图 12-5a、b 所示）、内环滚道与内孔的同轴度误差（如图 12-5c 所示）、滚动体的尺寸误差和形状误差（如图 12-5d 所示）都对主轴回转精度有影响。主轴轴承间隙过大会使轴向窜动与径向圆跳动量增大。

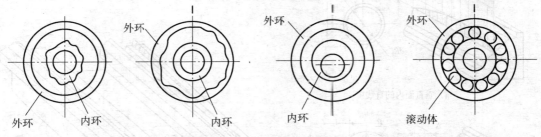

　　a）内环滚道形状误差　　　b）外环滚道形状误差　　c）内环滚道与孔的同轴度误差　　d）滚动体尺寸与形状误差

图 12-5　滚动轴承时主轴回转误差

　　同理，采用推力轴承时，其滚道的端面误差会造成主轴的端面圆跳动。角接触球轴承和圆锥滚子轴承的滚道误差既会造成主轴端面圆跳动，也会引起径向跳动和摆动。

　　此外，主轴及相关零件的制造精度都会影响它的回转精度，如主轴轴颈的同轴度误差会造成主轴角度摆动，主轴的前后轴颈之间、箱体前后轴承孔之间的同轴度误差会引起主轴回转轴线的径向跳动，轴承定位端面与轴心线的垂直度误差、轴承端面之间的平行度误差等都会引起主轴轴线产生轴向窜动。

　　为提高主轴回转精度，须采取以下措施：

　　①采用高精度的主轴部件。获得高精度的主轴部件的关键是提高轴承精度和刚度，因此，主轴轴承，特别是前轴承，多选用 D、C 级轴承，并对滚动轴承进行预紧；当采用滑动轴承时，则采用静压滑动轴承或动静压滑动轴承，以提高轴系刚度，减少径向圆跳动。其次是提高主轴箱体支承孔、主轴轴颈和与轴承相配合零件的有关表面的加工精度。

　　②消除主轴回转的误差对工件加工精度的影响。如采用死定尖磨削外圆，只要保证定位中心孔的形状、位置精度，即可加工出高精度的外圆柱面。主轴仅仅提供旋转运动和转矩，工件的回转精度由死顶尖和中心孔的精度保证，而与主轴的回转精度无关。

　　（2）机床导轨误差。导轨是机床中确定主要部件相对位置的基准，也是运动的基准，它的各项误差将直接影响被加工零件的精度。对机床导轨的精度要求主要有 3 个方面：在水平面内的直线度；在垂直面内的直线度和前后导轨的平行度（扭曲），图 12-6 所示。在不同的机床上，这些误差对加工误差的影响程度和性质各不相同。以卧式车床为例，前后导轨在垂直面内的平行度误差对加工精度的影响如图 12-7 所示。

　　导轨在其他方向的误差影响如下：

　　①导轨在水平面内的误差。导轨在水平面内误差恰好是车削外圆加工误差的敏感方向，如图 12-6b 所示，导轨的误差将会 1∶1 地反映到工件上去。加工外圆时，导轨的直线度误差会引起工件圆柱度误差和外圆母线的直线度误差，如图 12-7a 所示。另外，导轨对主轴轴线的平行度误差会使加工后的工件产生锥度误差。

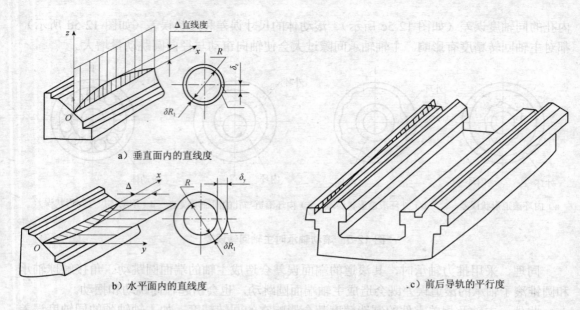

a）垂直面内的直线度

b）水平面内的直线度

.c）前后导轨的平行度

图 12-6　机床导轨的误差

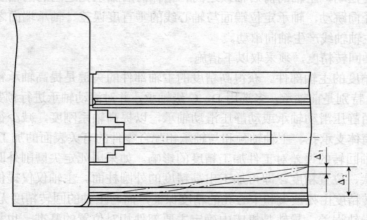

a）水平面内的误差

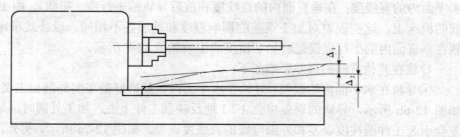

b）垂直面内的误差

图 12-7　导轨在不同方向的误差对加工精度的影响

②导轨在垂直面内的误差。如图 12-7b 所示，设导轨在垂直面内的直线度误差造成刀具在垂直方向位移 δ_z，计算可得，由此造成的工件半径误差为：

$$\delta_R = \frac{\delta_z^2}{2R}$$

显然，δ_R 很小，所以卧式车床导轨在垂直面内的直线度误差对加工精度影响可忽略不计。导轨在垂直面内对主轴轴线的平行度误差会使工件的外圆产生圆柱度误差，但其量值也很小。但对平面磨床、龙门磨床和铣床等将引起工件相对砂轮或刀具的法向位移，其误差将直接反映到被加工表面，造成工件形状误差。

机床的安装及地基情况对导轨的精度影响也很大。安装水平或地基不牢，造成机床下陷，也会破坏导轨原有的精度。

（3）机床传动链误差。对于某些加工方式，如车削或磨削螺纹、滚齿、插齿以及磨齿等，为了保证工件的加工精度，除了上述因素外，还要求刀具和工件之间具有准确的传动比关系，例如车削螺纹时，要求工件每转一转，刀具走一个导程；在用单头滚刀滚齿时，要求滚刀每转一转，工件转过一个齿等。这些成型运动间的传动比关系是由机床本身的传动链来保证的。若传动链存在误差，在上述情况下，它将是影响加工精度的主要因素。

传动链误差是由于传动链中的传动元件存在制造误差和装配误差引起的。使用过程中的磨损，也会产生传动链误差。各传动元件在传动链中的位置不同，影响也不同。通过传动误差的谐波分析，可以判断误差来自传动链中的哪一个传动元件，并可根据其大小找出影响传动链误差的主要环节。

为了减少传动链误差对加工精度的影响，可采取下列一些措施：
①减少传动链中的元件数目，缩短传动链，以减少传动累积误差。
②提高传动元件，特别是末端传动元件的制造精度和装配精度。
③传动链中齿轮存在间隙，同样会产生传动链误差，因此要设法消除间隙。
④采用误差校正机构来提高传动精度。

3. 刀具误差、夹具误差及调整误差

（1）刀具误差。刀具误差对加工精度的影响随刀具的种类不同而不同，具体体现如下：
单刃刀具，如车刀、刨刀、单刃镗刀等对加工精度没有直接影响；定尺寸刀具，如钻头、铰刀、拉刀、槽铣刀等的尺寸及形状误差与磨损会直接影响工件的尺寸及形状精度。刀具的安装误差会使加工误差扩大。成型刀具，如成型车刀、成型铣刀等，对加工表面的几何形状精度的影响，主要取决于刀具本身的形状精度；展成法刀具，如齿轮滚刀、插齿刀等的制造误差、安装误差及磨损将影响齿轮的加工精度。刀具的磨损将直接影响刀具相对工件的位置变化，影响工件的尺寸和形状精度。

为了减少刀具制造误差和磨损对加工精度的影响，除合理规定定尺寸刀具和成型刀具的制造公差外，应根据工件材料及加工要求，合理选择刀具材料、切削用量、冷却润滑，并准确刃磨，以减少磨损。

（2）夹具误差。夹具误差主要是指定位元件、导向元件、对刀装置、分度机构及夹具体等零件的制造、装配误差及有关工件表面的磨损。这些误差对加工精度有很大影响。因

此,在设计和制造夹具时,应对影响工件精度的尺寸严格控制,应小于工件公差的 1/3～1/5;对于容易磨损的定位元件、导向元件等,除应用较耐磨的材料外,应做成可拆卸的,以便磨损到一定程度时及时更换。工件在夹具中的定位存在误差时,会改变工件在夹具中应该占有的正确位置,从而造成加工误差。对夹具定位误差的分析详见本章第六节。

（3）调整误差。按照零件的加工要求对工艺系统进行调整时会存在调整误差。

当用试切法加工零件时,要根据对工件的检验测量结果调整工件、夹具和刀具之间的相互位置,检测仪器的误差、测量方法误差、进给系统的运动精度等会造成加工误差。

在调整法加工中,当用定程机构调整时,调整误差的大小取决于行程挡块、靠模及凸轮等机构的制造精度和刚度,以及与其配合使用的控制元件的灵敏度;当用样件或样板调整时,调整误差的大小取决于样件或样板的制造、安装误差。

工艺系统的几何误差中,机床、夹具、刀具的制造误差是工艺系统组成环节的自身误差,属于静态误差;调整误差、夹具的安装误差等是工艺系统组成环节之间的相对关系误差,在系统确定后这些误差都是确定的。加工原理误差和定位误差是由加工方法和定位方案所决定的误差。所以工艺系统的几何误差是在加工前就已经存在的,这些误差在加工中会不同程度地反映为零件的加工误差。

二、工艺系统的受力变形误差

在切削加工中,工艺系统在切削力、夹紧力、传动力、重力、惯性力等外力作用下会产生相应的变形（弹性变形和塑性变形）,使工件和刀具静态相对位置发生变化,从而产生加工误差。例如,车细长轴时,工件在切削力作用下产生弯曲变形,车削后使工件产生中间粗两头细的形状误差,如图 12-8 所示。在内圆磨床上以切入式磨孔时,由于内圆磨头轴的弹性变形,内孔会出现锥度误差,如图 12-9 所示。

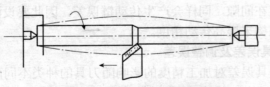

图 12-8　细长轴车削时的受力变形

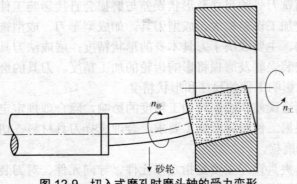

图 12-9　切入式磨孔时磨头轴的受力变形

1. 工艺系统的刚度

工艺系统在受力后的变形，主要取决于工艺系统的刚度。刚度即物体（或系统）在外力作用下，抵抗弹性变形的能力。任何物体受力后，首先产生弹性变形，如果作用力相同，其变形愈小，则刚度愈大；反之，则刚度愈小。

在切削过程中，工艺系统各部分在受切削力的作用下，将在各个受力方向产生相应的变形。但通过刀尖沿工件表面法线方向的变形，对加工精度影响最大。故把工艺系统刚度 k_{xt} 定义为：工件和刀具在法向切削分力 F_y 与切削分力 F_x、F_z 综合作用下沿工件法向位移的比值。即

$$k_{xt} = \frac{F_y}{n_{xt}} \quad (N/mm)$$

由于法向位移有可能出现变形方向与 F_v 方向不一致的情况，当与 F_v 方向相反时，即出现负刚度。负刚度现象对保证加工质量是不利的，应尽量避免，如图 12-10 所示。

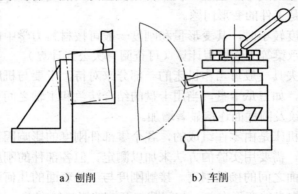

　　　　　a）刨削　　　　　　　　　　　　b）车削

图 12-10　工艺系统的负刚度现象

工艺系统的总变形量应是：$y_{xt} = y_{je} + y_{dj} + y_{jj} + y_g$，而

$$k_{xt} = \frac{F_y}{y_{xt}}; \quad k_{je} = \frac{F_y}{y_{je}}; \quad k_{jj} = \frac{F_y}{y_{jj}}; \quad k_g = \frac{F_y}{y_g}; \quad k_{dj} = \frac{F_y}{y_{dj}}$$

式中：y_{xt}——工艺系统总的变形量（mm）；

　　　k_{xt}——工艺系统总的刚度（N/mm）；

　　　y_{je}——机床变形量（mm）；

　　　k_{je}——机床刚度（N/mm）；

　　　y_{jj}——夹具的变形量（mm）；

　　　k_{jj}——夹具的刚度（N/mm）；

　　　y_{dj}——刀具的变形量（mm）；

　　　k_{dj}——刀具刚度（N/mm）；

　　　y_g——工件变形量（mm）；

　　　k_g——工件刚度（N/mm）。

所以，工艺系统刚度的一般式为：

$$k_{xt}=\cfrac{1}{\cfrac{1}{k_{jc}}+\cfrac{1}{k_{jj}}+\cfrac{1}{k_{dj}}+\cfrac{1}{k_{g}}}$$

因此，当知道工艺系统的各个组成部分刚度后，即可求出系统刚度。

（2）工艺系统刚度分析及提高刚度的工艺措施。用刚度一般式求解工艺系统刚度时，应针对具体情况进行分析。如车外圆时，由于车刀沿工件法线方向变形很小，刀具的刚度可忽略不计，这时在计算式中可省去刀具的刚度一项。但在镗孔时，镗杆悬伸很长，其受力变形严重地影响加工精度，而工件（如箱体零件）的刚度一般较大，其受力变形很小，可忽略不计。

① 工件刚度。在两顶间车削细长轴时，由于工件细长、刚度小，其变形大大超过机床、夹具和刀具所产生的变形。因此，机床、夹具和刀具的受力变形可忽略不计，这时工艺系统的变形就完全是工件的变形问题。

工件和刀具的刚度较小时，其变形量和刚度一般可按材料力学中的有关公式求得。如可用悬臂梁、两点支承梁等力学模型计算（可查阅有关公式计算）。

② 夹具刚度。夹具一般可当作机床的一部分来对待。主要与机床连接的结构和配合表面的接触刚度有关，如三爪卡盘，当用卡盘的结合法兰和主轴之间长圆锥表面配合连接时，其刚度会比用螺纹及圆柱面连接显著增加。

③ 机床刚度。机床是由零件组成的，各个零部件刚度的影响因素十分复杂，刚度的计算问题就比较复杂，需要用实验的方法来加以测定。但各部件的刚度在很大程度上决定于部件中各零件接触面之间的接触刚度。接触刚度与工件表面的几何形状误差及表面粗糙度有关，与薄弱零件本身的变形有关，与间隙与摩擦的影响等有关。

要提高工艺系统刚度，须采取以下几种工艺措施：

① 提高工艺系统的接触刚度。所谓接触刚度是指相互接触的两表面抵抗弹性、塑性变形的能力。因为接触表面有表面层的弹性变形，也有局部的塑性变性。由于接触刚度大大地低于实体零件本身的刚度，所以提高接触刚度是提高工艺系统刚度的关键。提高接触刚度不在于加大加厚零件，而应从提高接触面的配合质量着手。例如，提高导轨面的装配质量，提高顶尖锥体和头架、尾座及主轴和套筒锥孔的接触面，多次修研精密零件加工用的顶尖孔等。使实际接触面积增大，使微观表面和局部区域的弹性、塑性变形减小。

提高接触刚度的另一种方法是预加载荷，这样不但消除了配合间隙，而且使机床部件一开始工作就有较大的实际接触面积，使受力后的变形减小。如机床轴承的预紧装置、铣床主轴锥孔常用的拉杆装置，使刀杆锥柄与主轴锥孔紧密接触。

② 提高工件和刀具刚度减小受力变形。车削光细长轴容易变形，可采用跟刀架和中心架；箱体孔系加工中，各种支承镗套的使用是为了增加镗杆的刚度；减小刀杆悬伸长度，增大刀杆截面积，从而提高刀具刚度。

③ 减小吃刀抗力。当机床部件刚度或工件刚度的提高受到条件限制时，则应尽量设法减小吃刀抗力，以减小工艺系统的受力变形。合理选择刀具几何参数（如增大前角、主偏

角）及切削用量（适当减小切深和走刀），可减小吃刀抗力。

④ 合理安装工件减小夹紧变形。对于薄壁套、薄板等零件，装夹时容易引起变形，应特别注意选择夹紧方法。如采用开口过渡环及宽软爪装夹，如图 12-11 所示，以减小变形误差。

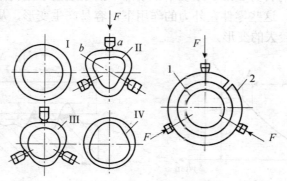

I—毛坯　II—夹紧后　III—加工后　IV—松开后

图 12-11　套筒夹紧变形误差

1—工件；　2—开口过渡环

薄板工件磨削使用磁力吸盘，工件将产生弹性变形，磨完后弹性恢复，工件已磨表面产生了翘曲。改进办法为在工件和磁力吸盘间垫橡皮垫（厚约 0.5mm），工件被吸时，橡皮垫被压缩，减少工件变形，便于将工件的弯曲部分磨去，这样多次正反两面交替磨削后，可获得较平的表面，如图 12-12 所示。

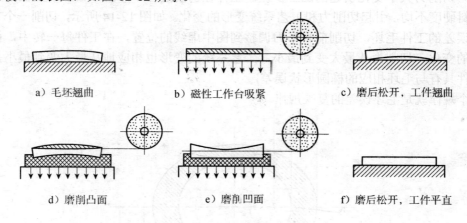

a）毛坯翘曲　　　　b）磁性工作台吸紧　　　　c）磨后松开，工件翘曲

d）磨削凸面　　　　e）磨削凹面　　　　f）磨后松开，工件平直

图 12-12　薄片工件的磨削

2. 工艺系统中部件的受力变形

工艺系统的变形是组成系统的各个部件的变形综合。影响部件变形的主要因素有以下几方面：

（1）连接表面的接触变形。两个表面接触时，在法向载荷的作用下，两表面趋近的位移量随表面压强的增加而增加，如图 12-13 所示，比值 K_c 称为接触刚度。其公式为：

$$k_c = \Delta p / \Delta y$$

影响接触刚度的主要因素包括接触表面的表面粗糙度、表面形状误差、材料的硬度等.

（2）低刚度零件的自身变形。系统中个别环节的刚度由于结构限制而较差时，如刀架和溜板中常用的楔铁，这些零件在外力的作用下，容易产生变形，从而大大降低系统和部件的刚度，使之产生较大的变形。

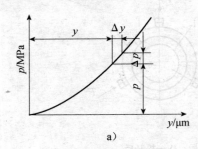
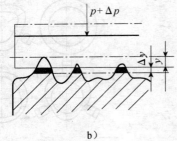

图 12-13　表面接触变形

（3）间隙的影响。由于系统中部件之间存在间隙，当部件受正反两个方向加载和卸载作用时，其间隙位移就会造成系统的变形。

3. 工艺系统受力变形引起的加工误差

在切削过程中，刀具相对于工件的位置是不断变化的，所以切削力的大小及作用点的位置总是变化的，因而，工艺系统的受力变形也随之变化。

（1）切削力大小变化引起的加工误差。工件在切削过程中，由于被加工表面的几何误差及材料硬度不均，引起切削力和工艺系统变形的变化。如图 12-14 所示，切削一个有椭圆形圆度误差的工件毛坯，切削前将车刀调整到图中虚线的位置，在工件每一转中，由于背吃刀量的变化，切削力从最大变到最小，工艺系统的变形也相应地从最大变到最小，加工后的工件具有与毛坯相应的椭圆形状误差，

这个规律就是毛坯误差的复映规律。

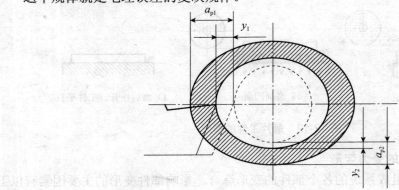

图 12-14　毛坯误差的复映

设毛坯最大背吃刀量为 a_{p1}，最小背吃刀量为 a_{p2}。

$$\Delta_{gi}=\varepsilon\Delta_m$$

由切削理论可得：工件误差 $\Delta_{gi}=\varepsilon\Delta_m$

式中：ε ——误差复映系数。

由于 y 总小于 a_p，即 ε 总是小于 1，因此误差复映系数反映了毛坯误差经过加工后的减小程度，与工艺系统的刚度成反比，与切削力 F_x 的系数成正比。要减小工件的复映误差，可增加工艺系统的刚度或减小径向切削力的系数。

由于误差复映会引起加工误差，因此当一次走刀不能满足加工精度时，可采用多次走刀，经过 n 次走刀后，工件的误差为：

$$\Delta_{gi}=\varepsilon_1\varepsilon_2\cdots\varepsilon_n\Delta_m$$

根据已知的 Δ_m 值，可估计加工后的误差；也可根据工件的公差值与毛坯误差来确定走刀次数。

（2）切削力作用点位置变化引起的加工误差。

① 切削过程中受力点位置变化引起的工件形状误差。在车床上车削粗而短的光轴时，由于工件刚度很高，工件的变形比机床、夹具、刀具的变形小到可以忽略不计，工艺系统的总位移完全取决于头架、尾座（包括顶尖）和刀架（包括刀具）的位移，如图 12-15 所示。

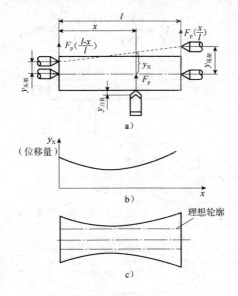

图 12-15 车短粗轴时的受力变形

当加工中车刀处于图示位置时，在切削分力 F_p 的作用下，头架、尾座和刀架都发生位移，它们的位移量分别用 $y_{头架}$，$y_{尾座}$ 及 $y_{刀架}$ 表示。而工件位移到图中虚线位置，刀具切削点处工件轴线的位移 y_x 为：

$$y_x=y_{头架}+（y_{尾座}-y_{刀架}）\frac{x}{l}$$

工艺系统的总位移为：

$$y_{系统} = y_x + y_{刀架} = F_p[\frac{1}{k_{刀架}} + \frac{1}{k_{头架}}(\frac{l-x}{l})^2 + \frac{1}{k_{尾座}}(\frac{x}{l})^2]$$

由上式看出，工艺系统的变形随受力点位置的变化而变化。在该条件下切削时，此位移也即机床的总位移。用极值的方法，可以求出机床刚度最大，变形最小。

即：
$$x = \frac{k_{尾座}}{k_{头架} + k_{尾座}}l$$

$$y_{系统min} = (\frac{1}{k_{刀架}}l + \frac{1}{k_{刀架} + k_{尾座}})F_p$$

以上数据中最大值与最小值的差值，就是车削时的圆柱度误差。

② 车削细长轴。由于工件刚度很低，机床、夹具、刀具在受力下的变形可以忽略不计，则工艺系统的位移完全取决于工件的变形，如图 12-16 所示。加工中车刀处于图示位置时，工件的轴线产生弯曲变形。根据力学计算公式，其切削点的变形量为：

$$y_x = \frac{y_p}{3EI} = \frac{(1-x)^2 z^2}{l}$$

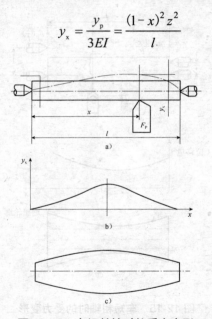

图 12-16　车细长轴时的受力变形

（3）其他力引起的误差。

① 由惯性力引起的加工误差。惯性力对加工精度的影响也不容易忽视，因为它们与切削速度有密切的关系，并且常常引起工艺系统振动。在高速切削过程中，工艺系统中如果存在高速旋转的不平衡构件，就会产生离心力，它在 y 方向分力的大小随构件的转角变化呈周期性的变化，由它引起的变形也相应地变化，从而造成工件的径向跳动误差。如图 12-17 所示。车削一个不平衡工件时，离心力与切削力方向相反时，将工件推向刀具，使背吃刀

量增加。当离心力与切削力同向时，工件被拉离刀具，背吃刀量减小，其结果都造成工件的圆度误差。

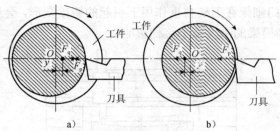

图 12-17 惯性力引起的加二误差

② 由传动力引起的加工误差。在车床或磨床类机床上加工轴类零件时，常用单爪拨盘带动工件旋转。如图 12-18 所示，在拨盘的每一转中，传动力方向是变化的，它的方向有时和切削力同向，有时反向，因此，它所产生的误差和惯性力近似，会造成工件的圆度误差。所以，在加工精密零件时应改用双爪拨盘或柔性连接装置等带动工件旋转。

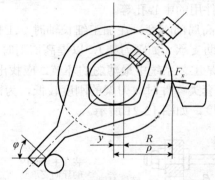

图 12-18 传动力引起的加工误差

③ 由夹紧力引起的加工误差。当加工刚性较差的工件时，若夹紧不当，会引起工件变形而产生形状误差。例如，用三爪卡盘夹紧薄壁套筒车孔时（如图 12-19a 所示），夹紧后工件呈三棱形（如图 12-19b 所示），车出的孔为圆（如图 12-19c 所示），但松夹后套筒的弹性变形恢复，孔就形成了三棱形（如图 12-19d 所示）。所以，生产上在套筒外面加上一个厚壁的开口过渡套（如图 12-19e 所示）或采用专用夹盘（如图 12-19f 所示），使夹紧力均匀地分布在套筒上。

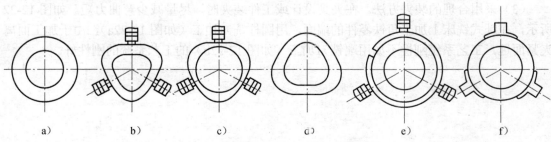

图 12-19 夹紧力引起的加工误差

④ 由重力引起的加工误差。在工艺系统中，零件的自重也会产生变形。如龙门铣床、龙门刨床刀架横梁的变形，铣床滑枕的变形，镗床镗杆伸长下垂变形等，都会造成加工误差。图 12-20 所示为龙门刨床在刀架自重作用下引起的横梁变形，会造成工件加工表面的平面度误差，可通过提高横梁的刚度减小这种影响。

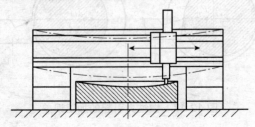

图 12-20　重力引起的加工误差

4．减小工艺系统受力变形的措施

（1）提高接触刚度。改善机床主要零件的接触面的配合质量。如对机床导轨及装配面刮研、经常修研加工精密零件用的中心孔等。

（2）设置辅助支承，提高局部刚度。在加工细长轴时，工件随切削位置的不同会产生不同的变形。这时可采用辅助支承（如跟刀架），以提高切削时的刚度。在加工短粗的轴、套类零件时，工件的刚度不是工艺系统中最薄弱的环节，应找出薄弱环节予以解决。例如，在转塔车床上加工较短的轴套类零件时，刀架的刚度较低，为薄弱环节，常采用导向杆和支承套来提高工艺系统的刚度，如图 12-21 所示。

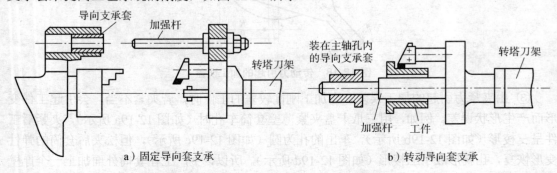

a）固定导向套支承　　　　b）转动导向套支承

图 12-21　采用辅助支承提高刚度

（3）采用合理的装夹方法。在夹具设计或工件装夹时，尽量减少弯曲力矩。如图 12-22 所示，在卧式铣床上加工角铁零件的端面，用圆柱铣刀加工（如图 12-22a），由于加工面离夹紧面远，工艺系统刚性不如用端铣刀加工（如图 12-22b）的工艺系统的刚性好。

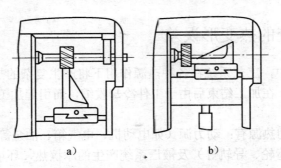

图 12-22　装夹方法的影响

又如图 12-23 所示，在薄板的平面磨削时，为避免直接用磁力吸盘夹紧造成变形而影响加工精度，图 a、b、c 所示，在磁力吸盘工作台面上垫一层橡胶垫，通过双面磨削可以保证磨削后工件的平面度，如图 d、e、f 所示。

（4）采用补偿或转移变形的方法。如图 12-24 所示的龙门铣床，为消除铣头和配重对横梁造成的弯曲变形影响，在横梁上增加一个附加梁，使横梁不承受铣头和配重的作用，变形被转移到了不影响加工精度的附加梁上。如图 12-25 所示的摇臂钻床为消除主轴箱自重对摇臂造成的弯曲变形，把主轴箱的导轨做成反向弯曲面，在主轴箱自重作用下变形后接近水平，实现了对变形的补偿。

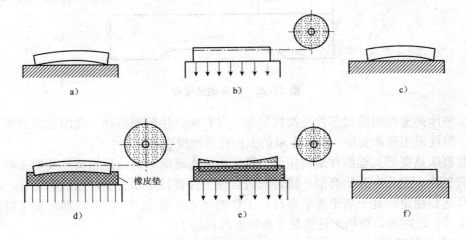

图 12-23　薄板磨削的装夹

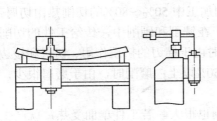

图 12-24　变形转移法

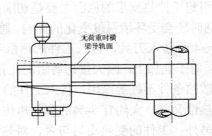

图 12-25　变形补偿法

三、工艺系统的热变形误差

在机械加工过程中，工艺系统在各种热源作用下将产生复杂的热变形，使工件和刀具的相对位置发生变化，在加工结束后由于工件冷却收缩，而引起加工误差。

1．机床的热变形

引起机床热变形的热源有：动力源（如电动机、电气箱、油泵等）能量损耗转化的热，运动部件（如轴承、齿轮、导轨等）及液压系统产生的摩擦热，环境的温度（如温度的变化、阳光照射、取暖设备等）；工件和刀具传入机床的切削热等。

由于各类机床的结构和工作条件差别很大，热变形的影响也各异。车床主轴箱热变形的结果使主轴轴线抬高和水平偏移，主轴轴线的升高不在误差敏感方向，所以对加工精度影响不大。但主轴轴线的水平偏移是在误差的敏感方向，会影响加工精度，如果用两顶尖车削轴时就会产生锥度误差。如图 12-26 所示为车床的热变形。

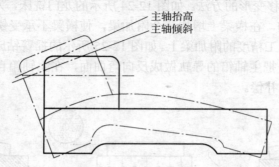

图 12-26　车床的热变形

牛头刨床热变形的关键部件是滑枕导轨。导轨面产生的摩擦热，使滑枕底面和顶面产生温差；滑枕发生弯曲变形，使加工后的工件有直线度误差。

外圆磨床热变形关键部件是砂轮架，机床由冷态逐渐升温，砂轮架热变形在水平方向逐渐移向工件，因此在开始磨削一段时间内会使工件直径逐渐变小，当机床运转一段时间后，温升达到稳定，处于热平衡状态时，工件的尺寸才能稳定。因此，精密加工时，先将机床空运转一段时间，待机床达到热平衡状态时再加工。

2．工件的热变形

引起工件热变形的原因主要是切削热（磨削热）。精密零件和某些大型零件（如床身导轨）同时还会受环境温度变化的影响。通常，在车削加工中 50%～80%的切削热由切屑带走，10%～40%传入刀具，传入工件的热量不到 10%。在铣削和刨削中，传给工件的切削热占30%；对于孔加工，因大量切屑阻滞在孔中，钻削时由于横刃的挤压作用、切屑和棱边的摩擦及散热条件不好等原因，传入工件的切削热占 50%以上；磨削时，由于磨屑很少，砂轮的导热性又差，大约有 84%的磨削热传入工件。

另外，工件的受热均匀与否，对热变形的影响也很大。若工件单面受热，就产生弯曲变形。车削和磨削简单形状的轴类、套类、盘类零件的内、外圆加工等均属于工件均匀受

热。工件在均匀受热的情况下，其热变形的影响主要是尺寸误差，可按热伸长（直径和长度上）公式计算，即

$$\Delta L = \alpha L \Delta t$$

式中：α——工件材料的线膨胀系数；

    L——工件在热变形方向的尺寸；

    Δt——工件温升；

    ΔL——热伸长量。

铣削、刨削、磨削平板零件等为工件不均匀受热。工件不均匀受热的变形，则会引起几何形状误差。

3. 刀具的热变形

刀具的热变形主要是由切削热引起的，尽管传给刀具的热量不多，但刀具的体积小、热惯性小，所以还是有相当高的温升和热变形。刀具的热变形通常会影响工件的尺寸精度。

4. 减小热变形的措施

减小热变形的措施一般有以下几种：

（1）机床要空运转到接近热平衡再加工工件。

（2）精密机床安装在恒温室内。

（3）采用局部加热或冷却机床和主轴的方法使其受热均匀。

（4）切削时充分冷却，减小刀杆悬伸长度，增大刀杆截面。

（5）选择适当切削用量。

（6）刀具和砂轮未过分磨钝时就进行刃磨修正，以减少切削热和磨削热。

（7）工件在装夹时应有伸缩的余地。

（8）粗、精加工分开，使粗加工的余热不带到精加工工序中。

四、工件应力变化造成的误差

应力是指在外力去除后存在于工件内部的力。具有应力的零件处于不稳定相对平衡状态，其内部组织有强烈恢复到一个稳定的、没有应力状态的倾向。工件经过冷热加工后会产生一定的应力，通常情况下，应力处于平衡状态，但具有应力的工件经过加工后，工件原有的应力平衡状态被破坏，会使应力重新分布，造成零件发生相应的变形，从而产生误差。应力误差是加工后的误差，在精密加工中必须高度重视，必须根据应力的情况在加工前采取有效的消除应力措施，避免精加工后的零件产生应力变形而报废。

1. 应力产生的原因

应力是工件自身的误差因素，是由于金属内部宏观或微观的组织发生了不均匀的体积变化而产生的，体积变化的主要因素是热加工和冷加工。

（1）毛坯制造中产生的应力。在毛坯制造和热处理过程中，工件各部分厚度不均匀，会引起毛坯各部分收缩不均匀以及金相组织转变时的体积变化，从而使毛坯产生应力。毛坯的结构越复杂，各部分壁厚越不均匀，散热的差别越大，毛坯内部产生的应力也越大。

如图 12-27 所示为一个内外截面厚度不均的铸件，当浇铸后冷却时，由于壁 B 比壁 C

和壁 A 厚，所以壁 B 冷却最慢，壁 C 次之，壁 A 冷却最快。当 A、C 从塑性状态冷却到弹性状态时，B 尚处与塑性状态，所以，A、C 收缩时，B 不起阻碍作用，故不会产生残余应力。但当 B 冷却到弹性状态时，A、C 的温度已经降低很多，收缩速度变得很慢，而 B 收缩相对较快，因而，受到 A、C 的阻碍。这样，B 内产生拉应力，A、C 内产生压应力，形成相互平衡的应力状态，如图 b 所示。如果在铸件的 A 上切开一个缺口，如图 12-27c 所示，A 的压应力消失，铸件在残余应力的作用下，C 伸长，铸件产生了弯曲变形，直至残余应力达到新的平衡为止。

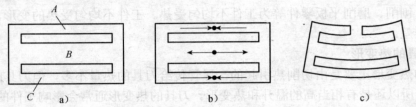

图 12-27　残余应力引起的变形

（2）工件冷校直时产生的应力。薄板类、细长轴类零件加工后常发生弯曲变形，弯曲的工件要校直，必须使工件产生反向弯曲（如图 12-28a 所示），并使工件产生一定的塑性变形。当工件外层应力超过屈服强度、内层应力还未超过弹性极限时，其分布情况如图 12-28b 所示。去除外力后，由于下部外层已产生拉伸的塑性变形，上部外层已产生压缩的塑性变形，故里层的弹性变形受到阻碍，结果上部外层产生残余拉应力，上部里层产生残余压应力，下部外层产生残余压应力，下部里层产生残余应力（如图 12-28c 所示）。冷校直后虽弯曲变形减小，但是，并没有消除应力，如进行再加工，又会产生新的弯曲变形。

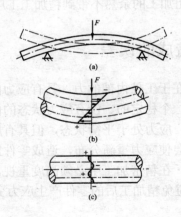

图 12-28　冷校直引起的应力

2．减少和消除残余应力的措施

（1）合理设计零件结构。在机器零件的结构设计中，应尽量简化结构，减少尺寸和壁厚差，增大零件的刚度，以减少在铸、锻件毛坯制造中产生的内应力。

（2）对工件进行热处理和时效处理。可对铸、锻、焊接件进行退火或时效处理，零件淬火后及时回火。对精度要求高的零件，如床身、丝杠、精密主轴等在粗加工后要进行时效处理，甚至对精度要求很高的零件，在每次切削加工后也都要进行时效处理。常用的时效方法如下：

① 自然时效。自然时效是指在大气温度变化的影响下使内应力消失，这种方法组织稳定，但时间太长（几个月以上），容易造成半成品积压。

② 高温时效。将工件均匀地加热到500℃～600℃，保温4～6h后，以缓慢的冷却速度随炉冷却到100℃～200℃取出，在空气中自然冷却。一般适用于毛坯或粗加工后进行。

③ 低温时效。将工件均匀地加热到200℃～300℃，保温3～6h后取出，在空气中自然冷却。一般适用于半精加工后进行，精密零件还可安排多次低温时效。

（3）合理安排工艺过程。将粗、精加工分开，使粗加工后有一定的时间让残余应力重新分布，以减少对精加工的影响。在加工大型工件时，粗、精加工往往在一个工序中来完成，这时应在粗加工后松开工件，让工件有自由变形的可能，然后再用较小的夹紧力夹紧工件后进行精加工。

五、定位误差

1. 概念与计算

在工件用夹具定位，采用调整法加工时，工件在夹具中的正确位置靠工件的定位基面与夹具定位元件相接触（配合）来保证，刀具相对于夹具的位置是预先调整固定的。如果工序基准在夹具中的位置有误差，就会造成加工后的工序尺寸产生误差。这种由于工件在夹具上定位不准而造成的工序基准在加工尺寸方向上的位置变动，称为定位误差，用 Δ_{DW} 表示。它包括基准位置误差和基准不重合误差。

（1）基准位置误差。当工序基准与定位基准相同时，工件定位基准在加工尺寸方向上的最大位置变动量，称基准位置误差，用 Δ_Y 表示。定位基准是通过一定的几何表面来体现的，当这些几何面存在误差时，就会造成定位基准的位置变化，从而产生基准位置误差。

如图12-29a所示零件，在圆柱面上铣键槽，加工尺寸为 A 和 B，图12-29b是加工示意图。工件以内孔在圆柱心轴上定位，O 是心轴轴心，O_1、O_2 是工件孔的轴心。轴按 d_{0-Td}^0 制造，工件内孔的尺寸为 D_0^{+TD}。这时工序尺寸 A 的工序基准与定位基准重合，但由于心轴和工件内孔都存在制造偏差，因而实际的工序定位基准（即工件的内孔轴心）相对于其理想位置（即心轴的轴心）将在一个范围内变化，这个变化范围就是基准位置误差。

由图12-29可以求出基准位置误差 Δ_Y：

$$\Delta_Y = O_1O_2 = OO_1 - OO_2 = \frac{D_{max} - d_{min}}{2} - \frac{D_{min} - d_{max}}{2}$$

$$= \frac{D_{max} - D_{min}}{2} + \frac{d_{max} - d_{min}}{2} = \frac{T_D}{2} + \frac{T_d}{2}$$

从上式可以看出基准位置误差是由定位的制造误差造成的。

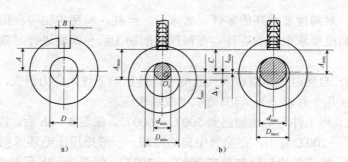

图 12-29　基准位置误差

（2）基准不重合误差。由于定位基准和工序基准不重合而造成的加工误差，称为基准不重合误差，用 Δ_B 表示。当定位基准与工序基准不重合时，两者之间的联系尺寸产生误差时，将会造成工序基准的位置变化，从而产生加工误差。

如图 12-30 所示为铣沟槽面的工序简图。前一工序已将各平面加工好，本工序铣槽的工序尺寸 B 的基准是 D 面。为便于夹具设计，定位基准选择 9 面。因此工序基准与定位基准不重合。工序基准与定位基准之间的联系尺寸为 $L \pm \Delta L$，在槽的位置相对于定位基准一定，但由于工序基准相对于定位基准存在误差 $\pm \Delta L$，使得工序基准 D 在一定范围内变动，从而造成这批工件工序尺寸召存在基准不重合的加工误差。工序基准 D 相对于定位基准的最大的位置变动量就是基准不重合误差 $\Delta_B = 2\Delta L$。

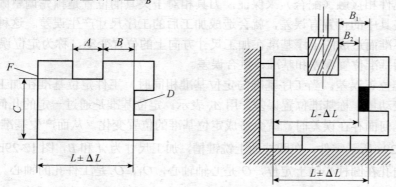

图 12-30　工件铣槽工序简图

综上所述，可得到如下结论：

① 定位误差只产生在调整法加工一批工件的条件下，采用试切法加工，不存在定位误差。

② 定位误差产生的原因是工件的制造误差和定位元件的制造误差、两者的配合间隙及工序尺寸与定位尺寸不重合等。

③ 一般情况下，定位误差由基准位置误差和基准不重合误差组成。但并不是在任何情况两种误差都存在。当定位基准与工序基准重合时，$\Delta_B = 0$，当定位基准无变动时，$\Delta_Y = 0$。定位误差 Δ_{DW} 是由 Δ_B 和 Δ_Y 组合而成的。在计算时，分别求出 Δ_Y 和 Δ_B，再按一定规律合

成就得到 Δ_{DW}。

当工序基准不在定位基面上时，$\Delta_{DW} = \Delta_Y + \Delta_B$。

当工序基准在定位基面上时，$\Delta_{DW} = \Delta_Y \pm \Delta_B$。若基准位置和基准不重合引起的加工尺寸变化方向相同时，取 "+" 号；反之，取 "-" 号。

2．其他定位表面的定位误差

（1）工件以平面定位。定位基准为平面时，其定位误差主要是由基准不重合误差引起的，如图 12-30 所示。这时基准位置误差主要是由平面度误差引起的，该误差很小，可忽略不计。

（2）工件以圆孔定位。工件以圆孔表面作为定位基准时，工件圆孔的制造精度、定位元件的放置形式、定位基面与定位元件的配合性质及工序基准与定位基准是否重合等因素直接影响定位误差。如图 12-29 所示，这时存在基准位置误差，但若采用弹性可胀心轴为定位元件，则定位元件与定位基准之间无相对位置变化，因此基准位置误差为零。

（3）工件以外圆定位。工件以外圆定位时，常见的定位元件为各种定位套、支承板和 V 形块等。定位套定位时误差分析及支承板定位时的误差分析与前述圆孔定位和平面定位相似。下面分析工件以外圆在 V 形块上的定位时的定位误差。

如图 12-31 所示，工件在铣削键槽时，以圆柱面在 V 形块上定位，分析加工尺寸分别为 A_1、A_2、A_3 时的定位误差。

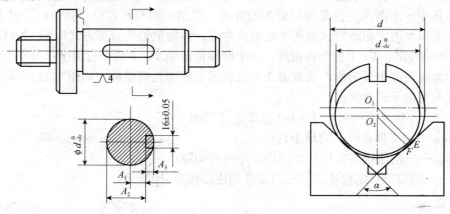

图 12-31　圆柱体铣键槽时定位误差分析

①当工序尺寸是 A_1 时，工序基准是圆柱轴线，定位基准也是圆柱轴线，两者重合，所以 $\Delta_B = 0$；由于工件的外圆存在制造误差，实际定位基准相对于夹具的定位面（称为限位基准）在一定范围内变化，因而 $\Delta_Y \neq 0$

则定位误差
$$\Delta_{DW} = \Delta_Y = \frac{\delta_d}{2\sin\dfrac{\alpha}{2}}$$

②当工序尺寸为 A_2 时，工序基准是圆柱面的下母线，定位基准是圆柱轴线，两者不重合，所以 $\Delta_B \neq 0$ 基于与第一种情况同样的理由，有 $\Delta_Y \neq 0$。由图可得：

$$\Delta_B = \frac{d_{max} - d_{min}}{2} = \frac{\delta_d}{2}$$

$$\Delta_Y = \frac{\delta_d}{2\sin\frac{\alpha}{2}}$$

由于工序基准在定位基面上，因此 $\Delta_{DW} = \Delta_Y \pm \Delta_B$。符号的确定：当定位基面直径由大变小时，定位基准朝下运动，使 A_2 变大；当定位基面直径由小变大时；假设定位基准不动，工序基准相对于定位基准向上运动，使 A_2 变小。两者变动方向相反，所以有：

$$\Delta_{DW} = \left| \frac{\delta_d}{2\sin\frac{\alpha}{2}} - \frac{\delta_d}{2} \right| = \frac{\delta_d}{2}\left[\frac{1}{\sin\frac{\alpha}{2}} - 1 \right]$$

③ 当工序尺寸是 A_3 时，同理，可以求出定位误差为：

$$\Delta_{DW} = \Delta_Y \pm \Delta_B = \frac{\delta_d}{2}(\frac{1}{\sin\frac{\alpha}{2}} + 1)$$

（4）工件以一面两孔定位。而实际生产中，多数是以几个定位基准组合起来实现工件定位的。其中一面两孔定位是应用最多的方式。所谓一面两孔定位，就是以工件上的一个较大的平面和平面上相距较远的两个孔组合定位。两定位销的布置方式如图 12-32a 所示。其中，平面限制 $\vec{Z}$、$\vec{X}$、$\vec{Y}$ 三个自由度，一个圆柱销限制 $\vec{X}$、$\vec{Y}$ 两个自由度；另一个销限制 $\vec{Z}$ 自由度。为避免产生过定位，通常第 2 个定位销采用削边销结构。如图 12-32b 所示。削边销的厚度 b 可由下式计算：

$$b = (D_{2min}X_{2min})/(2a)$$

式中：D_{2min}——工件定位孔的最小直径；

X_{2min}——削边销与定位孔之间的最小径向间隙；

a——削边销与定位孔之间在两定位销连心线方向的间隙。

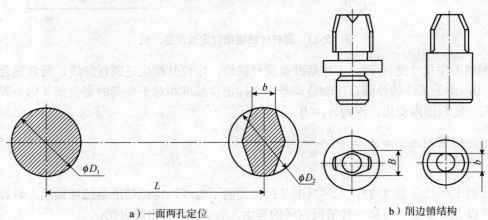

a）一面两孔定位　　　　　　　b）削边销结构

图 12-32　一面两孔定位

一面两孔定位时，定位误差主要是基准位置误差的计算，这时定位基准是两孔的中心连线，限位基准是两销的中心连线。基准位置误差包括移动和转角两部分，如图 12-33 所示。

① 在两孔的中心连线方向的定位误差。对于两孔中心连线方向的工序尺寸，其定位误差是第一定位副（圆柱销定位）的最大配合间隙，即

$$\Delta_Y = X_{1\max} = D_{1\max} - d_{1\min}$$

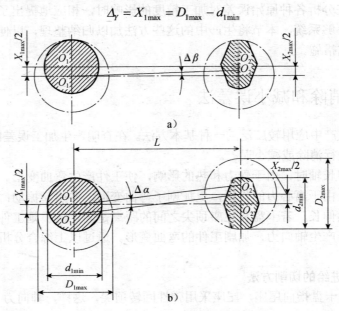

图 12-33　一面两孔定位的定位误差

式中：$D_{1\max}$——定位孔的最大直径；

$d_{1\min}$——定位销的最小直径。

② 在两孔中心连线垂直方向上的定位误差。对于两孔中心连线垂直方向上的工序尺寸，其定位误差包括两部分：

• 移动的基准位置误差，取决于第一定位副（圆柱销定位）的最大配合间隙，计算方法同上式。

• 转动的基准位置误差，由于两个定位销和工件上的两个定位孔都存在间隙。当两孔在中心连线的垂直方向移动时，实际的两孔中心连线就产生了转角误差。

当两孔同向位移时，转角误差为：

$$\Delta\alpha = a\tan\frac{X_{2\max} + X_{1\max}}{2L}$$

实际上，工件还可能向另一方向转角，真正的转角误差应为 $\pm\Delta\beta$ 和 $\pm\Delta\alpha$。总的定位误差是根据工序尺寸所处的位置不同，计算移动和转动两部分误差的代数和。

第三节　提高加工精度的工艺方法

本章第二节在分析各种原始误差对加工精度的影响时，相应地提出了一些解决问题的方法及措施，但不够系统。本节将生产中的这些方法加以归纳整理，以便更全面地了解提高加工精度的工艺措施。

一、直接消除和减小误差法

这种方法是生产中应用较广泛的一种基本方法。在查明产生加工误差的主要因素之后，应设法对其直接进行消除或减小误差。

例如，车削细长轴时，由于受力和热的影响，使工件产生弯曲变形。弯曲变形后的工件在高速回转下，由于离心力的作用，更加剧了弯曲变形，并引起振动；工件在切削热的作用下必然产生热伸长，若卡盘和尾座顶尖之间的距离是固定的，则工件在轴向没有伸缩的余地，因此也会产生轴向力，加剧工件的弯曲变形。通过以上综合分析，可以采取以下措施。

1．采用反向进给的切削方法

即进给方向由卡盘指向尾座，尾座采用弹性回转顶尖，这样，轴向力 F_x 对工件的作用是拉伸而不是压缩，则即可消除轴向切削力 F_x 把工件压弯的问题，又可消除热伸长而引起的弯曲变形。

2．采用大进给量和大的主偏角车刀反向切削

这样增大了 F_x 力，减小径向力 F_y，使工件在强有力的拉伸作用下，还能消除径向的颤动，使切削平稳。

3．在卡盘一端的工件上车出缩颈部分

缩颈直径 $d \approx D/2$（D 为工件坯料的直径）。工件在缩颈部分的直径减小了，则柔性就增加了，如图 12-34 所示，从而起到自位作用，消除了由于坯料本身的弯曲而在卡盘强制夹紧作用下轴心线随之歪斜的影响。

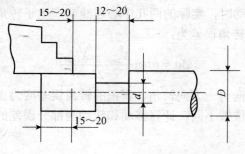

图 12-34　缩颈法

这几项措施，可以直接消除或减小车削细长轴时的弯曲变形所引起的加工误差。再如

薄片磨削中，采用了弹性加压和树脂橡胶垫以增加工件刚度的办法，使工件在自由状态下得到固定，解决了薄片零件两端面加工平面度不易保证的难题。

二、误差补偿和误差抵消法

1. 误差补偿法

误差补偿法就是人为地造出一种新误差，去抵消原来工艺系统中固有的原始误差。当原始误差是负值时，人为的误差取正值，反之取负值。应尽量使两者大小相等、方向相反。如用校正机构提高丝杠车床传动链精度。

如图 12-35 所示为螺纹加工校正装置。当刀架作纵向进给运动时，由校正尺 5 工作表面使杠杆 4 产生位移并使丝杠螺母产生附加转动。当螺母与丝杆作反向转动时，螺距就增大；作同向转动时，螺距就减小，从而以校正尺上的人为误差抵消了传动链误差（主要是母丝杠螺距误差）。

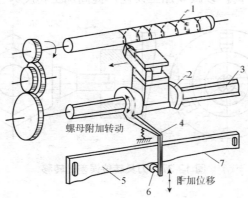

图 12-35　螺纹加工校正机构

2. 误差抵消法

误差抵消法是指利用一种原始误差去抵消另一种原始误差。应尽量使两者大小相等、方向相反。如摇臂钻床导轨面，在主轴箱自重的影响下产生变形，使主轴轴线与工作台不垂直，若把摇臂导轨的支承面做成反向弯曲面，如图 12-36 所示，造成一种原始误差。当受主轴箱重力作用时，则趋于平直，从而抵消了由重力引起的变形误差。

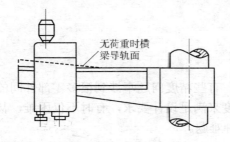

图 12-36　横梁预加载荷

三、误差转移和变形转移法

误差转移和变形转移在实质上并没有什么区别，只是前者指的是转移工艺系统的几何误差；后者指的是转移工艺系统的受力变形、热变形等。

1. 误差转移法

误差转移法的实例很多，如在机床精度达不到零件的加工精度要求时，通过误差转移法能够用一般精度的机床加工高精度的零件。镗床镗孔时，孔系的位置精度和孔间距的尺寸精度都是依靠镗模和镗杆的精度来保证，可把镗杆与机床主轴之间采用挠性连接传动，使机床误差与加工精度无关。

对于具有分度或转位的多工位加工工序或采用转位刀架加工的工序，其分度、转位误差将直接影响零件有关表面的加工精度。若将刀具安装到定位的非敏感方向，则可大大减少其影响，如图 12-37 所示。它可使六角刀架转位时的重复定位误差 $\pm\Delta6c$ 转移到零件内孔加工表面的误差非敏感方向，以减少加工误差，提高加工精度。

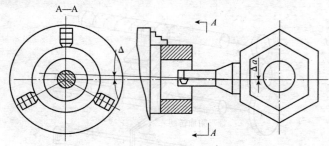

图 12-37　刀具转位误差的转移

2. 变形转移法

如图 12-38 所示为变形转移法。这种方法也是有效提高加工精度的措施。

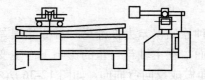

图 12-38　横梁变形的转移

四、就地加工法

在机械加工和装配中，有些精度问题牵涉到很多零部件间的相互关系，相当复杂。如果单纯地提高零部件的精度来满足设计要求，有时不仅困难，甚至不可能实现。此时若采用就地加工法就可解决这种难题。

例如，在六角车床制造中，转塔上 6 个安装刀具的大孔，其轴心线必须保证和机床主轴旋转中心线重合，而 6 个面又必须与主轴中心线垂直。如果把转塔作为单独零件，加工出这些表面后再装配，想达到上述两项要求是很困难的，因为它包含了很复杂的尺寸链关系，而且计算分配得到的尺寸及位置精度小到难以加工的程度。实际生产中采用了"就地加工"法，就是对这些表面在装配前不进行精加工，等转塔装配到机床上后，再在自身机床的主轴上装上镗刀杆和能作径向进给的小刀架，镗和车削 6 个大孔及端面。这样精度就容易保证。

这种"自干自"的就地加工方法，已在不少场合中被应用。如龙门刨床、牛头刨床，为了使它们的工件台面分别对横梁和滑枕保持平行的位置关系，都是装配后在自身机床上进行"自刨自"的精加工。平面磨床的工作台面也是在装配后作"自磨自"的最终加工。此外，在车床上修正花盘平面的平面度和卡爪与主轴的同轴度等，也都是在自身机床上"自车自"或"自磨自"。

五、误差分组法

在成批生产条件下，且对配合精度要求很高的配合中，当不可能用提高零件加工精度来保证时，则可采用误差分组法。这种方法就是把相配零件的公差放大到经济精度，零件按经济精度进行加工。零件加工后测量分组（按放大倍数分组），然后按对应组进行配对，每组配合的精度仍然能达到设计规定的要求。这种方法实质上是用提高测量精度的手段来弥补加工精度的不足和加工上的困难，从而达到很高的配合精度。

六、误差平均法

对配合精度要求很高的零件表面，常采用研磨方法来达到。研具本身并不要求有很高的精度，但它却能在和工件表面作相对运动中对工件进行微量切削，最终达到很高的精度。这种表面间相对研擦和磨损的过程，也就是误差相互比较和相互消除的过程，称为误差平均法。

利用误差平均法制造精密零件，在机械加工行业由来已久。在没有精密机床的时代，利用这种方法制造出的精密平板，其平面度就可达几微米。这样高的精度就是利用误差平均法研磨、刮研出来的，像平板之类的基准工具，如直角尺、万能角度尺、多棱体、分度盘及标准丝杠等高精度量具和工具，至今还采用误差平均法来制造。

七、控制误差法

从原始误差的性质来看，常值系统性误差（产生误差的大小和方向保持不变）是比较容易解决的，只要测量出误差值，就可以应用误差补偿的方法来达到消除或减小误差的目的。对于变值系统性误差就不是用一种固定的补偿量所能解决的。于是在生产中采用了可变补偿的方法，即在加工过程中采用积极控制的办法，积极控制有 3 种形式：

1. 主动测量

主动测量就是指在加工过程中随时测量出工件的实际尺寸（或形状及位置精度），随时给刀具以附加的补偿量来控制刀具和工件间的位置，直至工件尺寸的实际值与调定值的差值不超过符合预定的公差为止。现代机械加工中的自动测量和自动补偿就属于这种形式。

2. 偶件配合加工

偶件配合加工就是将互相配合中的一件作为基准，去控制另一件的加工精度，在加工过程中自动测量工件的实际尺寸，并同基准件的尺寸比较，直至达到规定的公差时，机床自动停止加工，从而保证相配件的配合精度。

3. 积极控制起决定作用的加工条件

在一些复杂精密零件的加工中，不可能对工件的主要精度参数直接进行主动测量和控制，这时应对影响误差起决定作用的加工条件进行积极控制，把误差控制在最小的范围以内。如精密螺纹磨床的自动恒温控制就属于这种积极控制形式的突出实例。

第四节　加工误差的综合分析

一、加工误差的分类

根据加工误差的性质不同，加工误差可分为系统性误差和随机性误差两大类。

1. 系统性误差

当顺序加工一批零件时，产生误差的大小和方向若保持不变称为常值系统性误差；若按一定的规律变化则称为变值系统性误差。以上两类误差均称为系统性误差。

（1）常值系统性误差。如原理误差、机床、刀具、夹具、量具的制造误差、调整误差等，它们和加工顺序（或加工时间）无关。如铰刀本身直径大于 0.02mm，加工后一批孔的尺寸也都大于 0.02mm。

（2）变值系统性误差。变值系统性误差是由可变因素所引起的，例如，刀具的磨损量随加工表面的长度而变化，工艺系统的热变形对加工精度的影响又因具体结构、材料、温度和时间等因素而变化。在这种情况下，误差因素的影响是有规律地变化的。

2. 随机性误差

随机性误差又叫偶然性误差。在加工一批零件中，产生误差的大小和方向是无规律地变化的，是由于各种彼此间没有任何依赖关系的随机因素共同作用而产生的。因此，随机性误差出现的时机和大小事先是不能确定的。例如，毛坯误差（余量大小不一、硬度不均匀等）的复映、定位误差（基准尺寸不一、间隙不同等）、夹紧误差（夹紧力大小不一）、多次调整的误差、内应力引起的变形误差、测量误差等都是随机性误差。随机性误差从表面现象上来看似乎无规律，但是应用数理统计方法可以找出一批工件加工误差的总体规律，并可加以控制。

加工误差是许多系统性误差和随机性误差共同作用的结果，因此应对具体加工条件下可能产生误差的因素和大小加以分析和研究。误差性质不同，解决的途径也不同。

二、加工误差的数理统计分析法

加工误差统计分析法是以实测数据为基础，应用概率论理论和数理统计的方法，分析计算一批工件的误差，从而划分其性质，提出消除或控制误差的一种方法。生产中常用的有分布曲线法和点图法。

1．分布曲线法

某工序加工出一批零件，先将该批零件中每个零件的尺寸加以测量，并按尺寸大小把整批零件分成若干组，每组中零件尺寸处于一定的间隔范围内。然后以零件尺寸为横坐标，以同一尺寸间隔内的零件数量（称为频数）或以频数与该批零件总数之比（称为频率）为纵坐标，则可求得若干点，用直线把这些点连接起来，则可得到一条折线。

例如，磨 100 根轴的轴颈，轴颈的尺寸为 $80_{-0.03}^{0}$mm，磨好后测量这 100 根轴的轴颈，并按尺寸大小分组，取每组的尺寸间隔为 0.002mm，测量结果如表 12-1 所示。

表 12-1　轴颈尺寸频数表

级别	尺寸范围（mm）	中点尺寸 X（mm）	组内零件数 m	频率 m/n
1	$80_{-0.012}^{0} \sim 80_{-3.010}^{0}$	79.989	3	3/100
2	$80_{-0.010}^{0} \sim 80_{-0.008}^{0}$	79.991	6	6/100
3	$80_{-0.008}^{0} \sim 80_{-0.006}^{0}$	7.993	9	9/100
4	$80_{-0.006}^{0} \sim 80_{-0.004}^{0}$	79.995	14	14/100
5	$80_{-0.004}^{0} \sim 80_{-0.002}^{0}$	79.997	16	16/100
6	$80_{-0.002}^{0} \sim 80_{-0.000}^{0}$	79.999	16	16/100
7	$80_{-0.000}^{0} \sim 80_{}^{+0.002}$	80.001	12	12/100
8	$80_{}^{+0.002} \sim 80_{}^{+0.004}$	80.003	10	10/100
9	$80_{}^{+0.004} \sim 80_{}^{+0.006}$	80.005	6	6/100
10	$80_{0}^{+0.006} \sim 80_{0}^{+0.008}$	80.007	5	5/100
11	$80_{0}^{+0.008} \sim 80_{0}^{+0.01}$	80.009	3	3/100

表 12-1 中，n 为测量零件的总数（等于 100），m 为每组的零件数（即频数）。若以频率 m/n 作为纵坐标，以尺寸 X 横坐标，则可绘制如图 12-29 所示的折线，称为这批零件的尺寸分布折线。当所测零件数增多，尺寸间隔取得很小时，此折线便非常接近一条曲线，这就是实际的尺寸分布曲线。

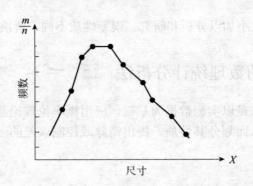

图 12-39　零件尺寸分布曲线

尺寸分布曲线的特点为，曲线有一定的分散范围，即沿 X 轴有一定的距离；曲线有一个最高点，即靠近平均尺寸的零件数占大多数；离曲线平均尺寸越远的尺寸，零件出现的机会愈少，即尺寸为最大或最小的零件是极少数。

大量的实验证明，当被测的一批零件（机床在一次调整中加工出来的零件）的数目足够多而尺寸间隔非常小时，则所绘出的分布曲线非常接近于数学上的"正态分布曲线"，如图 12-40 所示，也称高斯曲线。

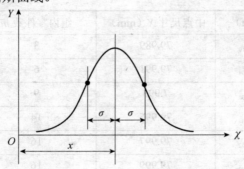

图 12-40　正态分布曲线

正态分布曲线的方程式为：

$$y = \frac{1}{\sigma\sqrt{2\pi}} e^{\frac{-(x-\bar{x})^2}{2\sigma^2}}$$

式中：χ——横坐标，表示尺寸大小（如果研究的不是零件的尺寸误差，则 X 电可以表示角度、跳动量等）；

　　　 y——纵坐标，表示一批零件中某一尺寸零件出现的可能性，即概率；

　　　 e——自然对数的底，$e = 2.718$；

　　　 $\bar{x}$——全部 X 值的算术平均值，即平均尺寸（$\bar{x} = \dfrac{x_1 + x_2 + \cdots + x_n}{n} = \dfrac{\sum\limits_{i=1}^{n} x_i}{n}$。$x_i$ 表示

第 i 个零件的尺寸，n 为零件总数）；

σ——均方根偏差（误差），是表示零件尺寸分散情况的指标。

$$\sigma=\sqrt{\frac{(x_1-\overline{x})^2+(x_2-\overline{x})^2+\cdots+(x_n-\overline{x})^2}{n}}$$

由上式可知，零件尺寸愈分散，$(x_n-\overline{x})^2$ 就愈大，均方根偏差 σ 也就愈大。

为了方便起见，我们可以把全部尺寸范围划分成若干相等的间隔，则

$$\overline{x}=\frac{x'_1m_1+x'_2m_2+\cdots+x'_km_k}{m_1+m_2+\cdots m_k}=\frac{\sum\limits_{i=1}^{k}x'_im_i}{n}$$

式中：x'_i——第 i 个间隔的零件平均尺寸；

m_i——第 i 个间隔中的零件数。

正态分布曲线有以下一些特性：

（1）算术平均值 $\overline{x}$ 决定了这一曲线的位置。由方程可知曲线在 X 左右两部分是对称的，因为与 X 值成平方关系。为了研究方便，我们把坐标移至 $\overline{x}$ 的位置，即 $\overline{x}=0$，如图 12-41 所示。

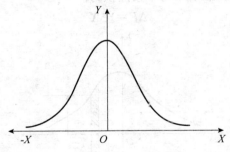

图 12-41　$\overline{x}$ 等于零时的正态分布曲线

此时方程式为：

$$y=\frac{1}{\sigma\sqrt{2\pi}}e^{\frac{-x^2}{2\sigma^2}}$$

（2）均方根偏差 σ 是决定曲线形状的唯一参数　由图 12-40 所示的曲线可以看出，当 $x=\overline{x}$ 时，零件出现的概率最大，这时，

$$y=\frac{1}{\sigma\sqrt{2\pi}}$$

由上式可知：σ 越大，则 y 就越小，即曲线越 "矮胖" （因为曲线与横坐标所包围的面积，即全部零件出现的概率是一常数），尺寸分散性越大；相反，σ 越小，则曲线 "瘦高"，尺寸分散性小，如图 12-42 所示。故 σ 表明了一批零件的精度高低（σ 小时，零件的精度高）。

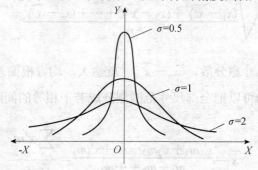

图 12-42　不同 σ 值的正态分布曲线

（3）正态分布曲线与横坐标轴没有交点。由曲线方程式可知，只有当 $X = \pm\infty$ 时，才使 $Y = 0$，实际上零件尺寸分散有一定的范围，故 Y 不可能为 0。

（4）对任一尺寸范围内，零件出现概率的计算。由横坐标轴上的任意两点作垂线，与分布曲线相交后，组成一个类似梯形的四边形，它的上面一边是分布曲线的一部分，如图 12-43 所示，当两点距离非常小时，梯形趋近于矩形，则此四边形的面积就表示零件尺寸在这一区间出现的概率。图 12-43 所示为小条面积为：

$$\Delta F = Y \Delta X$$

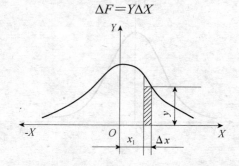

图 12-43　零件在 Δx 尺寸范围内出现的概率

包围在分布曲线与横坐标轴之间的全部面积，等于各小条面积之和，也就代表一批被加工零件的百分之百，因为全部零件的实际尺寸都落在这一分布范围内，所以这一部分的面积等于 1（百分之百），即

$$F = \phi \, (x) = \int_{-\infty}^{+\infty} y dx = 1$$

如果只计算分布曲线与横坐标之间的某一部分面积时，如图 12-44 所示的带阴影部分的面积，则可用下式表示：

$$F_1 = \phi \, (x_1) = \int_0^{x_1} y dx = \frac{1}{\sigma\sqrt{2\pi}} \int_0^{x_1} e^{-\frac{x^2}{2\sigma^2}} dx$$

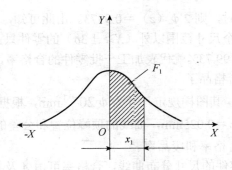

图 12-44　零件尺寸在 x_1 范围内出现的概率

对于同一曲线，x 不同，面积也就不同。x 越大，包围在这一范围内的面积也就越大，即所包含的零件数越多。对于不同的曲线来讲（σ 值不同），虽 x 值相同，但在同一尺寸范围内的面积大小却不同。因此，面积被认为是 x/σ 的函数（同一个 x 值，σ 大时，面积小；同一个 σ 值，x 大时，面积大）。

设 $x/\sigma = z$，　　　　　　则　$dz = \dfrac{dx}{\sigma}$

面积 $F_1 = \Phi(z_1) = \dfrac{1}{\sqrt{2\pi}} \int_0^{z_1} e^{-\frac{z^2}{2}} dz$

各种不同 z 的函数 $\Phi(z)$ 见表 12-2。

表 12-2　各种不同 z 的函数 $\Phi(z)$

z	$\Phi(z)$	z	$\Phi(z)$	z	$\Phi(z)$	z	$\Phi(z)$	z	$\Phi(z)$	z	$\Phi(z)$	z	$\Phi(z)$
0.01	0.004 0	0.17	0.067 5	0.33	0.129 3	0.49	0.187 9	0.80	0.288 1	1.30	0.403 2	2.20	0.486 1
0.02	0.008 0	0.18	0.071 4	0.34	0.133 1	0.50	0.191 5	0.82	0.293 9	1.35	0.411 5	2.30	0.489 3
0.03	0.012 0	019	0.075 3	0.35	0.136	0.52	0.198 5	0.84	0.299 5	1.40	0.419 2	2.40	0.491 8
0.04	0.010 0	0.20	0.079 3	0.36	0.140 6	0.54	0.205 4	0.86	0.305 1	1.45	0.426 5	2.50	0.493 8
0.05	0.019 9	0.21	0.083 2	0.37	0.144 3	0.56	0.212 3	0.88	0.310 6	1.50	0.433 2	2.60	0.495 3
0.06	0.023 9	0.22	0.087 1	0.38	0.148 0	0.58	0.219 0	0.90	0.315 9	1.55	0.439 4	2.70	0.496 5
0.07	0.027 9	0.23	0.091 0	0.39	0.151 7	0.60	0.225 7	0.92	0.321 2	1.60	0.445 2	2.80	0.497 4
0.08	0.031 9	0.24	0.094 8	0.40	0.155 4	0.62	0.232 4	0.94	0.326 4	1.65	0.450 5	2.90	0.498 1
0.09	0.035 9	0.25	0.098 7	0.41	0.159 1	0.64	0.238 9	0.96	0.331 5	1.70	0.455 4	3.00	0.498 65
0.10	0.039 8	0.26	0.102 3	042	0.162 8	0.66	0.252 4	0.98	0.336 5	1.75	0.459 9	3.20	0.499 31
0.11	0.043 8	0.27	0.106 4	0.43	0.166 4	0.68	0.251 7	1.00	0.341 3	1.80	0.464 1	3.40	0.499 66
0.12	0.047 8	0.28	0.110 3	0.44	0.170 0	0.70	0.258 0	1 05	0.353 1	1.85	0.467 8	3.60	0.499 841
0.13	0.051 7	0.29	0.114 1	045	0.177 2	0.72	0.264 2	1.10	0.364 3	1.90	0.471 3	3.80	0.499 928
0.14	0.055 7	0.30	0.117 9	0.46	0.177 6	0.74	0.270 3	1.15	0.374 9	1.95	0.474 4	4.00	0.499 968
0.15	0.059 6	0.31	0.121 7	0.47	0.180 8	0.76	0.276 4	1.20	0.384 9	2.00	0.477 2	4.50	0.499 997
0.16	0.063 6	0.32	0.125 5	0.48	0.184 4	078	0.282 3	1.25	0.394 4	2.10	0.482 1	5.00	0.499 999 97

当 $z=3$，即 $X=\pm3\sigma$ 时，则 $2\phi(z)=0.9973$。由此可知，当 $X=\pm3\sigma$ 时，零件出现的概率已达 99.73%，在这个尺寸范围以外（$X>\pm3\sigma$）的零件只占 0.27%。如果 $\chi=\pm3\sigma$，代表零件的公差 T 时，则 99.73% 就代表加工一批零件的合格率，0.27% 表示废品率。可见加工一批零件基本上都是合格品了。

【例 1】 加工一批外圆，其图样规定尺寸为 $\phi\,20^{+0.1}_{0}$ mm，根据测量结果，此工序的尺寸分布曲线是正态分布，其 $\sigma=0.025$mm，曲线的顶峰位置和公差的中点相差 0.03mm，公差的中点偏于左端，试求其合格率和废品率。

解：设图 12-45 为该零件的尺寸分布曲线，合格率可由 A 及 B 两部分面积来计算：

$$z_A=\frac{x_A}{\sigma}=\frac{0.5T+0.03}{\sigma}=\frac{0.5\times0.1+0.03}{0.025}=3.2$$

$$z_B=\frac{x_B}{\sigma}=\frac{0.5T-0.03}{\sigma}=\frac{0.5\times0.1-0.03}{0.025}=0.8$$

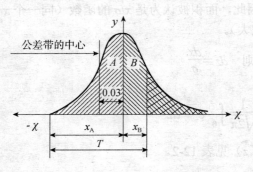

图 12-45　轴直径尺寸分布曲线

由表 12-2 可查出，当 $z_A=3.2$，$z_B=0.8$ 时，$\phi(z_A)=0.49931$，$\phi(z_B)=0.2881$。故合格率为：（$0.49931+0.2881$）$\times100\%=78.74\%$，废品率为：（$0.5-0.2881$）$\times100\%=21.2\%$。由分布曲线可知，这时虽出现废品，但尺寸均大于零件的上限尺寸，故可以修复。

在大量生产中，各种加工方法确定后，可加工一批零件，绘出其尺寸或几何形状等的分布曲线，根据曲线状态，则可确定应用此种方法加工是否合适，并可找出影响加工精度的主要原因，以便提出改进措施。

如果所绘分布曲线接近于正态分布，如图 12-46 所示，则可说明影响加工精度的因素中，偶然误差起主要作用，如果其分散范围 $6\sigma\leqslant T$，则此种加工方法是适用的。如果所绘的分布曲线变成不对称分布，则说明加工过程中出现不正常情况，或存在着对加工精度的影响起主要作用的因素。如用试切法加工时，由于主观上不愿产生不可修复的废品，在加工孔时，总是宁小勿大，加工外圆时宁大勿小，所以轴分布曲线向右偏，即尺寸分布在上偏差的零件多一些；而孔的分布曲线向左偏，即尺寸分布在下偏差的零件多一些。如果分布曲线出现一段平顶直线，则说明刀具磨损等因素起主要作用，而两侧曲线是由于偶然性误差的影响。

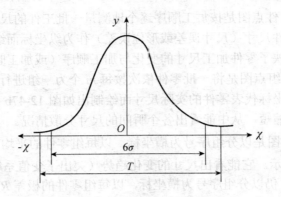

图 12-46　*T*>6σ 的正态分布曲线

应用分布曲线可以判断某工序的工艺能力能否满足加工精度要求。所谓工艺能力是用工艺能力系数 Cp 来表示的，它是公差 *T* 和实际加工误差（分散范围 6σ）之比，即：

$$Cp=\frac{T}{6\sigma}$$

根据工艺能力系数 Cp 的大小，可将工艺能力分为 5 个等级，如表 12-3 所示。一般情况下，工艺能力不应低于二级。

表 12-3　工艺等级

工艺能力系数值	工艺等级	说明
Cp≥1.67	特级工艺	工艺能力很高，可以允许有异常波动或作相应考虑
1.67＞Cp＞1.33	一级工艺	工艺能力足够，可以有一定的异常波动
1.33＞Cp＞1.00	二级工艺	工艺能力勉强，必须密切注意
1.00＞Cp＞0.67	三级工艺	工艺能力不足，可能产生少量不合格产品
0.67＞Cp	四级工艺	工艺能力很差，必须加以改进

通过分布曲线可以判断一种工艺能否保证加工精度，并能分析出影响加工精度的主要原因是常值系统性误差还是其他误差。但也存在两个缺点：一是没有考虑工件加工的先后顺序，因此不能把系统变值性误差从偶然性误差中区分出来；二是不能在加工过程中控制废品的产生，只能等一批工件加工完后通过测量和处理数据加以分析。

2．点图法

采用点图法确定加工误差时，可以克服采用分布曲线法的缺点，而把常值系统性误差、变值系统性误差和随机性误差分开。点图法的要点是按加工的先后顺序作出尺寸的变化图，以暴露整个加工过程中误差变化全貌。

（1）点图法的几种形式。

① 单件点图。单件点图是按加工顺序逐个地测量一批工件的尺寸，以工件的加工顺序号码为横坐标，以工件尺寸（尺寸误差或形位误差）作为纵坐标而绘制出如图 12-47a 所示的点图。单件点图反映了零件加工尺寸的变化与加工顺序（或加工时间）的关系。

② 分组点图。分组点图是将一批零件依次按每 m 个为一组进行分组，以横坐标代表分组的顺序号码，以纵坐标代表零件的实际尺寸而绘制出如图 12-47b 所示的点图。它的长度与单件点图相比大为缩短，从中能看出各个瞬间的尺寸分散情况。

③ $\bar{x}$ 点图。$\bar{x}$ 点图是以分组序号为横坐标，以每组零件的平均尺寸 $\bar{x}$ 为纵坐标绘制的点图，如图 12-47c 所示。它能看出尺寸的变化趋势（突出了变值系统性误差的影响）。

④ 极差 R 点图。仍以分组序号为横坐标，以每组零件的极差 R（组内工件的最大尺寸与最小尺寸之差）为纵坐标绘制出的点图。如图 12-47d 所示，这种点图叫"极差 R 点图"，简称 R 点图。它主要用以显示加工过程中尺寸分散范围的变化情况。

在分析实际问题时，$\bar{x}$ 点图和 R 点图常联合起来使用，因此简称 $\bar{x}-R$ 点图。

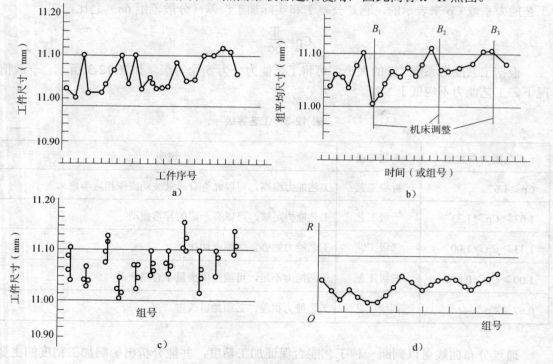

图 12-47　点图法的几种形式

（2）点图法的应用。点图法能够观察出变值系统性误差和随机性误差的大小和变化规律，还可用来判断工艺过程的稳定性，并在加工过程中提供控制加工精度的资料。要根据 $\bar{x}-R$ 图判断工艺过程的稳定性，同时需要在 $\bar{x}-R$ 图上分别画出其中心线及上下控制线，而控制线就是判断工艺过程的稳定性的界限线。各线的位置可按下列公式计算：

① $\bar{x}$ 图的中心线 $\bar{x} = \sum_{i=1}^{n} \bar{x}_i \Big/ J$

② R 图的中心线 $\bar{R} = \sum_{i=1}^{n} \bar{R}_i \Big/ J$

式中：J——组数；

$\bar{x}_i$——第 i 组的平均值；

R_i——第 i 组的极差。

③ $\bar{x}$ 图上控制线 $_s = \bar{x} + A\bar{R}$

④ 下控制线 $\bar{x}_x = \bar{x} - A\bar{R}$

⑤ R 图上控制线 $R_s = D\bar{R}$

式中，系数 A 与 D 按表 12-4 选取。

表 12-4　A 与 D 系数表

每组个数 m	4	5	6	7	8	9	10
A	0.729	0.577	0.463	0.419	0.373	0.337	0.303
D	2.23	2.10	1.98	1.90	1.85	1.80	1.76

三、加工误差综合分析实例

下面通过实例具体介绍分析误差和解决问题的方法及步骤。

【例 2】以柴油机挺杆（如图 12-48 所示）在球面磨床上磨削球面工序为例，说明点图对工艺验证的具体步骤。

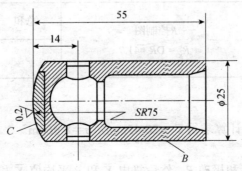

图 12-48　球面 C 沿边缘检查时对 B 面的端跳不大于 0.05mm

（1）抽样并测量。一般取样应为 50～100 件，现取 100 件，挺杆初磨球面工序的测定值技术要求为球面端部跳动量不大于 0.05mm，依加工次序分为 25 组，每组件数取 4，记录观察数据并列入表内，见表 14-5。

表 12-5　$\bar{x}-R$ 图记录表

组号	测定值				总计	平均值 $\bar{x}$	极差 R
	x_1	x_2	x_3	x_4			
1	30	18	20	20	88	22	12
2	15	22	25	20	82	20.5	10
3	15	20	10	10	55	13.75	10
4	30	10	15	15	70	17.5	20
5	25	20	20	30	95	23.75	10
6	20	35	25	20	100	25	15
7	20	20	30	30	100	25	10
8	10	30	20	20	80	20	20
9	25	20	25	15	85	21.25	10
10	20	30	10	15	75	18.75	20
11	10	10	20	25	65	16.25	15
12	10	10	10	30	60	15	20
13	10	50	30	20	110	27.5	40
14	30	10	10	30	80	20	20
15	30	30	20	10	90	22.5	20
16	30	10	15	25	80	20	20
17	15	10	35	20	80	20	25
18	30	40	20	30	120	30	20
19	20	30	10	20	80	20	20
20	10	35	10	40	95	23.75	30
21	10	10	20	20	60	15	10
22	10	10	10	30	60	15	20
23	15	20	45	20	100	25	30
24	10	20	20	30	80	20	20
25	15	10	15	20	60	15	10
X控制图 $\bar{X}_s=\bar{X}+A\bar{R}=33.8$ $\bar{X}_x=\bar{X}-A\bar{R}=7.2$			R控制图 $\bar{R}_x=D\bar{R}=41.7$		总和	512.50	475
					$\bar{X}=20.5$，$\bar{R}=18.3$		

（2）计算 $\bar{x}$ 和 σ。

组距为 0.005mm，经计算求得 $\bar{x}=20.45$mm，$\sigma=8.96\mu$m。

（3）画 $\bar{x}-R$ 点图。

先算出各组平均值 $\bar{X}$ 和极差 R，然后算出 $\bar{X}$ 和 R 平均值 $\bar{X}$ 和 R，以及 $\bar{X}-R$ 图上的中心线（平均线）和上下控制线位置。根据所得的数值画 $\bar{X}-R$ 图（如图 12-49 所示）。

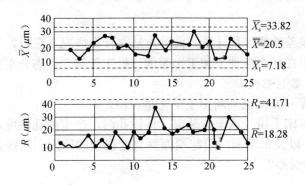

图 12-49 磨挺杆球面工序端跳 $\overline{X}-R$ 图

从以上计算与分析，可看到 $\overline{X}-R$ 点图上没有点超出控制线，$\overline{X}$ 点图也表明在加工过程中无明显的变值系统性误差，但从 R 点图上可看到连续有 7 点出现在平均线上侧，且有逐渐上升趋势，由此说明随机性误差是随着加工时间的增加而逐渐增大，虽然影响并不严重，但也不能认为本工序工艺过程是非常稳定的。

本工序的工艺能力系数 $C_p=\dfrac{T}{6\sigma}=0.98$，属于三级工艺，说明工艺能力不足，要进一步查明引起随机性误差逐渐增大的原因，采取必要措施予以解决。

复习与思考题

1．什么叫加工误差？它与加工精度、公差之间有何区别？

2．加工误差包括哪几方面？原始误差与加工误差有何关系？

3．何为误差敏感方向？车床与镗床的误差敏感方向有何不同。

4．举例说明机床传动链的误差对哪些加工的加工精度影响大，对哪些加工的加工精度影响小或无影响？

5．什么叫误差复映？如何减小误差复映的影响？

6．工艺系统的几何误差包括哪些方面？

7．精密机床是如何减小几何误差对加工精度的影响的？什么叫定位误差？

8．基准不重合误差和基准位置误差有何区别？

9．什么叫机床的接触刚度，有哪些影响因素？

10．如何减小或消除机床受力变形对加工精度的影响？

11．车削加工时，工件的热变形对加工精度有何影响？如何减小热变形的影响？

12．在卧式镗床上镗削箱体孔时，试分析（1）采用刚性镗杆；（2）采用浮动镗杆和镗模夹具，影响镗杆回转精度的主要因素有哪些。

13．举例说明保证和提高加工精度的途径有哪些？

14．何谓"就地加工"？何谓"偶件配合加工"？这两种方法能保证加工精度的原因何在？试举例说明。

　　15. 何谓加工误差的数理统计法？此种方法在什么情况下应用？

　　16. 实际生产中在什么条件下加工出来的一批工件符合正态分布曲线，有何特点？表示特征曲线的基本参数有哪些？

　　17. 如何利用 $\bar{X}-R$ 图来判断加工工艺是否稳定？

　　18. 试分析在车床上用三爪卡盘装夹工件镗孔时，产生内孔圆度误差、圆柱度误差及内外圆同轴度误差，以及车端面时引起端面垂直度误差的原因。这些误差对加工一批工件而言，属何种性质的误差？

第十三章　机械加工表面质量

第一节　概　述

机械加工表面质量是指零件加工后的表面层质量，也称为表面完整性。表面质量是零件机械加工质量的组成部分之一。零件表面质量将直接影响零件的工作性能和寿命。如耐磨性、疲劳强度、耐蚀性及配合性质等，除与材料本身的性能和热处理有关外，还决定于零件表面质量。这是因为表面层有多种引起应力集中的根源；表面层是承受外界载荷所引起的最大应力区，容易破坏；表面层有相对运动，容易产生磨损，破坏了表面的原有结构状态。因此，表面质量是机械制造业必须研究和解决的重要问题。

一、表面质量的含义

机械加工后的表面，总存在一定的微观几何形状的偏差，表面层的物理力学性能也发生变化。因此，机械加工表面质量指的是机械加工后零件表面层的微观几何特征和表面层金属材料的物理力学性能。

1．表面层的几何形状特征

加工表面的微观几何形状主要包括表面粗糙度和表面波度。如图 13-1 所示，表面粗糙度是指波距 L 小于 1 mm 的表面微小波纹；表面波度是波距 L 在 1～20 mm 之间的表面波纹。通常情况下，当 L/H（波距/波高）<50 时，为表面粗糙度，$L/H=50～1000$ 时为表面波度。

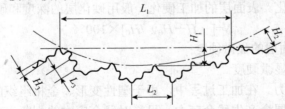

图 13-1　表面粗糙度与表面波度的关系

（1）表面粗糙度。表面粗糙度主要指加工表面的微观几何形状误差，是由刀具的形状以及切削过程中塑性变形和振动等因素引起的。我国现行的表面粗糙度标准是 GB/T 1031—1994。在确定表面粗糙度时，可在 R_a、R_y、R_z 中选取，并推荐优先选用 R_a。

（2）表面波度。表面波度是指介于宏观几何形状误差（$L_1/H_1>1000$）与微观几何形状误差（即粗糙度 $L_3/H_3<50$）之间的周期性几何形状误差。它主要是由加工过程中工艺系统

的低频振动引起的，一般以波高作为波度的特征参数，用测量长度上 5 个最大的波幅的算术平均值 W 来表示：

$$W=（W_1+W_2+W_3+W_4+W_5）/5$$

2. 表面层的物理力学性能

表面层的物理力学性能包括表面层加工硬化（冷作硬化）、残余应力和表面层的金相组织变化 3 个方面。机械零件在加工中由于受切削力和热的综合作用，表面层金属的物理力学性能相对于基体金属的物理力学性能发生了变化。如图 13-2a 所示为零件表面层组织沿深度方向的变化。最外层生成有氧化膜或其他化合物，并吸收、渗进了气体粒子，称为吸附层。吸附层下是压缩层，它是由于切削力的作用造成的塑性变形区，其上部是由于刀具的挤压摩擦而产生的纤维化层。切削热的作用也会使工件表面层材料产生相变及晶粒大小的变化。如图 13-2b、c 所示分别表示随深度的变化表层显微硬度和残余应力的变化情况。

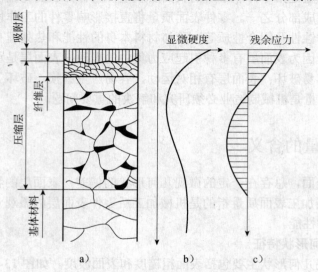

图 13-2　加工表面层的性能变化

（1）表面层加工硬化。表面层的加工硬化一般用硬化层的深度和硬化程度 N 来评定：

$$N=[（H-H_0）/H_0]×100\%$$

式中：H——加工后表面层的显微硬度；

　　　H_0——原材料的显微硬度。

（2）表面层残余应力。在加工过程中，由于塑性变形、金相组织的变化和温度造成的体积变化的影响，表面层会产生残余应力。目前对残余应力的判断大多是定性的，必要时可以采用专门的设备定量检测。

（3）表面层金相组织的变化。机械加工过程中，在加工区由于加工时所消耗的热量绝大部分转化为热能使加工表面出现温度的升高。当温度升高到超过金相组织变化的临界点时，表面层金相组织就会发生变化。这种变化包括晶粒大小、形状、析出物和再结晶等。金相组织的变化主要通过显微组织观察来确定。

二、表面质量对零件使用性能的影响

1. 对零件耐磨性的影响

零件的耐磨性与摩擦副的材料、润滑条件和零件的表面加工质量等因素有关。特别是在前两个条件已确定的前提下，零件的表面加工质量就起着决定性的作用。

零件的磨损可分为 3 个阶段，如图 13-3 所示。第 I 阶段称初期磨损阶段。由于摩擦副开始工作时，两个零件表面互相接触，一开始只是在两表面波峰接触，实际的接触面积只是名义接触面积的一小部分。当零件受力时，波峰接触部分将产生很大的压强，因此磨损非常显著。经过初期磨损后，实际接触面积增大，磨损变缓，进入磨损的第 II 阶段，即正常磨损阶段。这一阶段零件的耐磨性最好，持续的时间也较长。最后，由于波峰被磨平，表面粗糙度参数值变得非常小，不利于润滑油的储存，且使接触表面之间的分子亲和力增大，甚至发生分子粘合，使摩擦阻力增大，从而进入磨损的第 III 阶段，即急剧磨损阶段。

表面粗糙度对摩擦副的初期磨损影响很大，但也不是表面粗糙度参数值越小越耐磨。如图 13-4 所示是表面粗糙度对初期磨损量影响的实验曲线。从图中看到，在一定工作条件下，摩擦副表面总是存在一个最佳表面粗糙度参数值，最佳表面粗糙度 R_a 值约为 $0.32 \sim 1.25\mu m$。

表面纹理方向对耐磨性也有影响，这是因为它能影响金属表面的实际接触面积和润滑液的存留情况。轻载时，两表面的纹理方向与相对运动方向一致时，磨损最小；当两表面纹理方向与相对运动方向垂直时，磨损最大。但是在重载情况下，由于压强、分子亲和力和润滑液的储存等因素的变化，其规律与上述有所不同。

表面层的加工硬化，一般能提高耐磨性 $0.5 \sim 1$ 倍。这是因为加工硬化提高了表面层的强度，减少了表面进一步塑性变形和咬焊的可能。但过度的加工硬化会使金属组织疏松，甚至出现疲劳裂纹和产生剥落现象，从而使耐磨性下降。所以零件的表面硬化层必须控制在一定的范围之内。

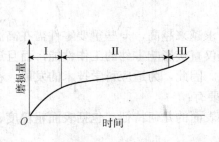

图 13-3　磨损过程的基本规律

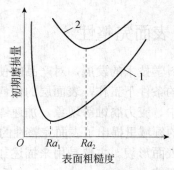

图 13-4　表面粗糙度与初期磨损量

2. 表面质量对零件疲劳强度的影响

零件在交变载荷的作用下，其表面微观不平的凹谷处和表面层的缺陷处容易引起应力集中而产生疲劳裂纹，造成零件的疲劳破坏。试验表明，减小零件表面粗糙度值可以使零件的疲劳强度有所提高。因此，对于一些承受交变载荷的重要零件，如曲轴的曲拐与轴颈交界处，精加工后常进行光整加工，以减小零件的表面粗糙度值，提高其疲劳强度。

加工硬化对零件的疲劳强度影响也很大。表面层的适度硬化可以在零件表面形成一个硬化层，它能阻碍表面层疲劳裂纹的出现，从而使零件疲劳强度提高。但零件表面层硬化程度过大，反而易于产生裂纹，故零件的硬化程度与硬化深度也应控制在一定的范围之内。

表面层的残余应力对零件疲劳强度也有很大影响。当表面层为残余压应力时，能延缓疲劳裂纹的扩展，提高零件的疲劳强度；当表面层为残余拉应力时，容易使零件表面产生裂纹而降低其疲劳强度。

3. 表面质量对零件耐腐蚀性的影响

零件的耐腐蚀性主要取决于表面粗糙度，表面粗糙度值越大，腐蚀性介质越易积聚在粗糙表面的低谷处而发生化学腐蚀，或在波峰处产生电化学作用而引起电化学腐蚀。因此，降低零件的表面粗糙度值，能提高零件的耐腐蚀性。

零件在应力状态下工作时，会产生应力腐蚀。零件表面有残余应力时，一般都会降低零件的耐腐蚀性。

4. 表面质量对配合性质及零件其他性能的影响

相配零件间的配合关系是用过盈量或间隙值来表示的。在间隙配合中，如果零件的配合表面粗糙，则会使配合件很快磨损而增大配合间隙，改变配合性质，降低配合精度；在过盈配合中，如果零件的配合表面粗糙，则装配后配合表面的凸峰被挤平，配合件间的有效过盈量减小，降低配合件间连接强度，影响配合的可靠性。因此对有配合要求的表面，必须限定较小的表面粗糙度参数值。

零件的表面质量对零件的使用性能还有其他方面的影响。例如，对于液压缸和滑阀，较大的表面粗糙度值会影响密封性；对于工作时滑动的零件，恰当的表面粗糙度值能提高运动的灵活性，减少发热和功率损失；零件表面层的残余应力会使加工好的零件因应力重新分布而变形，从而影响其尺寸和形状精度等。

三、表面完整性

随着科学技术的发展，对产品的使用性能要求越来越高，一些重要零件需在高温、高压、高速的条件下工作，表面层的任何缺陷，不仅直接影响零件的工作性能，而且还会引起应力集中、应力腐蚀等现象，加速零件的失效。因此，为适应科学技术的发展，在研究表面质量的领域里提出了表面完整性的概念。主要有：

（1）表面形貌。主要是用来描述加工后零件表面的几何特征，包括表面粗糙度、表面波度和纹理等。

（2）表面缺陷。是指加工表面上出现的宏观裂纹、伤痕和腐蚀现象等，对零件的使用有很大影响。

（3）微观组织和表面层的冶金化学性能。主要包括微观裂纹、微观组织变化及晶间腐蚀等。

（4）表面层物理力学性能。主要包括表面层硬化深度和程度、表面层残余应力的大小、分布。

（5）表面层的其他工程技术特性。主要包括摩擦特性、光的反射率、导电性和导磁性等。

第二节　影响表面粗糙度的工艺因素

表面粗糙度、表面波度、表面加工纹理几个方面共同形成加工表面几何特征。而表面粗糙度是构成加工表面几何特征的基本单元。从表面粗糙度的成因可以看出，影响表面粗糙度的因素可以分为 3 类：与切削刀具有关的因素，与工件材质有关的因素，与加工条件有关的因素。

1. 切削加工

（1）刀刃在工件表面留下的残留面积。在被加工表面上残留的面积越大，获得的表面将越粗糙。用单刀刃切削时，残留面积与进给量 f、刀尖圆角半径 r_0 及刀具的主偏角 K_r、副偏角 K'_r 有关，如图 13-5 所示。

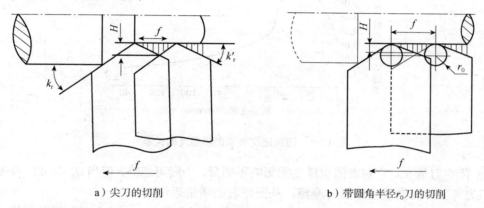

a）尖刀的切削　　　　　　　　　b）带圆角半径 r_0 刀的切削

图 13-5　切削层残留面积

①尖刀切削时（如图 13-5a 所示）。

$$H = \frac{f}{\cot K_r + \cot K'_r}$$

②带圆角半径 r_0 刀的切削时（如图 13-5b 所示）。

$$H \approx \frac{f^2}{8r_0}$$

由公式可知，减小进给量 f、主偏角、副偏角，增大刀尖圆弧半径，都能减小残留面积的高度 H，也能降低零件表面粗糙度值。

从公式也可以看出，进给量 f 对表面粗糙度值影响较大，但当 f 值较低时，虽然有利于表面粗糙度值的降低，但影响生产率。增大刀尖圆弧半径 r_0，有利于表面粗糙度值的下降。但刀尖圆弧半径的增加，会引起吃刀抗力 F_y 的增加，而吃刀抗力过大会造成工艺系统的振动。减小主、副偏角，均有利于表面粗糙度值的降低。但在精加工时，主、副偏角对表面粗糙度值的影响较小。如图 3-2 所示，残留面积是由主、副偏角、走刀量和刀尖圆角半径构成的，精加工时，切削深度 a_p 较小，且刀尖都带有一定的圆角，这时主、副偏角不参与残留面积的构成。

（2）工件材料性能对表面粗糙度的影响。与工件材料相关的因素包括材料的塑性、韧性及金相组织等，一般地讲，韧性较大的塑性材料，易于产生塑性变形，与刀具的粘结作用也较大，加工后表面粗糙度值大；相反，脆性材料则易于得到较小的表面粗糙度值。

（3）加工条件对表面粗糙度的影响。

① 切削速度 v_c。一般情况下，低速或高速切削时，因为不会产生积屑瘤，故表面粗糙度值较小，如图 13-6 所示，但在中等速度下，塑性材料由于容易产生积屑瘤和鳞刺，因此，表面粗糙度值大。

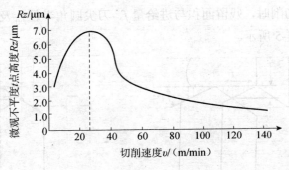

图 13-6　切削速度与表面粗糙度的关系

② 背吃刀量 a_p。它对表面粗糙度的影响不明显，一般可忽略，但当 $a_p < 0.02 \sim 0.03$ mm 时，刀尖与工件表面发生挤压与摩擦，从而使表面质量恶化。

③ 进给量 f。减小进给量 f 可以减少切削残留面积高度 R_{max}，减小表面粗糙度值。但进给量太小，刀刃不能切削而形成挤压，增大了工件的塑性变形，反而使表面粗糙度值增大。

另外，合理选择润滑液，提高冷却润滑效果，减小切削过程中的摩擦，都能抑制刀瘤和鳞刺的生成，有利于减小表面粗糙度值。选用含有硫、氯等表面活性物质的冷却润滑液：润滑性能增强，作用更加显著。

2．磨削加工

在磨削过程中，磨粒在工件表面上滑擦、耕犁和切下切屑，把加工表面刻划出无数微细的沟槽，沟槽两边伴随着塑性隆起，形成表面粗糙度。

（1）磨削用量对表面粗糙度的影响。提高砂轮速度，可以增加在工件单位面积上的刻痕，同时，塑性变形造成的隆起量会随着砂轮速度的增大而下降，所以表面粗糙度值减小。在其他条件不变的情况下，提高工件速度，磨粒单位时间内在工件表面上的刻痕数减少，因而将增大磨削表面粗糙度值。磨削深度增加，磨削过程中磨削力及磨削温度都增加，磨削表面塑性变形增大，从而增大表面粗糙度值。

（2）砂轮对表面粗糙度的影响。砂轮的粒度、硬度及修整等对表面粗糙度影响较大。

①砂轮的粒度　砂轮的粒度是指磨料颗粒尺寸的大小。粒度越细，则砂轮单位面积上的磨粒越多，每颗磨粒切去的金属厚度越少，刻痕也细，表面粗糙度值就低。但粒度过细易使切屑堵塞砂轮，使工件表面温度增高，塑性变形加大，表面粗糙度值反而增加。同时还容易引起烧伤，所以常用的砂轮粒度在 80 号以内。

②砂轮的硬度。砂轮的硬度是指结合剂粘结磨粒的牢固程度。砂轮太软，则磨粒易脱落，有利于保持砂轮的锋利，但很难保证砂轮的等高性；砂轮太硬，磨钝了的磨粒不易脱落，会加剧与工件表面的挤压和摩擦作用，造成工件表面温度升高，塑性变形加大，并且还容易使工件产生表面烧伤。所以，砂轮的硬度以适中为好，主要根据工件的材料和硬度进行选择。

③砂轮的修整。砂轮的修整是指砂轮使用一段时间后就必须进行修整，及时修整砂轮有利于获得锋利和等高的微刃。修整的进给量和深度越小，磨粒修出的微刃越多，刃口等高性越好，砂轮就越平整，磨出的工件也越光滑，有利于降低工件的表面粗糙度。

（3）工件材料对表面粗糙度的影响。工件材料的性质对表面粗糙度影响也较大，太硬、太软、太韧的材料都不容易磨光。这是因为材料太硬时，磨粒很快钝化，从而失去切削力；材料太软时砂轮又很容易被堵塞，而韧性太大且导热性差的材料又容易使磨粒早期崩落，这些都不利于获得低的表面粗糙度值。

此外，切削液的选择与净化，磨床的性能等对磨削表面粗糙度均有不同程度的影响，也是不可忽视的因素。

第三节　影响表面层物理力学性能的因素

机械加工中工件由于受到切削力和切削热的作用，其表面层物理力学性能将产生很大的变化，造成与基体材料性能的差异，这些变化主要表现为表面层的金相组织和显微硬度的变化及表面层中出现的残余应力。

一、表面层的加工硬化

加工过程中表面层产生塑性变形使晶体间产生剪切滑移，晶格严重扭曲，并产生晶粒的拉长、破碎和纤维化，引起材料的强化，其中强度和硬度均有所提高，这种变化的结果称为加工硬化。表面层的硬化程度决定于产生塑性变形的力、变形速度及变形时的温度。切削力越大，塑性变形越大，硬化程度亦越严重；变形速度快，塑性变形不充分，硬化程度弱。

影响加工硬化的主要因素有刀具、切削用量和工件材料。

1. 刀具

刀具刃口圆弧半径增加，对表层挤压作用加大，使硬化增加；刀具副后刀面磨损增加，对已加工表面摩擦加大，使冷硬增加。

2. 切削用量

切削速度增大，刀具与工件接触挤压时间短，塑性变形小，速度大时温度也会增高，有助于塑性的恢复，冷硬减小。进给量增大时切削力增加，塑性变形也增加，硬化加强。但当进给量较小时，由于刀具刃口圆角在加工表面单位长度上挤压次数增多，硬化程度也会增大。

3. 工件材料

工件材料的硬度愈低，塑性愈好，塑性变形愈大，切削后冷硬化愈严重。

二、表面层金相组织的变化

当切削热超过材料的相变温度时，表面层金相组织会发生变化。一般的切削加工，切削热大部分被切屑带走，因此影响比较小。但磨削加工时，磨削区的瞬时温度很高，可达 1000℃以上，很容易引起表面层金相组织发生变化，并会产生很大的表面残余应力和细微裂纹，严重时形成表面烧伤。

1. 工件表面金相组织变化的分类

磨削淬火钢时，在工件表面上形成的瞬时高温将产生以下 3 种金相组织变化：

（1）工件表面层温度超过相变温度 Ac_3，则马氏体转变为奥氏体，而这时又无切削液冷却，则表面硬度急剧下降，造成工件表层被退火，这种现象称为退火烧伤。干磨削时很容易产生这种情况。

（2）工件表面层温度超过相变温度 Ac_3，马氏体转变成奥氏体，但这时有充分的切削液冷却，则表层将迅速冷却形成二次淬火马氏体，硬度比回火马氏体高，但很薄，只有几微米厚，其下为硬度较低的回火索氏体或屈氏体。由于二次淬火层极薄，表面层总的硬度是降低的，因此认为是烧伤，称为淬火烧伤（夹心烧伤）。

（3）工件表面层温度未超过相变温度 Ac_3，但超过马氏体的转变温度（一般中碳钢为 300℃），这时马氏体将转变为硬度较低的回火屈氏体或索氏体，称为回火烧伤。

2. 避免烧伤引起金相变化措施

严重的磨削烧伤使零件使用寿命成倍下降，有时甚至根本无法使用。工件磨削烧伤产生的氧化膜颜色，多为黄、褐、紫、青等颜色。可根据这些颜色判断表面烧伤的程度。避免烧伤的措施有：

（1）设法减少磨削区的高温对工件的热影响，磨削时采用冷却效果好的切削液，可以有效地防止烧伤。

（2）合理地选用磨削用量，适当地提高工件的线速度，也是减轻烧伤的方法之一，但过大的工件线速度会影响工件表面粗糙度。

（3）选择和使用合理硬度的砂轮，无疑也是减轻工件表面烧伤的措施之一。

三、表面层的残余应力

切削过程中金属材料的表层组织发生形状和组织变化时，在表层金属与基体材料交界处将会产生相互平衡的应力，该应力就是表面残余应力，零件表面若存在残余压应力，可提高工件的疲劳强度和耐磨性；若存在残余拉应力，就会使疲劳强度和耐磨性下降。如果残余拉应力超过了材料的疲劳强度极限时，还会使工件表面产生裂纹，加速工件的破坏。

表面残余应力的产生，有以下 3 种原因：

（1）冷塑性变形引起的残余应力。在切削力作用下，已加工表面发生强烈的塑性变形，表面层金属体积发生变化，此时里层金属受到影响而处于弹性变形状态。切削力去除后，里层金属趋向恢复，但受到已产生塑性变形的表面层的限制，恢复不到原状，因而在表面层产生了相互平衡的残余应力。一般来说，表面层在切削时受刀具后刀面的挤压和摩擦，使表面层产生伸长塑性变形，受到基体材料的限制而产生残余压应力。

（2）热塑性变形引起的残余应力。工件被加工表面在切削热作用下产生热膨胀，此时基体金属温度较低，因此表面层金属的热膨胀受到基体的限制而产生热压应力。当表面层的应力超过材料的弹性变形范围时，就会产生热塑性变形。当切削过程结束时，温度下降至与基体温度一致的过程中，表层金属的冷却收缩，受到了里层的限制，造成了表面层的残余拉应力，里层则产生与其相平衡的压应力。工件材料的导热性愈差，因热变形产生的残余应力愈严重。

（3）金相组织变化引起的残余应力。切削加工时，切削区的高温将引起工件表层金属的相变。不同的金相组织有着不同密度和比容，如马氏体密度 ρ_M=7.75 g/cm^3，奥氏体密度 ρ_A=7.96 g/cm^3，珠光体密度 ρ_P=7.78 g/cm^3，铁素体密度 ρ_F=7.88 g/cm^3，表面层金相组织变化要引起体积变化，当表面层体积膨胀时，因受到基体的限制，产生压应力；表面层体积缩小时，则产生拉应力。

例如，磨削淬火钢时，若温度超过相变温度时，则工件表层原淬火马氏体就会变成回火索氏体或回火屈氏体组织，比容下降，体积缩小，但受到里层金属的阻碍，在表面层产生拉应力。当磨削温度超过 Ac_3 线以下时，由于冷却又充分，则表面层又产生二次淬火马氏体组织，其比容大，体积膨胀，因而表层产生压应力。

在实际加工中表面层产生的残余应力是由冷塑性变形、热塑性变形和金相组织变化这3 种因素引起的综合结果。加工后表面是产生残余拉应力，还是产生残余压应力，要看哪个因素起主导作用。切削加工中，当切削热不高时，表面层没有产生热塑性变形，而以冷塑性变形为主，此时表面层将产生残余压应力。磨削加工时，一般磨削热较高，相变和热塑性变形占主导地位，因此表面将产生残余拉应力。如果磨削时表面产生的残余应力是拉应力，其值超过了材料的强度极限，零件表面就会产生裂纹。从外观来看，裂纹可分为以下两类：

（1）平行裂纹。裂纹垂直于磨削方向，这是因为磨削时表面产生的残余拉应力超过了晶体界面的强度极限，而发生界面破坏的微观裂纹，如图 13-7a、13-7b 所示。

（2）网状裂纹。如渗碳渗氮工艺不当时，就会在表面晶界面上析出脆性的碳化物、氮化物。磨削时，在热应力作用下就容易沿这些组织发生脆性破裂，而出现网状裂纹，如图 13-7c 所示。

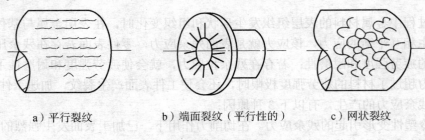

a）平行裂纹　　　　　b）端面裂纹（平行性的）　　　　c）网状裂纹

图 13-7　磨削裂纹

第四节　表面质量对零件使用性能的影响

一、表面质量对零件耐磨性的影响

1. 表面粗糙度对耐磨性的影响

零件的耐磨性主要与摩擦副的材料、热处理状况、表面质量和润滑条件有关。当两个零件的表面相互接触时，只有表面的凸峰相接触，实际接触面积远小于理论接触面积，因此单位面积上压力很大，破坏了润滑油膜，凸峰处出现了干摩擦。如果一个表面的凸峰嵌入另一表面的凹谷中，摩擦阻力很大，且会产生弹性变形、塑性变形和剪切破坏，引起严重的磨损。因此表面越粗糙，磨损越大。

零件的磨损可分为 3 个阶段，如图 13-8 所示为 3 种不同表面粗糙度的磨损曲线。A、B、C 分别表示初期磨损阶段、正常磨损阶段和急剧磨损阶段，曲线 1 所代表的零件表面粗糙度值低于曲线 2 和 3 所代表的零件表面粗糙度值。从图中可以看出，3 种不同表面粗糙度的表面在初期磨损阶段和正常磨损阶段里达到相同磨损量的时间是不同的，表面粗糙度值低的磨损慢些。实验证明，并不是表面粗糙度值越低越耐磨，过于光滑的表面会挤出接触面间的润滑油，使分子之间的亲合力加强，从而产生表面冷焊、胶合，使得磨损加剧，如图 13-9 所示。一对摩擦副在一定的工作条件下通常有一最佳粗糙度值，一般在 0.8～0.2μm 之间。

零件表面纹理形状和纹理方向对表面粗糙度也有显著的影响，一般来讲，圆弧、凹坑状的表面纹理耐磨性好；而尖峰状的表面纹理耐磨性差，是因为它的承压面积小，单位面积上的压力大。在轻载并充分润滑的运动副中，两配合面的刀纹方向与运动方向相同时耐磨性较好；与运动方向垂直时，耐磨性最差；其余的情况，介于上述两者之间。而在重载又无充分润滑的情况下，两结合表面的刀纹方向垂直时磨损较小。由此可见，重要的零件应规定最后工序的加工纹理方向。

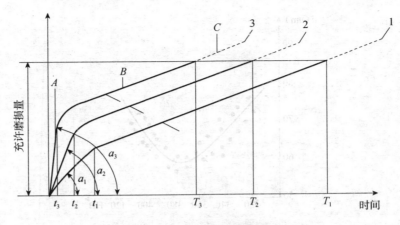

图 13-8 间隙配合表面的磨损曲线

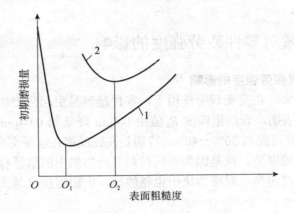

图 13-9 初期磨损量与表面粗糙度的关系
1—轻载荷；2—重载荷

2．加工硬化对耐磨性的影响

机械加工后表面层产生加工硬化，减小了零件接触面之间的弹性和塑性变形，因而耐磨性有所提高,但并非硬化程度越高耐磨性越好。如图 13-10 所示，当加工硬化提高到 380HB 左右时，工具钢（T7A）耐磨性达到最佳值，如再进一步加强冷作硬化程度，耐磨性反而降低。因为过度硬化会引起金属组织表面脆硬，这使表面层产生裂纹和剥落，磨损加剧，耐磨性下降。所以，硬化的程度和深度应控制在一定范围内。

3．金相组织变化对耐磨性的影响

表面层因受切削热的影响发生了金相组织的变化时，会改变表面层原来的硬度，因此也将直接影响耐磨性。表面层的残余应力也会影响耐磨性。

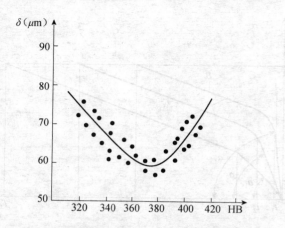

图 13-10   T7A 钢车削后不同冷硬程度与耐磨性的关系

二、表面质量对零件疲劳强度的影响

1. 表面粗糙度对疲劳强度的影响

表面粗糙度值越大，在交变载荷作用下，零件越容易引起应力集中并扩展疲劳裂纹，造成疲劳破坏。试验表明，表面粗糙度 R_a 值由 0.4μm 降低到 0.04μm 时，对于承受交变载荷的零件，其疲劳强度可提高 30%～40%。特别是高强度钢在承受交变载荷时，更应要求零件具有较小的表面粗糙度值。这是因为不同材料对应力集中的敏感程度不同，材料的晶粒越细，质地越密，强度越高，对应力集中也越敏感，表面粗糙度越大，疲劳强度也降低得越厉害。

对于铸铁，由于本身存在着无数的片状石墨，相当于无数的微观裂纹，应力集中敏感性很小，因此表面粗糙度对疲劳强度的影响相对可以不计。

合理地安排加工纹理方向及零件的受力方向有利于疲劳强度的提高。转动副中，纹理方向与表面残余应力对疲劳强度影响极大。因此，对于重要零件表面，如连杆、曲轴及在高速重载条件下工作的零件进行光整加工，减小表面粗糙度值，可提高其疲劳强度。

2. 残余应力对疲劳强度的影响

表面残余应力与疲劳强度有极大的关系。零件的疲劳破坏是由于反复的拉应力作用的结果，如零件表面有残余压应力存在，就能部分地抵消工作载荷施加的拉应力，延缓疲劳裂纹的扩展和延伸，从而提高零件的疲劳强度；反之，残余应力为拉应力时，则使疲劳裂纹加剧，降低疲劳强度。带有不同残余应力表面层的零件，其疲劳寿命可相差几倍至数十倍。

3. 加工硬化对疲劳强度的影响

表面加工硬化层能阻止已有裂纹的扩展和新裂纹的产生，因而可提高零件的疲劳强度。但冷硬过度时，金属变脆，表层金属易脱落，反而容易引起应力集中，产生疲劳裂纹。

三、表面质量对配合性能的影响

相配零件间的配合关系是用过盈量或间隙值来表示的。表面微观不平度的存在，会使实际的有效过盈量或有效间隙值发生改变，因此必然要影响它们的实际配合性质与配合精度。对间隙配合而言，表面粗糙度值太大，会使配合件很快磨损而增大配合间隙，降低配合精度；对过盈配合而言，装配时，配合表面的凸峰被挤平，减小了实际过盈量，降低了连接强度，影响了配合的可靠性。

如果表面冷作硬化严重，将可能造成表面层金属与内部金属脱离的现象，也将影响配合精度和配合性质。残余应力过大，将引起零件变形，使零件的几何尺寸改变，从而破坏了配合性质和配合精度。

四、表面质量对接触刚度的影响

表面粗糙度值大，零件之间接触面积减小，单位压力增大，接触刚度减小，反之增高。故减小表面粗糙度值是提高接触刚度的一个有效措施。零件表面层材料的加工硬化能提高表层的硬度，减少表面间发生弹性和塑性变形的可能性，增强表面的接触刚度。机床导轨副的刮研、精密轴类零件加工中顶尖孔的修研等，都是生产中提高配合精度和接触刚度行之有效的方法。

五、表面质量对抗腐蚀性的影响

零件在有腐蚀性介质中工作时，会对金属表层产生腐蚀作用，表面粗糙的凹谷，容易沉积腐蚀性介质而产生化学腐蚀，如图 13-11 所示。腐蚀性介质按箭头方向产生侵蚀作用，逐渐渗透到金属的内部，会使金属层剥落、断裂形成新的凹凸表面。而后腐蚀又由新的凹谷向内扩展，这样重复下去使工件的表面遭到严重的破坏。表面光洁的零件，凹谷较浅，沉积腐蚀介质的条件差，不太容易腐蚀。

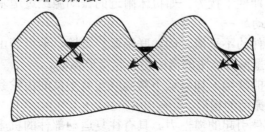

图 13-11 表面腐蚀过程

零件在应力状态下工作时，会产生应力腐蚀。这是因为金属零件处于特殊的腐蚀环境中，在这种条件下，在一定的拉应力作用下，便会产生裂纹并进一步扩展，引起晶间破坏，或者使表面受腐蚀而氧化，降低了抗腐蚀性能。凡零件表面存在有残余拉应力，都将降低零件的耐蚀性，零件表面层的残余压应力和一定程度的强化都有利于提高零件的抗腐蚀能力，因表面层的强化和压应力都有利于阻碍表面裂纹的产生和扩展。

表面质量对零件的其他性能也有影响，例如，降低零件的表面粗糙度值可以提高密封性能，降低相对运动零件的摩擦系数，从而减少发热和功率消耗，减少设备的噪声等。

第五节　机械加工中的振动

机械加工工艺系统的振动，会引起工件和刀具之间产生相对位移，破坏工件和刀具之间的正常运动轨迹，降低零件的加工精度，恶化加工表面质量，缩短刀具和机床的使用寿命。严重时会使切削无法进行，被迫降低切削用量，限制了生产率的提高。在精密和超精密加工中，哪怕是出现极微小的振动，也会给加工过程和工件质量带来严重的危害。在加工难切削材料及进行高速、强力切削和磨削时，振动的影响十分突出。因此，作为机械加工工作者对振动产生的原因和消除振动的措施，要有一定的了解和掌握。

机械加工中的振动，可分为受迫振动和自激振动两大类。

一、机械加工中的受迫振动

1．受迫振动及其特性

受迫振动是一种由工艺系统内部或外部周期交变的激振力作用下引起的振动。理论研究表明，受迫振动的特性是：

（1）由周期性激振力引起的，不会被阻尼衰减掉，振动本身也不能使激振力变化。

（2）振动频率与外界激振力的频率相同，与系统的固有频率无关。

（3）幅值既与激振力的幅值有关，又与工艺系统的动态特性有关。

2．受迫振动产生的原因及控制方式

受迫振动产生的原因通常有：

（1）系统外部的周期性干扰力。如机床附近的振动源经过地基传给正在加工的机床，从而引起工艺系统的振动。

（2）机床高速旋转件的不平衡。例如联轴器、带轮、卡盘等由于形状不对称、材质不均匀或其他原因造成质量偏心产生的离心力引起受迫振动。

（3）机床传动机构的缺陷。如制造不精确或安装不良的齿轮会产生周期性干扰力，有可能成为机械加工受迫振动的根源。

（4）往复运动的部件引起的惯性力。具有往复运动部件的机床，当它们换向时的惯性力及液压系统中液压件的冲击现象都会引起振动。

（5）切削过程中的冲击。在铣削、刨削、拉削过程中，刀齿在切入工件和切出工件时，或加工断续表面等出现的断续切削现象所引起的冲击力，也会引起振动。

3．防止和消除受迫振动的措施

工艺系统的受迫振动，对加工过程和加工质量危害极大，是产生加工误差的重要来源，

必须减小和消除。常用的主要措施如下：

（1）消除振源。由于受迫振动是受到外界周期性激振力影响而产生的，可根据受迫振动的频率，找出产生激振力的振源，然后采取相应措施，消除振源。如采用动、静平衡来消除高速回转零件的不平衡所引起的离心力（激振力）。砂轮、电动机转子、带轮、卡盘和工件等的不平衡，都会产生受迫振动。这些激振力的频率，就等于这些零件每秒钟的转数 $f=n/60$（Hz）。齿轮制造精度低或安装有偏心，都会引起啮合不良而产生冲击振动，其干扰频率为 $f=nz/60$（Hz）（z 为齿数）。

（2）调整振源频率，避开共振区。选择转速时，应尽可能使回转体的频率 ω 远离系统的固有频率 ω_0，使工艺系统部件在准静区或惯性区运行，以免共振。

（3）提高工艺系统刚度和增加阻尼。用预加载荷来减小滚动轴承等零件之间的间隙，以提高零件的接触刚度，增加摩擦力，减小振动。

（4）隔振。将振动部件，如油泵、电动机与机床分离，以消除振动。在振源与机床之间用隔振材料隔开，如在电动机下面垫橡皮，机床地基四周挖防振槽，槽内放橡皮、软木、毛毡、木屑等。

二、机械加工中的自激振动

由激振系统本身引起的交变力作用而产生的振动，称为自激振动。其振动频率与系统的固有频率相近。在切削过程中由于偶然因素，使切削力发生周期性变化，因而工艺系统产生自由振动，引起刀尖和加工表面的相对位置产生时离时近的周期变化，又反馈影响切削过程，使切削厚度发生周期变化，因而也出现了周期性变化的切削力，它补充了振动时由阻尼消耗的能量，加强和维持了振动。由于自激振动是由系统自身激发的，因此自激振动的频率等于系统的固有频率。它的振动频率较高，通常又称为颤振（如琴弦、汽车、火车急刹车、车细长轴、长镗刀杆等引起的振动）。

由于维持振动所需的交变力是由振动过程本身产生的，因此振动系统的运动一停止，交变力也随之消失，工艺系统的自激振动也就停止。因此通常将自激振动看成是由振动系统（工艺系统）和调节系统（切削过程）两个环节组成的一个闭环系统，如图 13-12 所示。

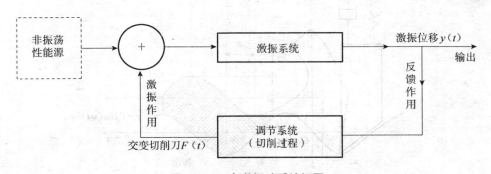

图 13-12　自激振动系统框图

由此可见，自激振动系统是一个由振动系统和调节系统组成的闭环系统，自激振动系统维持稳定振动的条件是：在一个振动周期内，从能源经调节系统输入到振动系统的能量，等于系统阻尼所消耗的能量。

例如，在外圆磨削时当砂轮的宽度大于轴向进给量时，工件相邻两转的磨削轨迹将发生重合（如图 13-13a 所示），在外圆车削时也会产生相邻两转的刀具轨迹的重叠（如图 13-13b 所示）。在有重叠的情况下，如果工件前一转加工的表面存在振动，就会造成下一转切削时刀具的实际切削厚度变化，从而造成切削力的变化。当切削厚度增大时，切削力也增大，切削厚度减小时，切削力也减小。

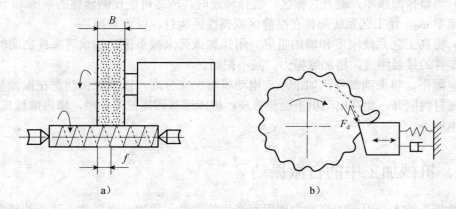

图 13-13　刀具轨迹的重叠

在交变切削力的作用下，刀具相对于工件的位置会发生变化，产生振动位移，这一振动也影响实际的切削厚度，从而影响力的变化。当刀具振动系统当前的振动相位相对于前一转的振动相对符合一定条件时，刀具在振入工件时所消耗的能量就会小于或等于在振出时从系统获得的能量，如图 13-14 所示。刀具有重新振入工件的能量，振动就会继续进行下去，加工中就产生了振动。这种振动产生时，振动所需的能量是在加工过程中从系统中获得的，称之为自激振动。要避免自激振动就要从工艺系统的刚性、阻尼以及工艺条件等方面破坏产生自激振动的条件。

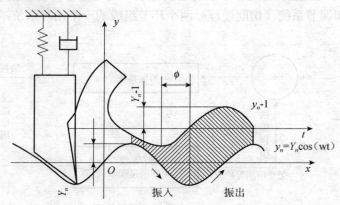

图 13-14　自激振动的产生条件

综上所述，自激振动具有如下特点：

（1）自激振动是一种不衰减的振动，一旦形成，振动系统和引发外力往往互为因果，恶性循环，从不具备交变特性的能源中周期性地获得能量补充，从而维持并强化振动过程。振动一停止，外力的周期性变化和能量补充也立即停止。

（2）自激振动的频率等于或接近振动系统的自然频率，由振动系统的结构参数决定，诱导引发力的变化频率迅速与之同步。这是自激振动的又一差别。

（3）自激振动的形成过程和振幅大小取决于每一振动周期内系统获得的能量与阻尼消耗的能量的对比情况。如果振动系统所获得的能量大于所消耗的能量，则振幅将不断增大；反之，振幅将不断减小。振幅的增大不是无限的，到系统阻尼作用的强化使获得的能量等于消耗的能量为止。当系统获得的能量小于消耗的能量时，自激振动将逐渐减弱直至自行消失。

三、消除和减小振动的途径

1．受迫振动的减小

减小受迫振动的途径主要有：消除工艺系统中回转零件的不平衡，提高传动件的制造精度和装配质量，改进传动机构与隔振，合理安排固有频率和避开共振区，提高工艺系统的刚性及增加阻尼等。如图13-15所示，在机床主轴系统中附加阻尼减振器，它相当于间隙很大的滑动轴承，通过阻尼套和阻尼间隙中的粘性油的阻尼作用来减振。

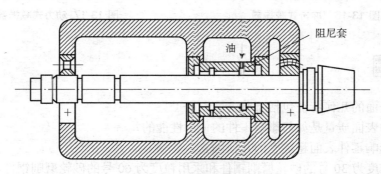

图 13-15　摩擦式减振器

2．自激振动的消减

（1）合理选择切削用量。如采用高速或低速切削可以避免自激振动，增大进给量可使振幅减小，在加工表面粗糙度允许的情况下，可以选择较大的进给量以避免自激振动。背吃刀量增大，振动增强。

（2）合理选择刀具几何参数。适当地增大前角、主偏角能减小垂直于加工表面的法向分力 F_x，从而减小振动。后角尽可能取小，但在精加工中，如果后角过小，刀刃不容易切入工件，后刀面与加工表面间的摩擦可能过大，反而容易引起自激振动。

（3）增加切削阻尼。适当减小刀具后角（$\alpha_0=2°\sim3°$）可以增大工件和刀具后刀面之间的摩擦阻尼；必要时可在后刀面上磨出带有负后角的消振棱。

（4）提高工艺系统的刚度。为提高机床结构的动刚度，应找出其薄弱环节，采取刮研结合面、增强连接刚度以提高其抗振性。如为提高刀具和工件夹持系统的动刚度，可采用死顶尖代替活顶尖，减小尾座套筒的悬伸长度等方法。

（5）采用减振装置。在采用上述措施后仍然不能达到减振要求时，可考虑使用减振装置。

①摩擦式减振器。它是利用固体或液体的摩擦阻尼来消耗振动的能量，如图 13-15 所示。

②冲击式减振器。如图 13-16 所示，它是由一个与振动系统刚性相连的壳体 2 和一个在壳体内自由冲击的质量块 1 所组成。当系统振动时，自由质量块反复冲击振动系统，消耗振动的能量，达到减振效果。

③动力式减振器。在振动体 m_1 上另外加上一个附加质量 m_2，用弹性阻尼元件使附加质量 m_2、系统和振动体 m_1 相连。如图 13-17 所示，当振动体振动时，与振动体相连的附加质量系统也随之产生振动，利用附加质量系统的动力作用，产生一个与主振系统激振力大小相等、方向相反的附加激振力，以抵消主振系统激振力的作用，从而达到减小振动的目的。

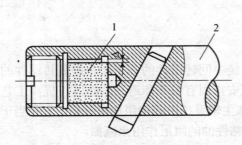
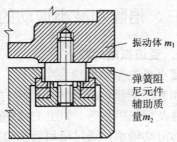

图 13-16　冲击式减振器　　　　　图 13-17　动力式减振器

复习与思考题

1．加工表面的几何特征包括哪些方面？

2．零件的表面质量是如何影响零件的使用性能的？

3．试述影响零件表面粗糙度的几何因素。

4．采用粒度为 30 号的砂轮磨削钢件和采用粒度为 60 号的砂轮磨削钢件，哪一种情况表面粗糙度 R_a 值更小？

5．什么是加工硬化？评定加工硬化的指标有哪些？

6．表面质量对零件使用性能有哪些影响？

7．表面粗糙度与加工精度有什么关系？试举例说明机器零件的表面粗糙度对其使用寿命及工作精度的影响。

8．试述磨削烧伤的原因。

9．为什么表面层金相组织的变化会引起残余应力？

10．受迫振动与自激振动之间有什么区别？

11．消除或减小自激振动的方法有哪些？

参考文献

[1] 方子良. 机械制造技术基础. 上海：上海交通大学出版社，2004

[2] 袁绩乾，李文贵主编. 机械制造技术基础. 北京：机械工业出版社，2001

[3] 卢秉恒. 机械制造技术基础. 北京：机械工业出版社，2008

[4] 冯之敬等. 机械制造工程原理. 北京：清华大学出版社，1999

[5] 李凯岭等. 机械制造技术基础. 济南：山东科学技术出版社，2005

[6] 刘广玉等. 微机械电子系统及其应用. 北京：北京航空航天大学出版社，2003

[7] 翁世修等. 机械制造技术基础. 上海：上海交通大学出版社，1999

[8] 张福润等. 机械制造技术基础. 武汉：华中科技大学出版社，2000

[9] 张世昌等. 机械制造技术基础. 天津：天津大学出版社，2002

[10] 于骏一，邹青. 机械制造技术基础. 北京：机械工业出版社，2004

[11] 王丽英等. 机械制造技术. 北京：中国计量出版社，2003

[13] 龚雯，陈则均主编. 机械制造技术. 北京：高等教育出版社，2004

[14] 李华主编. 机械制造技术（修订版）. 北京：高等教育出版社，2009

[15] 卢振忠，朱向东主编. 机械制造技术教程. 北京：中国计量出版社，2009